U0904906

新摄会摄影　编著

DSLR 数码单反摄影宝典

机械工业出版社
China Machine Press

本书共分五篇18章，从基础入门开始为读者介绍如何定位相机，并根据需要挑选适合自己的款式类型及品牌。对于相机的使用，由浅入深地向大家介绍了使用相机拍摄的实际操作方法与拍摄技巧，帮助读者更深入地了解相机。但仅仅依靠相机的各项功能应付拍摄是远远不够的，为了符合自己的创作意念，我们还可以尝试从更多的外界因素中寻找可拍摄的内容。如掌握用光的方法、掌握取景构图的技巧，结合色彩与闪光灯的完美运用，使拍摄的画面更加动人。为了应对各种场景的拍摄，本书还针对不同题材进行分类，特别对人像、风光、动植物、生活纪实、静物、城市建筑、夜景等场景的拍摄进行了详细的介绍，并选取不同场景下各具特色的景物对象进行说明，帮助读者更深入贴切地了解拍摄中需要注意的问题。

本书选取了大量精美的照片，图文搭配，巧妙并全方位地介绍了摄影技巧，生动直观便于学习，让读者在快速提高摄影水平的同时轻松玩转手中的相机。

本书全彩页印刷，页面设计简洁清爽，十分适合喜欢与享受摄影乐趣的广大摄影爱好者使用，也可作为自学读本或培训使用。

图书在版编目（CIP）数据

DSLR数码单反摄影宝典/新摄会摄影编著．—北京：机械工业出版社，2010.4

ISBN 978-7-111-30050-2

Ⅰ．D…　Ⅱ．新…　Ⅲ．数码照相机：单镜头反光照相机—摄影技术　Ⅳ．TB86　J41

中国版本图书馆CIP数据核字（2010）第041878号

机械工业出版社（北京市西城区百万庄大街22号　邮政编码　100037）
责任编辑：张少波
中国电影出版社印刷厂印刷
2010年4月第1版第1次印刷
184mm×260mm・23.5印张
标准书号：ISBN 978-7-111-30050-2
　　　　　ISBN 978-7-89451-461-5（光盘）
定价：89.00元（附光盘）

凡购本书，如有缺页、倒页、脱页，由本社发行部调换
客服热线：（010）88378991；88361066
购书热线：（010）68326294；88379649；68995259
投稿热线：（010）88379604
读者信箱：hzjsj@hzbook.com

前　言

数码摄影离我们的生活越来越近，大到新闻广告，用来传播更快更新的咨讯，小到日常生活的随手记录，描绘更多的生活细节。数码摄影的推广，不仅仅是因为人们生活水平的提高，更是因为人们对美、对艺术的追求与向往。只要你拥有拍摄器材，只要你用心观察，只要你掌握更多的拍摄技巧，优秀、美观、精致的照片将不再只能从广告宣传画册上欣赏到了。

数码相机越来越多地被广大消费者所接受与喜爱，面对众多的数码相机品牌与类型，本书将针对其中的数码单反相机为读者进行介绍。数码单反相机与普通相机相比具有更多的操作功能，可以实现更多不同意境画面的拍摄，拍摄者可以根据自己想要表现的理念来设置各项参数，使画面达到更为完美的效果。

本书涵盖的知识面较广，可以帮助读者更好更深入地了解数码单反相机的使用与操作方法。全书分为五篇，基础入门篇介绍数码单反相机的基本知识，包括相机的成像原理、核心构件等；器材认识篇重点介绍数码单反相机相关器材的功能与选购注意事项，帮助读者选择更适合自己的拍摄装备；相机使用篇重点介绍如何使用方便快捷的拍摄模式和手动设置拍摄参数的具体操作方法；创作理念篇结合构图与用光技巧，介绍如何运用更多的元素来创作画面；最后的实拍技法篇运用大量篇幅，详细地介绍了在不同场景环境下，针对不同的拍摄主题进行拍摄的方法，同时将大量的实拍技法贯穿其中，帮助读者真正地学习实用技巧，同时还介绍了拍摄者在完成拍摄后对照片进行后期处理的方法，使照片经处理后能有更好的艺术效果。

本书选取大量精美的照片，使读者在获取知识的同时一饱眼福。衷心祝愿读者通过学习本书能快速成长为更为专业的拍摄者。

作　者

2010年1月29日

目 录

梦中精灵

寂寞
是一种自由
让眼睛看背影远走

Part 01 基础入门篇

Chapter 01 初识数码单反相机

学习重点

- 数码单反相机的外观与结构
- 数码单反相机的取景和成像原理
- 数码单反相机的核心构件
- 数码单反相机的更多优势
- 数码单反相机的定位

1.1 数码单反相机的外观与结构

在购买一款数码单反相机前，许多购买者或许对相机并不了解。那么，我们首先通过单反相机的外观与内部结构来进行介绍，帮助消费者更好地了解数码单反相机，同时为后面的学习奠定坚实的基础。数码单反相机的英文名为Digital Single Lens Reflex，缩写为DSLR，因此通常我们也会简称其为DSLR。

单反相机的外观剖析

常见的数码单反相机品牌与型号繁多，下面我们就以目前市面上广泛使用的尼康D300s数码单反相机为例，来熟悉机身上面每个按钮及每一个装置的功能。

辅助对焦灯、自拍计时灯
光线较暗，无法自动对焦，这时对焦灯会自动开启并照亮被拍摄主体，实现自动对焦，同样，它也是自拍计时灯。

内置闪光灯
绝大部分的数码单反相机都拥有可以方便补光的内置闪光灯。

副指令拨盘
主要用于调节光圈值。

FUNC按钮
可以自定义设置该按钮功能，例如设置曝光锁定，设置关闭闪光灯。

景深预览按钮
在拍摄之前调整光圈至小光圈，按下该按钮之后，取景器变暗来预测景深大小。

麦克风
动画拍摄时使用的单声道话筒。

镜头释放按钮
按下按钮后，旋转镜头，可以将镜头取出。

对焦模式选择按钮
包括自动对焦(AF)模式和手动对焦模式。

正面

影像品质/尺寸按钮、白平衡按钮、感光度按钮
用于设定影像画质和尺寸、白平衡类型以及拍摄时的感光度。

旋转电源开关
向右旋转可以开机，向左旋转可以关机。

模式轮盘
通过旋转轮盘可调整当前拍摄模式。

热靴
可安装外置闪光灯或者引闪器。

曝光模式按钮、曝光补偿按钮
用于拍摄时对当前曝光值进行锁定和调节拍摄时的曝光量。

控制面板
可显示拍摄模式、曝光信息、相关设定、电池量等各种拍摄用信息。

主指拨盘
可调节快门速度。

顶面

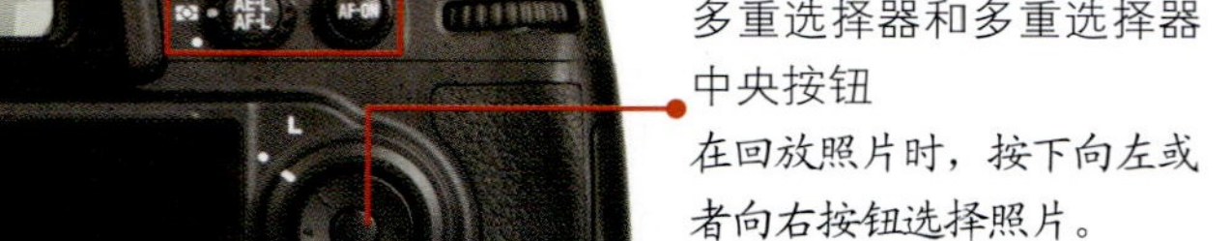

摄影知识解析：

不同品牌不同型号的单反相机，外观上都具有一定的相似性，当我们熟悉了某一款单反相机的功能按钮后，同样可以套用到其他的单反相机上，也方便了广大消费者对单反相机的学习及使用。

单反相机的内部结构

了解了数码单反相机外部造型及各个功能按钮之后，接下来针对主要的内部结构元件进行讲解。

如右图所示为数码单反相机透视图，可以清楚地看到相机的内部重要元件组成。在单反相机的内部结构中，反光镜和相机上端圆拱形结构内，安装了五棱镜。拍摄者可以通过五棱镜的反射从取景器中直接观察到镜头中的影像。而反光板则用于让镜头前方的影像反射向五棱镜。感光元件用于接收并转换光信息。

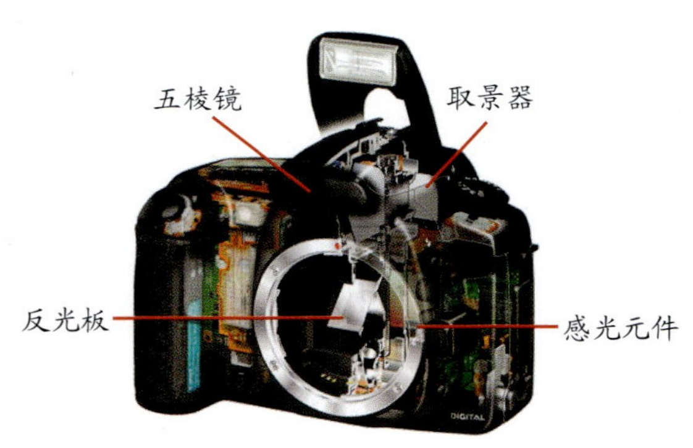

数码单反相机透视图

五棱镜实体图

左图为五棱镜实体照片，做工精细的五棱镜是数码单反相机完成拍摄的决定性因素之一。

摄影知识解析：

对于一些高端相机来说，例如尼康的D3x、佳能的EOS 1Ds Mark Ⅲ等相机，原来的电池手柄就直接与相机连接在一起，无需另外购买。

1.2 数码单反相机的取景和成像原理

了解了数码单反相机的外部和内部结构后，下面我们来了解其拍摄时的成像原理。

当光线透过镜头到达反光镜后，折射到上面的对焦屏，并形成影像，通过接目镜和五棱镜，拍摄者可以在取景器中看到外面的景物。这个过程有点像人们透过窗户看外面的世界，取景器相当于窗户，此时拍摄者可以根据创作意图进行合理的取景构图。右图所示为数码单反相机影像通过示意图。

数码单反相机影像通过示意图

实际的拍摄过程并不像上面所述那样简单，数码相机还需要通过数据处理等多步操作才能生成影像。

首先，通过取景器完成取景并按下快门拍摄后，影像通过镜头直接照射到感光元件上。其次，经过一段时间的曝光，光电二极管受到光线的照射，激发释放出电荷，感光元件的电信号由此产生。然后，感光元件将一次成像产生的电信号收集起来，统一输出，同时转换为数字信号，形成了真正意义上的数字图片，此时的数据保证了最原始数字图片的细节和面貌，没有经过任何加工。原始的数字图片被输出到数字信号处理器，数据经过色彩校正、白平衡等处理，被编码为DSLR可以读取的数据格式，例如JPEG格式、RAW格式后保存下来。最后，将产生的图片保存在数码单反相机的存储卡里。

右图为数码单反相机内部的信号处理芯片，通过信号处理芯片可以将接收的光信息进行运算，并转存到数据存储卡上。越是优秀的数码单反相机，其内部的信号处理芯片处理速度也越快，照片的成像质量也较高，机身的售价也就较为昂贵。

单反相机内部的信号处理芯片

1.3 数码单反相机的核心构件

在早期的胶片单反时代，相机的核心是胶卷，因为拍摄时的感光部件在底片上，记录下来的影像也是存放在底片上的。进入到数码时代后，数码单反相机的核心机构就是感光元件了。接下来就向大家详细介绍关于感光元件的知识。

图像传感器——感光元件

在数码单反相机中，感光元件就好比传统胶片相机的底片，它能够将光线转化成电荷信号，承担着生成影像的责任，而这一功能在数码相机中是通过电子元件来实现的。

传统底片利用光线直接在银盐层上发生化学反应，将光线中的亮度和颜色记载在底片上。数码相机则是经过一定规律的运算，把感光元件采集的电荷信号转换为可见的电子格式后保存在数码相机的存储器上，最后通过自带的液晶显示器显示效果。

CCD图像传感器

CCD是电荷藕合元件的英文缩写，是使用广泛的一种影像感测元件，可将射入相机的光线信息转化为不同强弱的电流信号，经过相机内部信号处理芯片处理后，再转化为数字信息存入存储介质中。其特点是元件整体感光，并对光线信息进行处理，成像色彩真实，但是其制作工艺复杂，成本高，信号读取速度较慢，功率消耗大。目前，主流单反相机厂商使用CCD作为感光元件的已经越来越少。如右图所示为CCD感光元件实物。

CCD感光元件实物

CMOS图像传感器

CMOS感光元件是目前各大主流单反相机厂商如佳能、尼康、索尼等所采用的感光器件。CMOS的工作原理与CCD工作原理的不同之处在于，CMOS的每个像素点都实现了一个放大器的功能，信号直接在最原始的时候转换，更方便进行读取。传输已经经过转换的信号，就会使用更低的电压，功耗也更低。CMOS更有利于对像素的集成，结构相对简单，在单一电源下就可以工作，而传统的CCD必须使用3个以上的电源。与同像素级的CCD产品相比，CMOS耗电量小。如左下图所示为CMOS影像传感器原理图。如右下图所示为用在佳能5D Mark Ⅱ上的CMOS传感器。

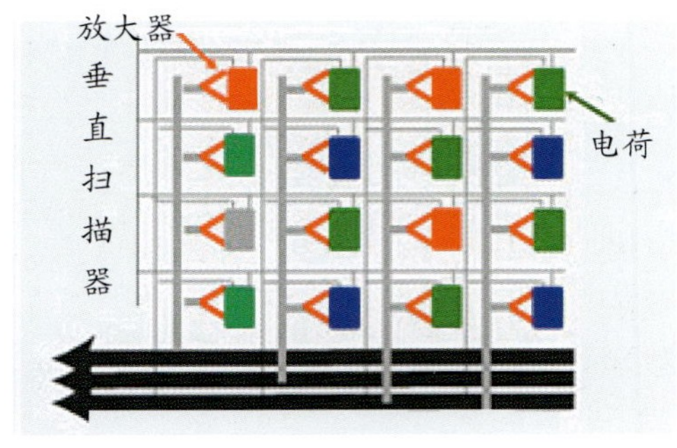

CMOS电荷传输示意图

用在佳能5D Mark Ⅱ上的CMOS传感器

CMOS产品可以在不改造制造流水线的情况下进一步提高像素，在工艺改良上也简单一些。另外，CMOS像素数的提升与传感器尺寸的增加是相辅相成的，所以更加容易生成高像素大幅面的感光元件产品，而使用大幅面的感光元件已经成为趋势。虽然CCD在成像质量上先天的优势仍然存在，但真正的弱势来自生产流水线环节，随着CCD尺寸的增加，其生产线往往要进行相应的调整，这也是高像素CCD在国际市场上的售价居高不下的原因。

NIKON D90、F2.8、1/200s、ISO：100、70mm、0EV、点测光

展示真实的色彩

如左图所示为使用尼康D90拍摄的照片。尼康D90采用CMOS图像传感器，从拍摄的照片中看，整体色彩真实，色彩还原力强。

摄影知识解析：

CMOS采用标准工艺制成，可利用现有的半导体制造流水线，不需额外投资生产设备，节约了制造成本，并且品质可随半导体技术的进步而提升。

黑马：Foveon X3 CMOS

2002年，美国Foveon公司发布了X3技术，又称蜂窝技术或马赛克技术，其最大特色是这种感光元件有3个感光层，在不同的深度吸取RGB色光，从而确保RGB色光被100%吸取，这种优势是任何单层CCD/CMOS技术不能比拟的。

传统感光元件的成像原理是这样的：利用色彩滤光片让每一个像素感应不同的颜色，对颜色的摄取比例为：绿色光约50%，红色光和蓝色光各约25%，然后结合这些色彩组合影像。这样做的劣势是在颜色效果上有很大的损失，从最终得到的画面看效果并不理想。

传统感光元件的这一缺陷，促进了Foveon X3 技术的诞生。由于彻底放弃了不规则分布的彩色滤光片，这一技术让影像的颜色变得特别鲜艳和锐利。新型的Foveon X3 技术在每一层都拥有460万个像素，可以在最高要求的情况下保证色彩的鲜艳程度，增加色彩细节，达到最完美的成像效果。如右图所示为Foveon X3 CMOS结构示意图。

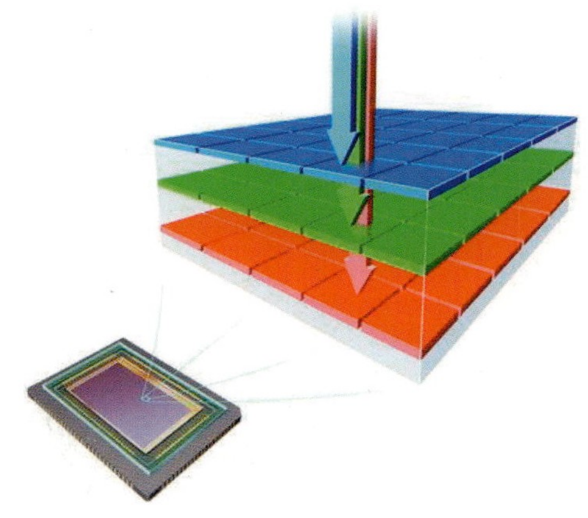

Foveon X3 CMOS结构示意图

Super CCD与Super CCD EXR

富士的数码单反相机S系列一直以颜色还原真实、成像品质优秀著称。这全要归功于富士的Super CCD技术，目前已经经过了8代改革，可以让数码相机拥有更大的动态范围，如左下图所示为Super CCD实物图，右下图所示为Super CCD结构图。SDR是Super Dynamic Range的缩写，即超级动态范围，这种技术可以在现有的传统CCD技术的基础上使动态密度有效地提升，从而使照片具有完美的细节。这种技术已经接近了普通传统负片胶卷的水平，也就是说，即使在微弱的光照条件下，照片都可以在暗部保留大量的细节。

Super CCD实物图

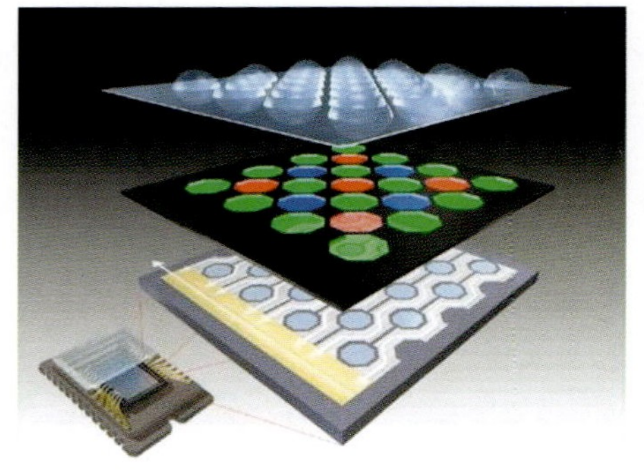

Super CCD结构图

在2008年，富士又推出了具有革命意义的Super CCD EXR，一款追求超高影像品质、具有划时代意义的CCD传感器。Super CCD EXR相比先前的Super CCD有三大方面的改进，例如“像素对”技术实现超高感光度和超低噪点；“双重捕捉”技术实现超高动态范围；“精细捕捉”技术实现超高分辨率。如右图所示为EXR的“像素合并”技术原理图。

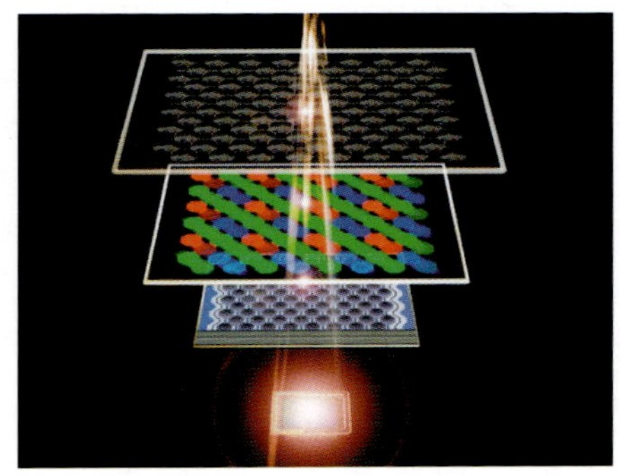

EXR的“像素合并”技术原理图

控制感光元件进光量——快门机构

数码单反相机曝光时间的长短是通过快门实现的。快门和光圈配合使用，其用途是控制相机感光元件的进光量。在光线条件相同时，要想获得正确的曝光，如果光圈值设定得很小，需要较长的曝光时间。而当光圈值设定的较大时，则只需要较短的曝光时间进行曝光。如左下图所示为数码单反相机的快门机构。

数码单反相机的快门机构

摄影知识解析：

由于数码单反相机使用的是机械快门，快门都会有一定的使用寿命，一般在数万次到十余万次。越是专业级别的单反相机其寿命越久，但快门组件是可以更换的。

在下面的3张照片中，左侧的照片，采用低速快门拍摄，照片整体偏亮，看上去有一些刺眼，这说明照片曝光过度。而中间的照片，适中的快门速度拍摄，在画面中被拍摄主体看上去不刺眼，另外照片中看上去比较暗的地方也保留了细节部分，说明这张照片曝光准确。再看看第3张照片，是采用高速快门拍摄的，首先照片画面整体偏暗，另外一些本来就偏暗的位置，现在完全没有体现出细节。

综上所述，我们可以通过控制快门速度来控制光线到达感光元件上的数量。另外，拍摄时如果要增加照片亮度，则需要降低快门速度；如果需要为了保证拍摄出来的主体不模糊，通常要提高快门速度。

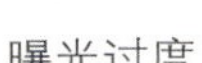

曝光过度

曝光正确

曝光不足

控制光线进光量——光圈

光圈并没有在数码单反相机机身上，而是在相机的镜头中，是控制曝光的三大要素之一。光圈可以控制光线通过镜头的多少，到达感光元件上光线的量影响着相机镜头的进光量。下面介绍什么是光圈、光圈的工作原理及其应用。

光圈位于镜头内部，是由镜头中的镜头叶片组成的一个小孔，用来控制光线的通过量，如右图所示为镜头中的光圈。

光圈的工作原理是，光圈是由几片很薄的金属叶片组成的，通过一种中间可以调节的机械结构，让光圈自动打开或者关闭来控制镜头的进光量并完成曝光。

镜头中的光圈

光圈数值用F值表示，光圈的数值越小，光圈越大，在同一单位时间内的进光量越多。光圈的数值越大，光圈越小，在同一单位时间内的进光量越少。

光圈大小通常以挡为单位，一挡光圈分为三级，以最大光圈为F2.8的镜头为例，例如F2.8、F3.2和F3.5为一挡，光圈每减少一挡，进光量也就会减少一倍，也就是F2.8和F4之间进光量减少了一倍。如右图所示为镜头光圈大小示意图。

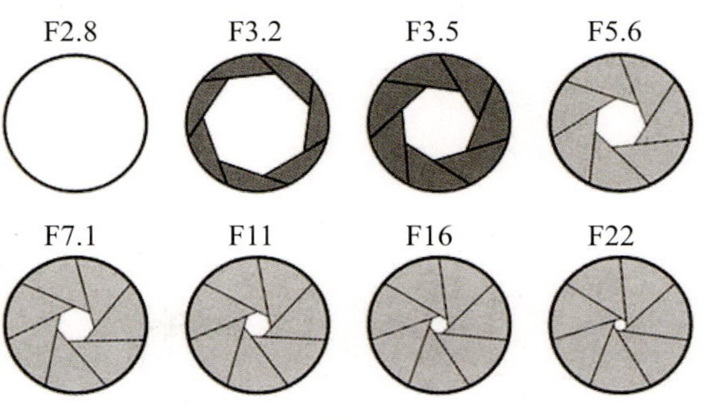

光圈示意图

那么光圈大小与照片的曝光有什么关系呢？接下来我们看下面两幅图片。左侧的照片，我们采用了F4的光圈拍摄，而右侧的照片采用了F2.8拍摄，在快门速度和感光度值相同的情况下，对比两张照片，不难看出光圈越大，进光量越多，照片效果越明亮。

NIKON D80、F4、1/200s、ISO：100、300mm、0EV、点测光

NIKON D80、F2.8、1/200s、ISO：100、300mm、0EV、点测光

控制画面视角范围——镜头

运用不同的镜头，拍摄出各种惊人之作是每个玩家想要达到的境界。不过想拍摄出好的照片，光靠好镜头和优秀的机身并不一定能实现，掌握更多的拍摄技巧则是重中之重。下面我们来看看镜头是如何控制画面视角范围的。

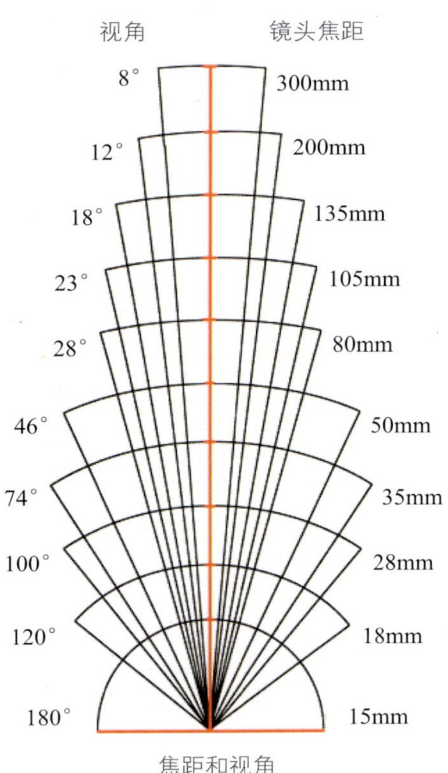

焦距和视角

焦距

从焦点到镜头中心点之间的距离即称焦距。在数码单反相机中，镜头的中心点通常都位于光圈处，而焦点位于焦点平面上，也就是感光元件上。

镜头焦段

镜头根据焦距的不同进行分类，大致可分为广角镜头、标准镜头和长焦镜头。焦距为16~35mm的镜头称为广角镜头，16mm以下则被称为超广角，其中有一种镜头视角接近或到达180°，被称为鱼眼镜头。焦距为50mm的镜头为标准镜头，50~70mm之间焦距为中长焦段，70~300mm镜头则被称为长焦镜头，焦距超过300mm的镜头叫做超长焦镜头，或者远摄镜头。

如左图所示为焦距和视角之间的关系示意图，在这里我们是将镜头安装在全画幅的数码单反相机上，来说明不同镜头所具有的视角和焦距。

摄影知识解析：

镜头还可以按照是否可变焦分为定焦镜头和变焦镜头。定焦镜头是指焦段固定的镜头，一般定焦镜头都带有一个大光圈。而变焦镜头在使用起来很方便，站在原地不动，转动变焦环就可以放大或缩小被拍摄主体。

接下来，我们就通过一组照片来说明焦距和视角之间的关系，在拍摄这组照片的时候，我们站在原地不动，通过更换不同的镜头以及调节不同的焦段进行拍摄。

左下图的照片采用24mm镜头拍摄，通过画面可以看到，视野非常广阔，尽可能地在画面中容纳更多的元素。

右下图的照片采用了50mm标准镜头拍摄，与第一张照片相比，在视野上没有左侧照片那么广阔，但是画面中吸引人眼球的建筑却放大了。

NIKON D80、F7.1、1/200s、ISO：100、24mm、0EV、点测光

NIKON D80、F7.1、1/200s、ISO：100、50mm、0EV、点测光

再看下面两张照片，左侧的照片采用了200mm焦段拍摄，与上面两张照片相比，画面视野越来越窄，画面中的建筑却越来越大。

右侧的照片采用了250mm的焦段拍摄，在画面中基本上已经看不到绿色的草地了，而画面中的建筑又进一步放大了。

NIKON D80、F7.1、1/200s、ISO：100、200mm、0EV、点测光

NIKON D80、F7.1、1/200s、ISO：100、250mm、0EV、点测光

1.4 数码单反相机的更多优势

通过前面的学习，或多或少都对数码单反相机有了一定的了解，但是相比于卡片机或者是长焦相机来说，它到底有多少优势呢？我们可以从画幅、镜头性能、高感光下降低噪点的能力以及易操作性这几个方面来说明。

更宽广的画幅

画幅是根据数码单反相机感光元件尺寸大小划分出来的。对于数码单反相机来说，可分为全画幅、APS画幅和4/3画幅3种类型，如右下图所示。

全画幅

全画幅的数码单反相机相比其他的数码相机在感光元件大小上具有明显优势，因为感光元件的尺寸越大，所获得图像的细节也就越丰富。随着感光面积的增大，每个感光点的面可以排列得更加舒缓，在传输中可以保证更为清晰的画面细节，最终得到的结果是图片噪点与紫边现象大为减少，画面质量全面提升。大尺寸感光元件与合适的广角镜头配合使用，不必再担心广角镜头在广角端的焦距损失，可以拍摄更为广阔的空间，有效地减少广角镜头端的透视变形，对各种场景题材的拍摄都很适合。

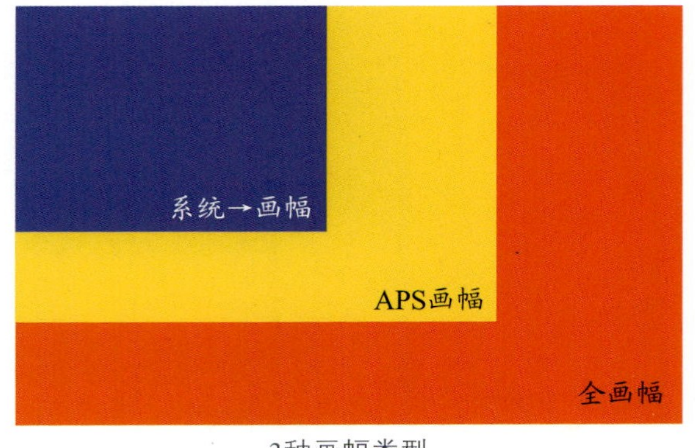

3种画幅类型

APS画幅

APS画幅是1996年由富士胶片、柯达、佳能、美能达和尼康五大公司联合开发的。APS开发商在原135mm底片规格的基础上进行了彻底的改进，包括相机、感光材料、冲印设备以及向光的配套产品都作了全面的创新，大幅度缩小了胶片尺寸，使用了新的智能暗盒设计，成为了能记录光学信息和数码信息的智能型胶卷。APS画幅包括了3种尺寸——C、H、P，每一种类型的感光元件尺寸大小不一样，下面通过表格整理出来，对比一下每一种规格的不同之处。

类型	尺寸大小	说　明
APS-C	22.5mm×15.0mm 或23.6mm×15.8mm	APS-C画幅是在全画幅的左右两头各挡去一端，长宽比为3∶2，与之前的135mm底片的比例相同。但是APS-C画幅有两种尺寸规格，22.5mm×15.0mm或23.6mm×15.8mm，其中佳能多采用的是22.5mm×15.0mm这个规格，而尼康采用的是23.6mm×15.8mm规格
APS-H	30.3mm×16.6mm	APS-H画幅，整个感光元件没有遮挡，长宽比为16∶9，为整个感光元件同时感光
APS-P	30.3mm×10.1mm	APS-P画幅是全画幅的上下两边各挡去一端，使画面长宽比例为3∶1，被称为全景画幅，采用这种画幅的相机更适合拍摄风景照片

4/3画幅

4/3画幅是由奥林巴斯、柯达以及富士胶片共同推出的，为具有可换镜头的数码相机新一代标准。这一标准的关键所在，就是采用所谓“4/3型规格感光元件”。“4/3型感光元件”的对角线尺寸并非是4/3英寸，而是22.3mm。因此所谓4/3并不是直接说明感光元件的实际大小，而是指长方形的边长之比为4 : 3，普通相机则为3 : 2。4/3英寸传感器的面积只有传统35mm胶片的一半，其镜头等效倍增系数为2，如50mm镜头在4/3系统上的视角相当于35mm系统上的100mm镜头。

可更换的镜头选择

数码相机作为一种光、机、电一体化的产品，光学成像系统的性能对最终成像效果的影响也是相当重要的，一只优秀镜头对于成像的意义绝不亚于图像传感器的选择。同时，随着图像传感器、图像引擎和存储器件的成本不断降低，光学镜头在数码相机成本中所占的比重也越来越大。对于数码单反相机来讲更是如此。在传统单反相机的选择中，镜头群的丰富程度和成像质量是选择的重要因素。到了数码单反时代，镜头群的丰富程度也成了品牌竞争的基础。

佳能EF镜头群

右上图所示为佳能EF镜头群，而在尼康、索尼、奥林巴斯等品牌中，佳能的镜头群是最多最齐全的。数码单反相机的可更换镜头功能则是其最大的优势特点之一。

摄影知识解析：

佳能、尼康、索尼等品牌都拥有庞大的自动对焦镜头群，从超广角到超长焦，从微距到柔焦，拍摄者可以根据自己的需求选择配套的镜头。现今，许多摄影发烧友都有一两只甚至多达十几只的公众专业镜头。

高感光度下的降噪功能

数码相机的噪点主要是指感光元件将光线作为接收信号传输的过程中在图像上产生的粗糙部分，也是指在相机的工作过程中由于电子干扰而产生的影像干扰元素。从人的直观视觉来看，在画面中均匀分布着一些小颗粒，就是数码影像中常见的噪点。

在照片中产生噪点主要有3种原因：

1. 在暗光下使用高感光度拍摄产生噪点。
2. 由于采用低画质，高压缩的JPEG格式产生噪点。
3. 长时间曝光产生噪点。

数码单反相机相比卡片机或者长焦机来说，由于感光元件的制作工艺和尺寸大小不一样，在降噪功能上要比卡片机和长焦相机好很多。就目前市场上销售的佳能500D来说，其感光度达到800时，也不会出现噪点，照片看上去仍十分细腻。而采用卡片机或者长焦相机拍摄，一般情况下ISO达到400后，照片上就已经出现了噪点。采用高压缩低画质JPEG格式的照片，在像素点上就会比高精细画质的照片少很多，必然会产生很多噪点。

接下来，我们来看看采用佳能5D Mark Ⅱ数码单反相机拍摄的照片和普通卡片机拍摄的照片所产生的噪点对比。如下页图所示，采用了佳能5D Mark Ⅱ数码单反相机拍摄的静物照片，由于光线很暗，为了保证手持拍摄，将相机的ISO设置为2000，如左下图所示，从照片上看没有一点噪点的痕迹。我们再截取照片中的局部查看细节或者将照片以100%显示出来，如右下图所示，放大局部细节后，照片上还是没有出现噪点。

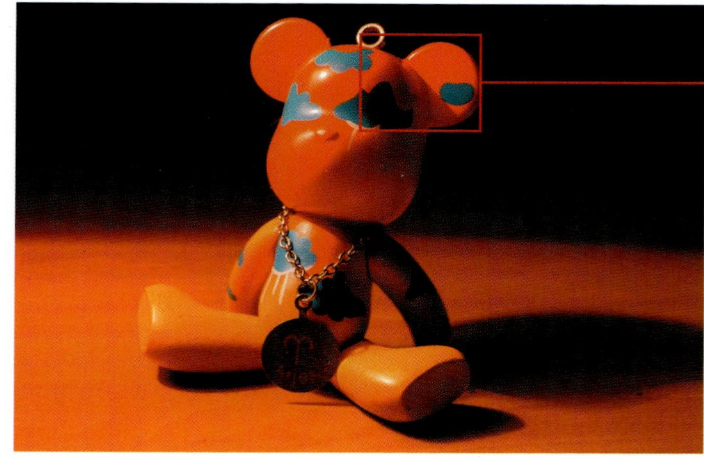

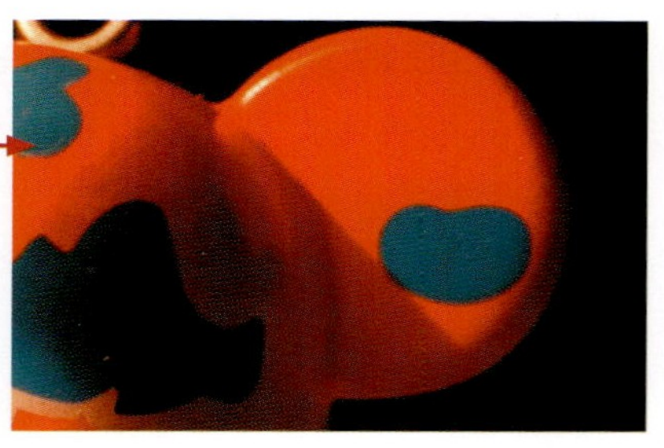

NIKON 5D Mark Ⅱ、F4.5、1/80s、ISO：2000、50mm、0EV、点测光

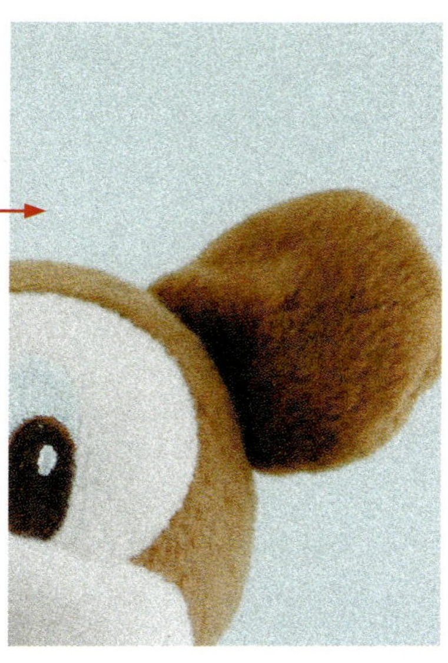

普通卡片机、ISO：400

如左图所示的照片是采用普通的数码卡片机拍摄的，在拍摄时，光线条件要比先前的更好一些，但是为了保证快门速度，设置ISO值为400拍摄。拍摄出来后，虽然从左侧的照片上看不出来有噪点，但是将图片放大至100%并截取其中一部分细节，我们就可以看到照片上出现了很多噪点。

综上所述，我们可以看出，采用高端的数码单反相机拍摄，ISO值虽然达到了2000但并没有出现噪点，而采用卡片机拍摄，当ISO值为400时就出现了很多噪点，这就说明了数码单反相机在降噪功能上要比普通的数码卡片相机好很多。

摄影知识解析：

对模糊影像的过滤也会加剧画面中噪点的产生。所谓模糊影像的过滤实际上就是相机内部的“锐化”功能，这是一种利用图像处理芯片对原始图片进行处理，从而达到最终效果的做法。在进行锐化处理之后照片上也会出现噪点。

迅捷的响应速度与易操作性

数码单反相机除了之前提到的成像质量好，降噪能力强等优势之外，其迅捷的响应速度和易操作性也是数码单反相机的优点。

与普通的全自动数码相机相比，数码单反相机都可以通过机身上的功能按钮，使用拨盘快速地对参数进行设置并根据需要选择对焦点，如右图所示为快速地实现对焦锁定。

快速实现对焦锁定

另外，在数码单反相机上还有一个模式轮盘，方便拍摄者在不同拍摄主题下或者拍摄环境下快速地选择拍摄模式。

在易操作性方面，为了方便拍摄者能够更轻松地拍摄照片，各大厂商都相继推出了带有实时取景功能的数码单反相机。拍摄者在不方便通过取景器取景拍摄时，就可以采用实时取景功能直接在液晶屏上取景拍摄，如左下图所示为使用佳能500D实时取景功能拍摄照片时的显示效果。

另外，一些数码单反相机除带有实时取景功能之外，还拥有一个可以旋转的液晶屏，如右下图所示为尼康推出的D5000数码单反相机，拍摄时可以将液晶屏取出，根据拍摄环境旋转液晶屏以实现更加方便的取景。

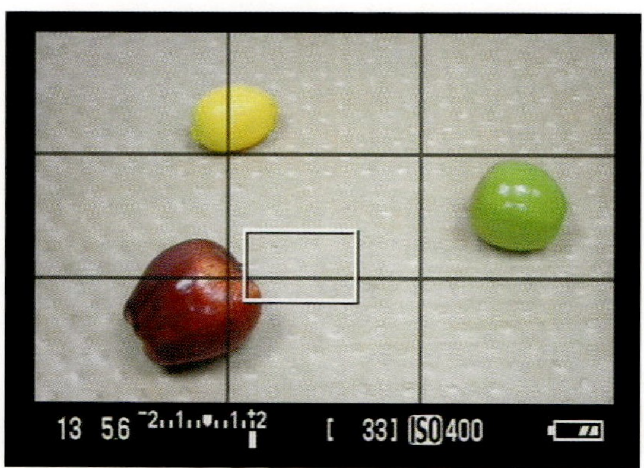

佳能EOS 500D的实时取景功能

尼康D5000可翻转液晶屏

1.5 数码单反相机的定位

无论是佳能还是尼康或者其他厂商生产的相机，在自己的产品体系中都存在入门级相机、中端相机和高端相机以及专业相机，而这些都是根据相机的价位和相机的性能决定的，接下来我们就来看看目前市场上主流相机中入门级相机、中端相机、高端相机和专业相机都有哪些。

入门级数码单反相机

入门级数码单反相机适合初学摄影的朋友或者是业余摄影爱好者使用。一般售价在5000元以下，无论是对个人还是家庭来说，都是能够承受的价格。从性能上看，入门级单反相机虽然没有高端相机那么优秀，但通常像素为1000万左右，个别入门相机像素也可达到1500万像素，完全能够满足日常拍摄的需求。从功能上看，入门级数码单反相机会比高端相机少一些，而与部分中端相机相比，只是弱化了一些功能而已。目前入门级数码单反相机大多数都带有一个超大液晶屏，支持视频拍摄和实时取景拍摄，这也是早期中端相机望尘莫及的。入门相机的外观虽然精细，但其真正欠缺的是良好的操控手感、扎实的用料做工、对严酷环境的适应能力以及高速连拍速度、最快快门速度等硬性指标。

佳能EOS 500D

入门级数码单反相机在市场上所占有的比例是最大的。每一个厂商都相继推出了多款入门级相机，如右上图所示的佳能500D、左下图所示的尼康D5000和右下图所示的宾得K-x等机型。

尼康D5000数码单反相机

宾得K-x数码单反相机（红色版）

中端级数码单反相机

中端数码单反相机在市场上所占的数量并不多，很大因素是由于入门级相机和高端数码相机的销量造成的。从价格上比较，中端数码单反相机价位大概在8000元左右，不高于10000元。这类中端数码单反相机在功能上相对会比入门级相机要多一些，例如相机自带的场景模式、相机的色彩模式要多一些，一般的中端数码单反相机还会带有自动感光元件除尘等功能。在性能方面，中端数码单反相机在高感光拍摄方面要比入门级更好，一般像素都在1500万左右。从外观上看，机身要比入门级稍微大一些，做工也要精细得多，在手感方面也会比入门级好。目前市场上销售的中端数码单反相机中有如左下图所示的尼康D90单反相机和右下图所示的佳能50D单反相机。

尼康D90　　佳能EOS 50D

高端级数码单反相机

高端数码单反相机已经带有那么一点准专业的意思了。为了能够满足高级摄影以及摄影发烧友对相机操控性的更高要求，各大厂商也推出了在数码单反相机领域中的高端产品，如左下图的尼康D300s和右下图的佳能EOS 7D。这两款相机的价位都在万元以上，是目前APS画幅中的顶级相机。比起入门级产品也有许多细节方面的提升，这些提升包括连拍速度、侧光模式、对焦精度、电池续航能力等，以适应更高的使用要求。

尼康D300s　　佳能 EOS 7D

另外，尼康和佳能还相继推出了全画幅的数码单反相机，这些相机也是属于高端相机。这类相机通过提高感光元件的感光面积、像素点和降噪能力，让相机能够适应在更多环境下的拍摄。如左下图所示为尼康D700，右下图为佳能EOS 5D Mark Ⅱ，它们的价位都在15000元以上。

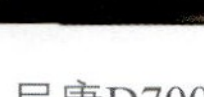

尼康D700

佳能EOS 5D Mark Ⅱ

专业数码单反相机

每一个厂商都会推出自己的旗舰产品，例如左下图所示的佳能旗舰产品EOS-1 Ds Mark Ⅲ，右下图所示的尼康旗舰产品D3x。这两款相机也可以说是专业级单反相机了，主要为职业摄影师量身打造，适合专业记者、职业摄影师、特种工作人员使用。

专业数码单反相机集各自品牌的最新技术于一体，几乎拥有一名职业摄影师所想要的全部功能。采用坚固耐用的材质，全金属外壳，高达15万次以上的快门寿命，2000万以上的像素，惊人的画面质量，高速的反应速度，系统的高度集成化，防尘、防水以应对可以想象的任何苛刻环境，100%的取景视野让每一个透过它的取景器观看的摄影师都过目不忘。

专业数码单反相机还拥有更为准确的多点双十字对焦系统，可以应付高速对焦操作，有的机型设置配备了无线模块以支持拍摄过程中的无线传输数据，如此强悍的功能都是为职业摄影师量身打造的。不过价格过于昂贵，就机身本身就是40000元以上，对于摄影爱好者来说确实难以接受。

佳能旗舰产品EOS-1 Ds Mark Ⅲ

尼康旗舰产品D3x

Part 02 器材认识篇

Chapter 02 数码单反相机机身与镜头的认识与选购

学习重点

- 数码单反相机机身的选购
- 数码单反相机的机身配件
- 镜头的结构与属性
- 不同类型的镜头

2.1 数码单反相机机身的选购

单反相机的选购，首先最关注的肯定是自身的拍摄用途及价格定位，其次才是相机的画幅大小。最终在确定购买后，根据自己的实际情况，清楚地了解怎样去分辨水货和行货，以免花冤枉钱。

考虑自身的拍摄用途

相机的拍摄用途，对于每一个初学者而言可能各不相同，是居家拍摄一些生活照，还是拍摄一些人像、风光照、城市夜景照，或是更加专业的鸟类及体育运动照，都会对相机的选择有所影响，更甚者是想朝更专业的方向发展，对相机的选择一步到位，或直接朝顶级器材迈进。

入门级家用机

对于像尼康D5000和佳能500D这些相机，其质量轻、体积小，不论是在家拍摄还是长途旅行时都不会觉得相机是一个太大的负担。所具有的实时取景和视频拍摄功能的加入使得这类相机一机多用。特别是尼康D5000具有可翻转的LCD屏，不需要调整身体以适应相机的高度也能轻松地完成取景构图。

人像、风光机

佳能50D和尼康D90在相机上方增加了对相机参数可快速观察调整的液晶控制面板，同时这类单反较入门家用机性能略有提升，在平时拍摄人像、风光照时都很实用。

扫街、夜拍机

尼康D300s和佳能7D在连拍及降噪性能上有所提升，其中尼康D300s有51个对焦点可供选择，佳能7D具有双DIGIC 4图像处理器。使得这些相机即使在夜晚使用ISO感光度为1600进行抓拍也没有问题，从而延伸我们的拍摄题材。

全能机

对于胶片时代就开始玩摄影的人，多少都会有全画幅情节。那么可以选择使用全画幅数码单反相机中的价格相对低廉的入门级全幅机，如佳能5D Mark II和尼康D700。这些机器功能也更加齐全，性能以及设计更加人性化，也更有保证。

Canon 5D Mark II

Nikon D700

专业体育运动机

针对喜欢体育运动方面的摄影题材，更加专业的拍摄，可以选择运动型相机，如APS画幅的连拍机王，具有45个对焦点，连拍速度可达10张/秒的佳能1D Mark IV。还有全画幅连拍机王，具有51个对焦点，连拍速度可达9张/秒的尼康D3s。同时这两款机器都具有ISO可扩展到102400的惊人的高感能力，即使在光线极暗的环境下也能实现手持拍摄。

APS画幅连拍王

Canon 1D Mark IV

全画幅连拍王

Nikon D3s

根据价格定位选择

单反相机的价格少则几千，多则几万，基本上都是性能及价格成正比的，针对佳能、尼康这些主流数码单反相机，越是高端的相机越昂贵，同时体积也越庞大。初学者可以考虑从价格方面进行定位。

价位在3000~5000元的相机

3000元左右

SONY α230

3450元左右

Nikon D3000

4150元左右

PENTAX K-x

4400元左右

Canon 500D

4500元左右

OLYMPUS E620

值得一提的是，PENTAX K-x改变了数码单反相机机身一贯使用黑色和银色的习惯。采用了红、白、蓝、黑及彩色版等多种可供选择的机身，让追逐时尚的年轻人有更多的选择。

上述相机和它的价格一样，是属于入门级的相机，机身都比较小巧实用，通常在设置参数时，都是在可视化更好的机背LCD屏上进行，更加适合初学者使用。需要注意的是，尼康D3000没有机身对焦马达，在选择镜头时必须选择具有自动对焦马达的镜头，否则只能手动对焦（关于对焦的知识将在第5章中详细介绍）。

价位在5000~9000元的相机

这类相机操控性得到了明显的提升，相机上方大都设有液晶控制面板，即使没有控制面板的SONY相机也有很多快速设置参数的按钮，便于拍摄者更加快捷地变更参数完成拍摄。并且这些相机都是各地厂商的中流砥柱，是值得一用的机器。

5250元左右

SONY α700

6050元左右

Nikon D90

7150元左右

Canon 50D

7200元左右

PENTAX K-7

7300元左右

OLYMPUS E30

价位在9000元以上的相机

在这些接近万元及上万元的相机中大多都是全画幅数码单反相机，更加适合专业拍摄者使用。

9900元左右

Nikon D300s

10000元左右

Canon 7D

15000元左右

SONY α900

顶级配置

在数码单反时代，目前最顶级的配置便是佳能EOS-1 Ds Mark III和尼康 D3X，由于其高昂的价格及顶级的配置，大多都是非常专业的摄影人士才会选择这类器材。而普通摄影爱好者就没有必要购买这样的机器了。

43000元左右

Canon EOS-1 Ds Mark III

47000元左右

Nikon D3X

这些近万元及万元以上的机器都使用的是金属外壳，并且快门寿命至少在15万次以上，而顶级配置的相机快门寿命更是高达30万次。

需要注意，在购买相机时是购买单机还是套机。并且数码相机的更新换代比较快，随着更新换代相机的价格会有些许的涨跌。在购买时还需要了解最新的咨讯，以上相机的价格均为单机不含镜头的价格（仅供参考），如果配置套头通常从几百元到几千元不等。有足够的经济实力可以配置更加高端的顶级镜头，所谓一分钱一分货，但拍摄者还是要根据自己的实际情况来进行选购，在后面的内容中还会做更具体的分析。

感光元件大小对画面的影响

感光元件的大小直接影响画面成像的视角大小。前面在选购相机时，所提到的相机APS-C画幅或是全画幅也与感光元件的大小尺寸有着密切的关系。

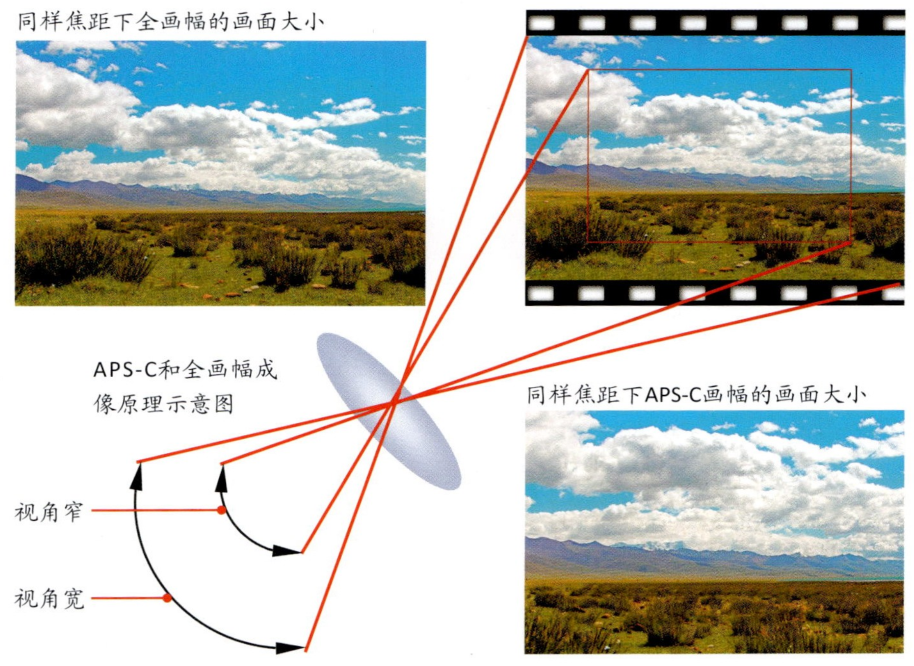

简单地说，全画幅数码单反相机就是感光元件的尺寸和135相机所用胶片的尺寸一致，而APS-C等其他画幅的数码单反相机感光元件的尺寸较135相机的胶片更狭窄，所得的画面效果自然没有全画幅的视角开阔。

问： 为什么Micro 4/3画幅系统相机体积更小？

答： 由于Micro 4/3画幅系统相机的感光元件是全画幅单反相机的一半，它的成像原理也与普通的4/3画幅系统相机有所不同，因此它的体积比现在最轻量级单反还要小巧一倍左右。

4/3系统

48mm

40mm

20mm

42mm

Micro 4/3系统

OLYMPUS EP1

水货与行货的鉴别与认定

在购买数码相机时，需要注意区分水货和行货。建议拍摄者不要图小便宜购买水货相机，售后一旦出现问题没有任何保证，而购买行货的优势就在于可靠的质量保证及售后的三包服务。那么下面我们将从几个方面来介绍水货和行货的辨认方式。

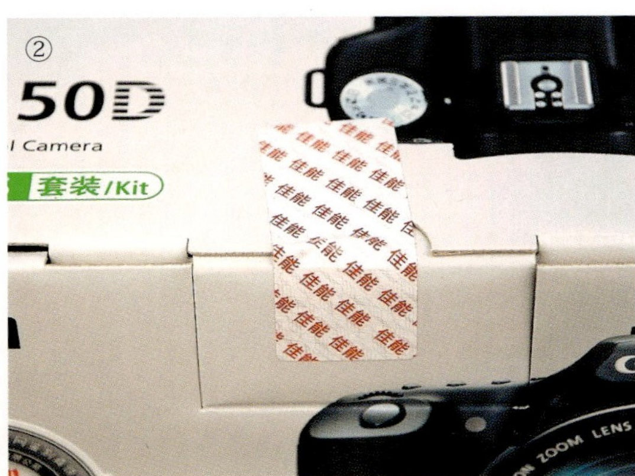

① 首先检查相机包装是否完好，有无划痕及破损。

② 在开箱之前，检查包装封条是否完好，有无拆卸痕迹。

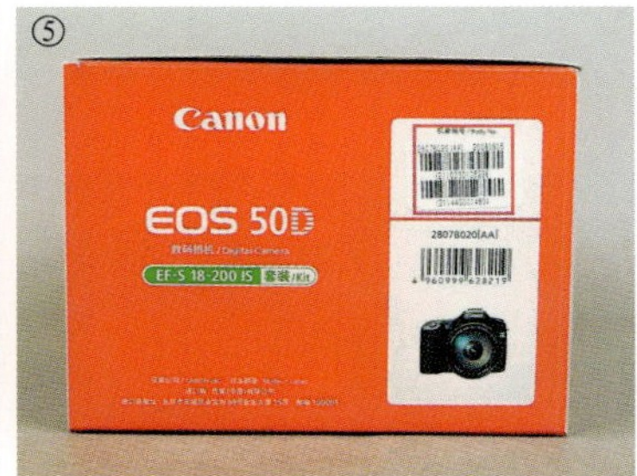

③ 开箱之后，确定说明书、保修卡及光盘是否完整。并且正规的行货都是采用中文印刷的说明书，有的相机还配有多种国家语言的说明书，而水货很可能没有中文版说明书。保修卡上需要注意上面所写的机身编号是否与相机上的编号相同，及保修卡上是否列有详尽的保修规定和维修记录等详细项目。

④ 检查相机是否有磨损的痕迹，在开启菜单后首先提示操作的是选择“LANGUAGE/语言”设置选项的为行货，否则就是水货。

⑤ 检查相机包装盒上的机身编号是否与相机上的一样，有的品牌相机没有在外包装上贴有机身编号，则需要检查正品行货都有的免费咨询电话。

最后，取出包装盒中所有物件一一检查确认是否有所遗漏。一般套机都包含机身、镜头、电池、充电器、背带、数据线和光盘软件等内容。在确定所有的物件都没有问题之后，如果还不放心就只有致电厂商的免费咨询电话获得确认了。

2.2 数码单反相机的机身配件

在购买了数码相机之后，还可以购置一些机身的配件，使相机更加容易操作，得心应手。

竖拍手柄更方便的操作方式

只有少部分相机是机身与竖拍手柄一体化的，大多数的数码单反相机都需要重新配置竖拍手柄，并且竖拍手柄的功能也不是单一的。

竖拍手柄的第一大功能就是方便手持相机竖向拍摄稳定机身。

单一的手持相机拍摄的位置

未安装竖拍手柄的相机

使用未安装竖拍手柄的相机，在竖拍时一只手在上一只手在下拍摄，对于相机的稳定性没有横拍时好。

可变换的手持相机拍摄的位置

安装竖拍手柄的相机

使用安装竖拍手柄的相机，在竖拍时，手持相机的位置由原来机身的手柄调整到机身下的竖拍手柄上，双手仍然可以保持夹紧身体进行拍摄，自然稳定性更好。

Canon 7D安装竖拍手柄的方法

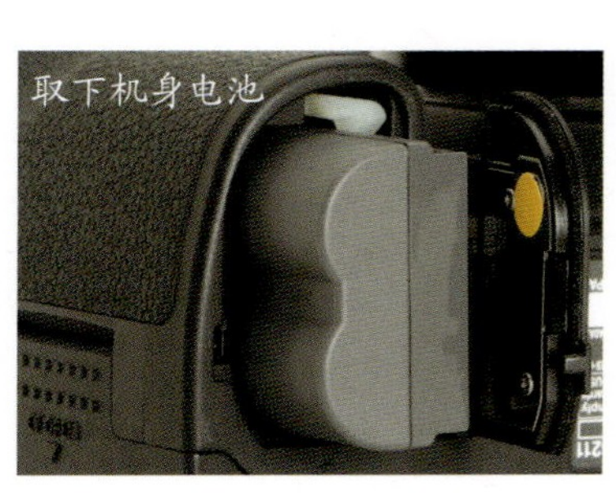

将手柄插入机身电池舱内

相机机身

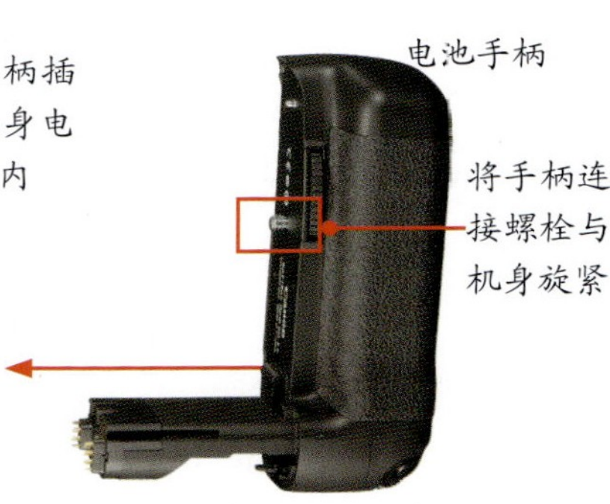

电池手柄

将手柄连接螺栓与机身旋紧

锂电池

电池仓

镍氢电池

电池盒

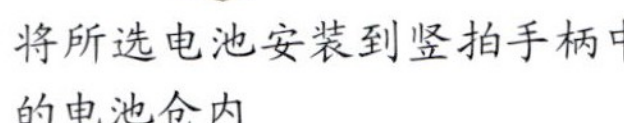

将所选电池安装到竖拍手柄中的电池仓内

安装竖拍手柄后的相机

在为了更好地使用竖拍手柄拍摄，首先我们需要给只有机身的相机安装竖拍手柄。

安装竖拍手柄的操作步骤：

① 打开机身电池盖，取下机身电池。

② 拆下机身电池盖。

③ 将手柄插入机身电池舱内。

④ 将手柄连接螺栓旋紧。

⑤ 将电池放入手柄电池舱内，关上电池舱盖即可开机进行使用。

向竖拍手柄中安装的电池可以是直接安装的锂电池，也可以是装在电池盒中的镍氢充电电池。

竖拍手柄的第二大功能便是适合长时间在户外进行拍摄，减少在关键时刻电池没有电量无法释放快门的情况。需要注意的是，在购置竖拍手柄时，需要了解该款竖拍手柄是否与我们使用的相机型号相匹配。

备用电池与充电器的准备

不论拍摄者是否使用竖拍手柄，对于备用电池的准备都是必要的，既然要使用更多的电池还有一个必要的设备便是电池充电器。

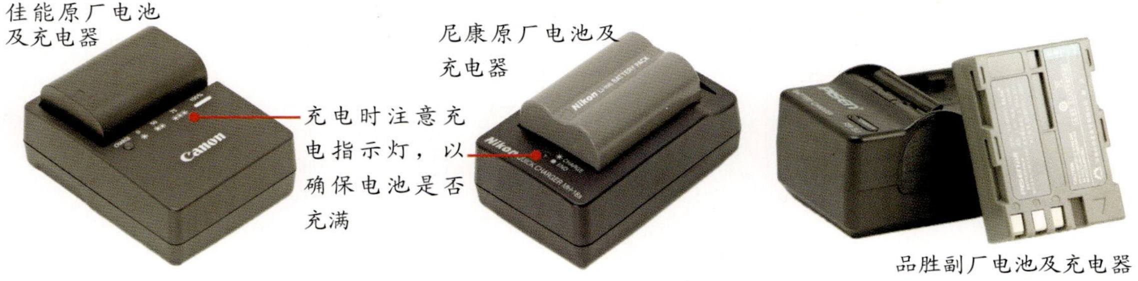

在购买备用电池时，拍摄者最好根据自己相机的型号购买相应的电池，错误购买将无法使用。如品胜、飞毛腿等专业的副厂的电池也是值得信赖的。

不管是尼康、佳能等原厂电池及充电器还是其他副厂电池及充电器，最好都是配套使用。

由于大多数数码单反相机都使用的高能锂电池，不但质量轻，而且使用寿命长，并且这类电池没有记忆效应，即使拍摄者随时对其充电也不会有太大的影响。但在使用电池和充电器时，还需要注意一些问题。

电池使用的注意事项：

1. 在确认已关闭相机之后，再更换电池。

2. 不使用相机时，请取出电池。如果让电池长期留在相机内，电池可能会处于小电流放电状态，会缩短电池的使用寿命。一旦当电量用尽后，电池也很容易出现漏液的现象。

3. 若长时间不使用电池，需要给电池装上保护盖，并且不要将电池与项链等金属物品放置在一起。

4. 一旦发现电池变色或变形，或电池充满电后迅速耗尽，说明电池寿命已到，请立即停止使用。

5．在长时间拍摄后，电池可能会变热。若想降低电池温度，则需要关机后取出电池。

6．在国外请安装市面有售的相应国家或地区的插头适配器。

充电器使用的注意事项：

1．充电结束后，不要忘记从电源插座上拔下电源线或插头。

2．保持充电器干燥，否则可能导致火灾或触电。

3．若插头金属部分或周围有灰尘，应立即使用一块干布将其擦去。在有灰尘的情况下继续使用将可能引起火灾。

4．在强雷雨天气时，请勿触摸电源线或靠近充电器，否则可能导致触电。

5．不要损坏、改装、强行拉扯或弯曲电源线，不能将重物压在上面，或者使其接触明火或受热。若发现电源线的绝缘层破裂且露出线芯时，请将其送至专业维修机构进行检查维修，否则可能导致火灾或触电。

6．请勿用湿手接触插头或充电器，否则可能导致触电。

快门线触发控制快门的开启

当遇到光线较暗的环境，或是需要长时间曝光时，不要直接使用快门按钮，这会很容易引起相机的震动。这时就需要使用快门线或是遥控装置才能很好地解决，可以使拍摄者不用直接接触相机。

机械快门线

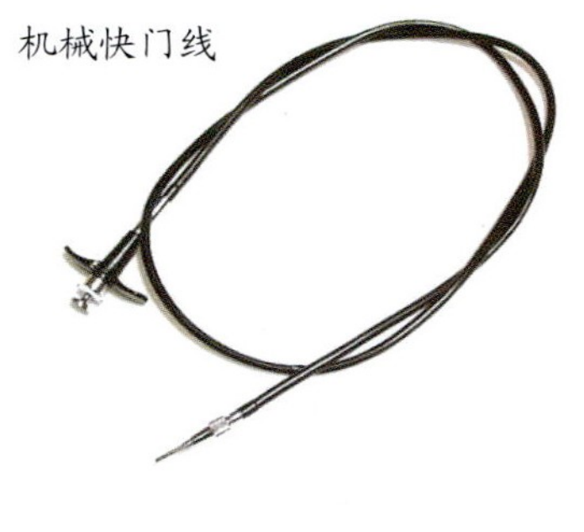

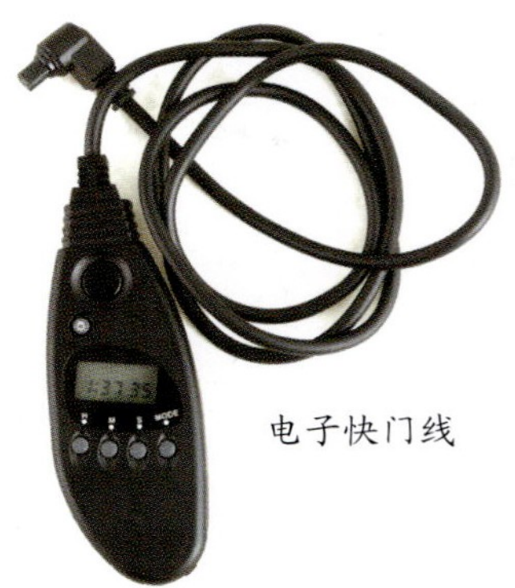

电子快门线

摄影知识解析：

不同厂商单反相机的快门线并不统一，在选购时需要注意与自己的相机快门线接口相匹配才行。

快门线一般分为机械快门线和电子快门线，其中机械快门线是胶片时代的产物，而电子快门线是数码时代较为常用的一种快门线。如下左右两图所示为不同的相机快门线接口。

Canon 50D的快门线接口

Nikon D300的快门线接口

当然还有一种就是触发快门的装置——无线快门遥控器，在使用时，不用直接连接相机，相机在接受到遥控器所发出的红外线时，便可释放快门完成拍摄。

问：为什么在对焦以后，使用无线快门线无法释放快门？

答：1．在使用无线快门遥控器时，需要注意的是，在使用时要将遥控器与相机上的红外线接收器相对应。

2．一般无线快门线的有效使用距离只有5m左右，太远了相机会失去对遥控器的感应。

3．若直接临近相机使用遥控器还是没有反应，则需要更换遥控器中的电池了。

无线快门遥控器

不同种类的存储卡

就目前数码单反相机市场而言，存储卡主要有CF卡、SD卡、SDHC卡、记忆棒、xD卡等，其中读写速度较快、存储数据较稳定的CF卡是较早被使用在数码单反相机上的存数卡，而随着技术的进步，小巧的SD的读写速度也有了很大的提升，加上各大厂商的入门机及中端相机也多使用SD卡，以及它在便携式相机上的广泛使用，如今也成为数码时代的主流存储卡。而索尼、奥林巴斯等相机都兼容CF卡或SD卡，使得MS卡及xD卡逐渐退出单反市场。

在购买存储卡时，要看相机所支持的存储卡类型来进行选购。

CF卡

SD卡

MS卡（记忆棒）

xD卡

摄影知识解析：

在使用SD卡或SDHC卡时，若出现无法读写的情况，可检查存储卡上的写保护锁是否锁上。

存储卡盒

在购买存储卡时，若随卡附带存储卡盒不要随手丢弃。在不拍摄时，可以用来安放存储卡。

问：外出拍摄时，携带1张超大容量的存储卡好吗？

答：外出拍摄只带1张超大容量的存储卡，虽然很方便，但安全性大大降低，一旦损坏，所有的照片都有可能无法找回。随着现在数码相机照片尺寸的增大，根据不同相机的情况建议多带几张4GB或8GB的存储卡就可以了。

2.3 镜头的结构与属性

数码单反相机继承了传统单反相机的优点，正是可更换的镜头系统，这样各个厂商庞大的镜头群可供我们挑选使用，来更好地进行拍摄，表现自己的创意。

镜头的结构原理

镜头的结构应该包括镜头的外部结构及内部结构。要想更加清楚地了解镜头的结构及其原理，在了解镜头的内部结构之前，首先需要从镜头的外部结构入手。

变焦环

在变焦镜头上，通过旋转变焦环来改变焦距与视角。定焦镜头焦距固定，则无法改变焦距。

对焦环

在对焦时，通过用手或是相机自身转动对焦环，使镜头内部镜片移动位置，以实现精确对焦。不同的镜头对焦环的位置也有所不同。

距离刻度

在表示镜头伸缩量的同时，显示与被摄体之间距离的刻度标记。

佳能 EF-S 17-85mm F4-5.6 IS USM

透镜

在镜头内部构成镜头结构及成像质量的基本部件。在最外面的透镜上方的螺口可以用来安装滤镜及固定镜头前盖。

镜头卡口

用来连接机身镜头卡口，不同厂商相机的镜头卡口各不相同，大多副厂的镜头都会生产与不同品牌相机相连接的镜头卡口。

摄影知识解析：

不是每一只镜头的对焦环和变焦都是这样分布的，不同的镜头对焦环的位置可能位于前部也可能位于后部。

也不是所有的镜头都有距离刻度，往往在风光摄影中对远处的被摄体进行手动对焦时，才能体现它的作用。

佳能EF-S 18-55mm f3.5-5.6 IS

低端入门级的镜头大多都不具有距离刻度。

镜头内部由众多的镜片构成，并且不是简单的几枚镜片，而是经过精心设计的镜片组的排列。镜片组位置的改变将意味着镜头结构的变更。可见，要真正了解镜头还是需要对镜筒内部的结构进行了解。

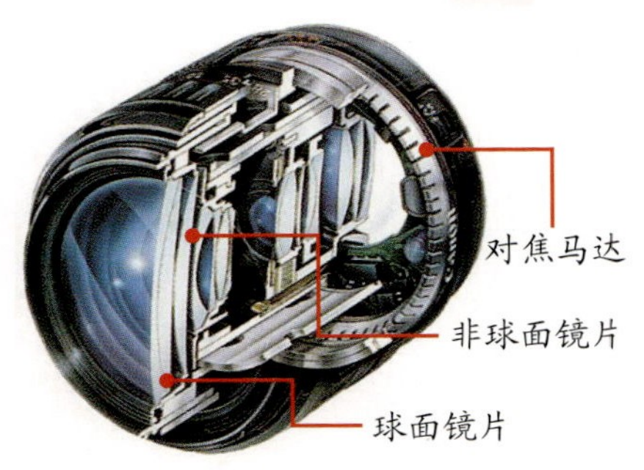

镜头结构示意图

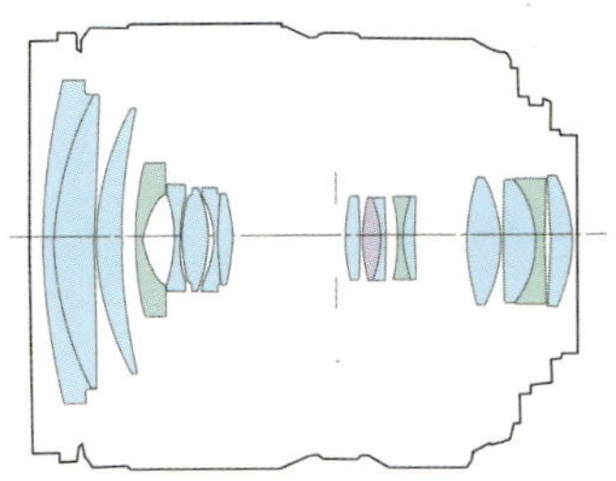

佳能 EF-S 15-85mm f3.5-5.6 IS USM镜头结构图

如上图所示，较好的镜头中除了采用最多的球面镜片之外，还特别加入了非球面镜片和超低色散镜片，并且还会搭载对焦马达，一些镜头还会使用防抖技术。那么它们的具体作用又是怎样的呢？下面将一一解答。

非球面镜片

首先，我们来看一下非球面镜片对成像的影响。

如下图所示，当光线经被摄体反射到球面镜片上之后，会出现像差现象，而光线反射到非球面镜片之后，焦点成像清晰，相差现象得到了缓解及消除。并且由于1枚非球面镜片等同于2~3枚的球面镜片的成像矫正能力，因而在镜头内部结构中非球面镜片的引入可以实现镜头的小型化和高性能化。

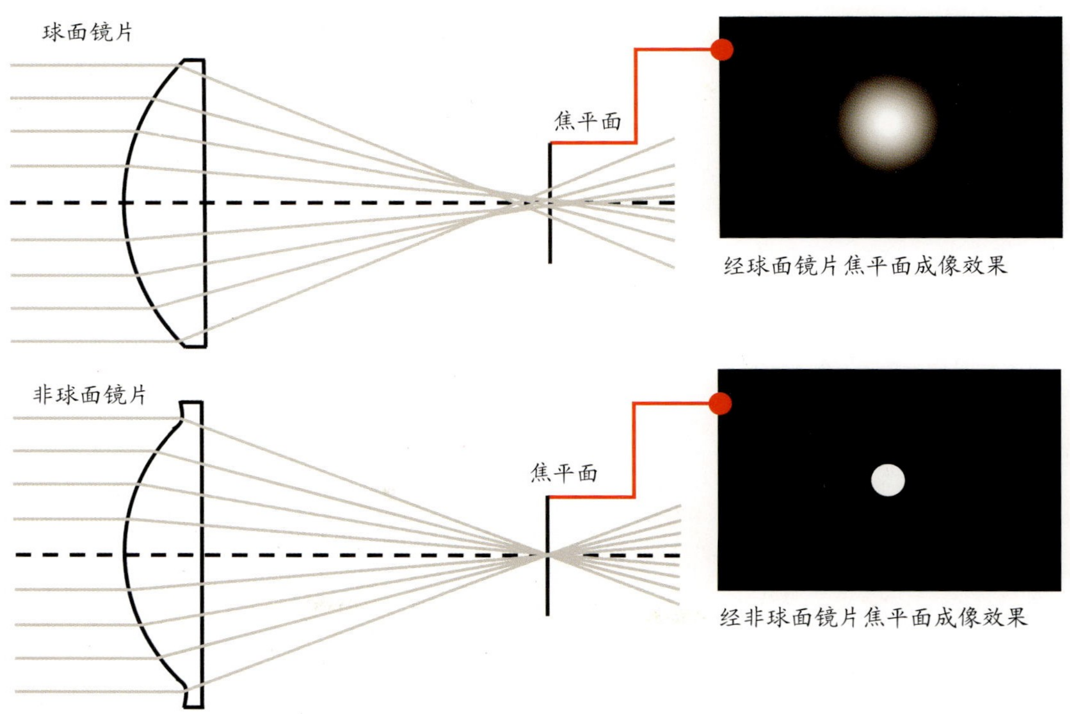

超低色散镜片

接着我们再来了解一下镜头中所使用的超低色散镜片的作用。

由于白色的光线中聚合了不同颜色的光线，它们的波长不同而导致了它们焦距上的差异，这种差异就是色差。为了减轻色差，通常会使用一片凸透镜和一片凹透镜组成镜组，使不同颜色光的焦点更加聚集。如下图所示，当白色光线经被摄体反射到普通光学镜片组之后，仍会出现明显的色差现象，而当白色光线经被摄体上反射到超低色散镜片组成的镜组上之后，就能将色差控制在较小的范围之内。

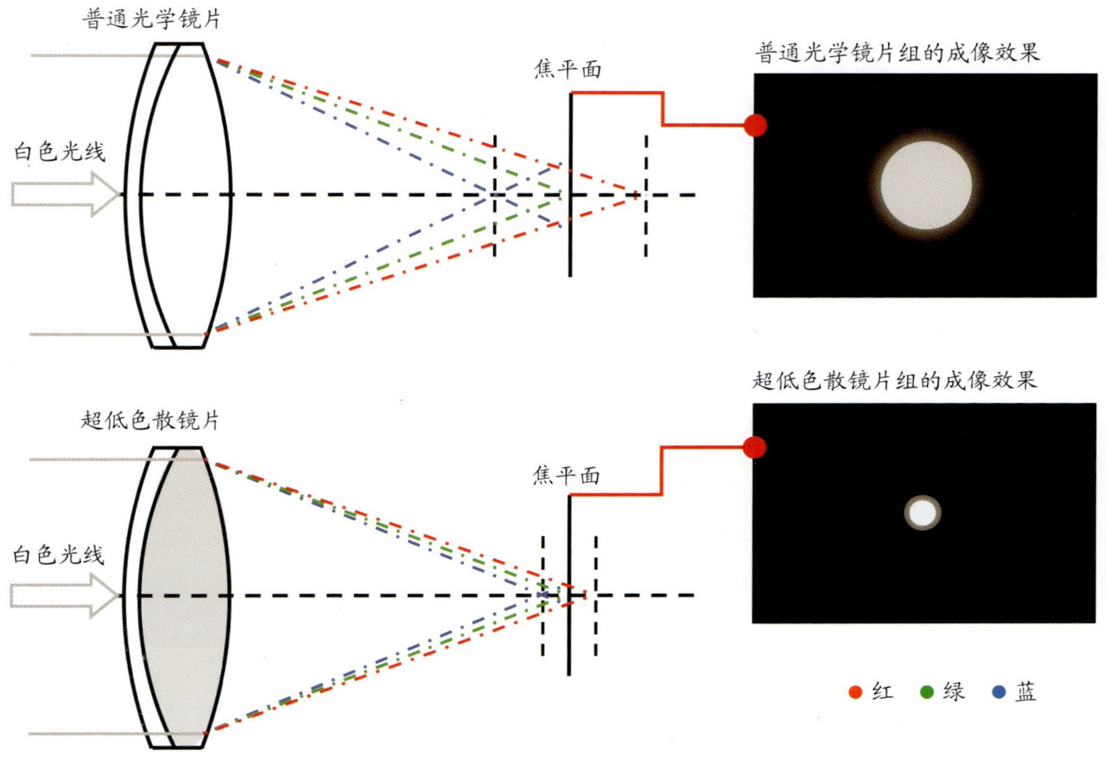

对焦马达

最后我们再来看一下镜头结构中的对焦马达。拍摄者必须了解，一只没有对焦马达的镜头和没有对焦马达的机身配合使用，是无法完成自动对焦的。

由于市面上既有具备机身内置对焦马达的数码单反相机，也有不具备的。那么，选择具有对焦马达的镜头可以适用于更多的相机。

摄影知识解析：

佳能数码单反相机都不具备机身对焦马达，而尼康D60、D3000、D5000这些小型的入门机也不具备。在使用这类相机时，为了更加轻松地对焦，拍摄者在选购镜头时需要更加注意是否具有对焦马达的镜头。

正是由于佳能单反相机没有配备机身内置对焦马达，而采用了镜头内置对焦马达驱动的自动对焦系统，使其超声波马达对焦系统具有领先的地位。超声波马达运用超声波的振动驱动镜头内部组件，安静且快速地完成对焦。

通常机身对焦马达的噪声都比较大，随着技术的进步，如尼康等厂商也早就向镜头内置对焦马达转换了。很多拍摄者所使用的具有机身对焦马达的相机，仍然可以搭配具有对焦马达的镜头一起拍摄。

环形超声波马达

微型超声波马达

镜头内置的超声波马达一般分为环形和微型两种。根据镜头大小的不同安插在其中。一般环形马达安装在大型的长焦镜头中，而微型马达则安装在小型的广角或标准镜头中。

并不是所有的自动对焦镜头都具有超声波马达，有的自动对焦镜头中只有普通的对焦马达，在对焦时噪声会大一些，对焦的速度也没有超声波马达快捷。

镜头光学防抖系统

并不是每一只镜头都具有这样的功能，但镜头防抖技术的加入使得像佳能和尼康这样没有机身防抖的相机可以在低于安全快门的速度下照样获得清晰稳定的画面效果。

摄影知识解析：

通常防抖镜头可以降低2.5~4级左右的快门速度。若拍摄者使用一只焦距为70~200mm的长焦镜头200mm焦距段时，安全快门为1/250s，使用了具有防抖单元的镜头后可以将快门速度降低到1/50~1/15s左右。

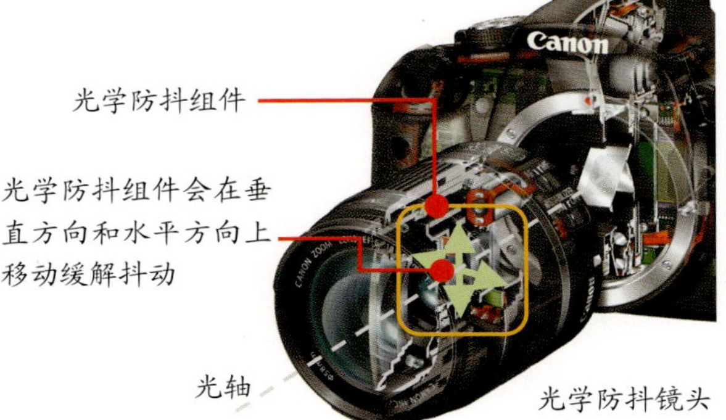

我们在使用长焦拍摄照片时，常常会出现因抖动而引起的画面模糊现象，并且在弱光环境下，快门速度不够快也会出现模糊的影像。而在镜头中使用了光学防抖组件后，一旦进入镜头的主光轴发生位移之后，该组件便会做出相应的位移补偿以缓解抖动，使感光元件上留下清晰的影像。

问： 为什么有的相机不用使用镜头光学防抖照样可以防抖？

答： 由于像索尼、宾得等厂商的相机使用了机身光学防抖技术，即使使用不具备镜头光学防抖镜头也能实现在低于安全快门以下的速度时获得清晰的影像。并且机身光学防抖也能降低2.5~4级左右的快门速度。

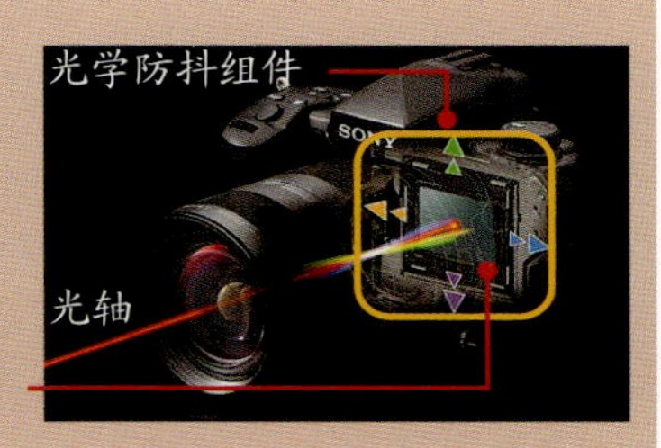

具有机身防抖的相机，机身中的感光元件在发现主光轴发生位移之后，也会做水平和垂直方向的位移以缓解相机抖动。

镜头的口径与光圈

镜头的口径与光圈，前者是外型，后者则是内在。两者是密切相关的，但又不是完全一一对应的。

镜头的口径

相机镜头的口径外延位置都有明显的螺纹，而这圈螺纹的口径就是镜头的口径。镜头的口径又称绝对口径及有效孔径，可以表示镜头的最大进光孔，也就是镜头的最大光圈。可见口径越大，镜头的进光量就越大，理论上讲就是成像质量越好。由于成本、售价及产品定位等因素的不同，镜头的口径规格也不近相同。

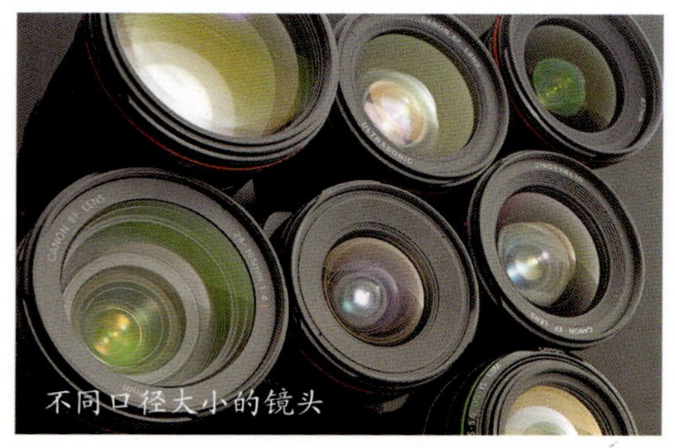

不同口径大小的镜头

镜头盖后面的镜头口径大小标识

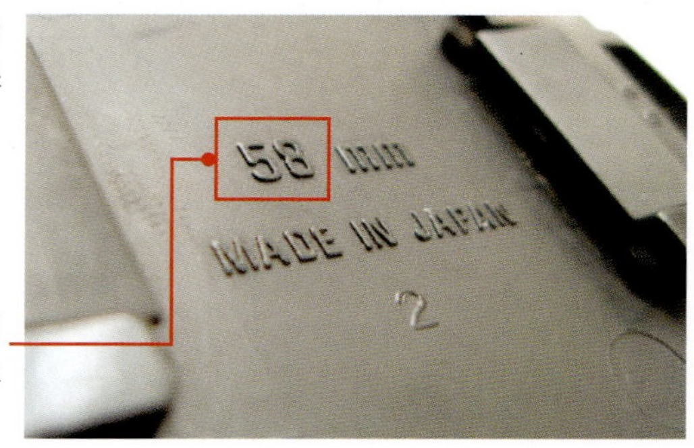

镜头前端的镜头口径大小标识

通常口径大的镜头体积、质量也会越大，数码时代的镜头口径已经被统一成一些常见的规格，分别是58mm、62mm、72mm、77mm和82mm，为今后配备滤镜提供了方便。需要注意的是，在购买镜头之后要了解自己的镜头口径是多少，有的可以在镜头前端看到镜头的口径，而有的则需要查看镜头盖后面的标识才能了解镜头的口径。了解自己镜头的口径才能方便配备相应的滤镜，如果滤镜的口径和镜头的口径不同是无法安装的。

摄影知识解析：

拍摄者在购买镜头时需要对更多的镜头进行了解，最好能将所配备的镜头口径都统一起来，这样只要购买一套滤镜系统，就能在相同口径的镜头上使用，同时节省开支。

镜头的光圈

提到光圈一定会注意到镜头是恒定光圈还是非恒定光圈。拍摄者在购机时搭配的套头大都是非恒定光圈的镜头，而较好的镜头几乎都是恒定光圈的镜头。

如下图所示，标识为18-135mm/F3.5-5.6的非恒定光圈的镜头就是在18mm焦距时最大光圈是F3.5，而在135mm焦距时最大光圈是F5.6。而标识为24-105mm/F4的恒定光圈镜头是从24~105mm所有焦段都可以持续使用最大光圈F4。

在不同镜头上，光圈的大小也有所不同。口径大的镜头往往光圈都不会小，但光圈大的镜头不一定都是大口径。特别是以前的老镜头会有这样的现象。

非恒定光圈镜头佳能EF-S 18-135mm f3.5-5.6 IS

佳能EF 24-105mm f4L IS USM恒定光圈镜头

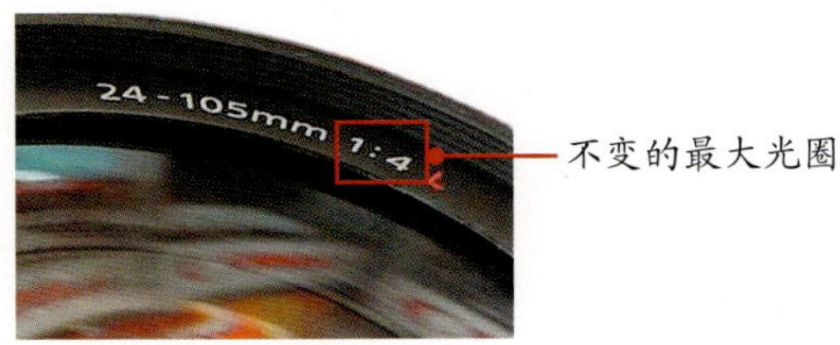

摄影知识解析：

对于喜好玩老镜头的拍摄者，由于镜头口径不统一的关系，购买现在的滤镜比较麻烦。不过可以通过转接环将镜头的口径转换成现在常见的口径以便共用一套滤镜进行拍摄。

镜头的焦距转换

拍摄者可能会发现，同一只镜头相同焦距下，在不同的相机上成像大小不一样。数码单反相机都会有一个镜头的转换系数，而这个系数就是以胶片时代的135相机为参照的。由于全画幅数码单反相机感光元件与35mm胶片尺寸同为36mm×24mm，也就是我们通常所说的全画幅相机为什么转换系数仍旧为1的原因，因而焦距系数的转换只针对非全画幅的数码单反相机。正如在前面对感光元件大小的介绍中已经提到的，感光元件越小，画面的视角越小，而相应的焦距会显得越大。如下表可以作为转换系数的参照。

相机型号	画幅	感光元件尺寸	实际焦距	转换系数	等效焦距
Canon 1D Mark IV	APS-H画幅	27.9mm×18.6mm	50 mm	1.3	65 mm
Nikon D300s	APS-S画幅	23.6mm×15.8mm	50 mm	1.5	75 mm
Canon 7D	APS-S画幅	22.3mm×14.9mm	50 mm	1.6	80 mm
OLYMPUS E620	4/3画幅	17.3mm×13mm	50 mm	2	100 mm

可见，使用画幅小的相机拍摄，会取得镜头长焦端的优势；而画幅越大，在镜头广角端的优势会越突出。

常见品牌镜头的标识含义

镜头上的标识正如一个镜头的身份识别系统一样，光看镜头上的一两个标识就能分辨这是哪个厂商的镜头，如各个厂商的超声波对焦马达基本功能相同，标识却完全不同，如佳能USM，尼康SWM，美能达/索尼SSM等。特别是佳能、尼康数码相机有全画幅与APS画幅等之分，在镜头的选用上需要注意，佳能具有EF-S和尼康具有DX标识的镜头是APS画幅数码专用镜头，无法使用在全画幅相机上。

佳能、尼康、宾得等厂商的自动对焦镜头不下数百只，加上以前的手动镜头更是数不胜数，如何来区分这些镜头，使得我们在购买镜头时，对镜头的性能更加清楚明了。首先从了解它的镜头标识含义开始，下面具体介绍一些厂商镜头上的标识含义。

在绝大多数情况下，每个厂商的字母标识含义都不一样。众多的镜头标识可能会让人眼花缭乱，但还是有极少数字母标识是通用的，先来了解一些通用的标识，F：光圈值；AF/A：自动对焦；MF/M：手动对焦；MACRO：带有微距功能，只有尼康的微距标识是MICRO；AL：非球面镜片；ASL：混合型非球面镜片；LD：低色散镜片；AD：不规则色散镜片；XR：高折射率镜片；ED：超低色散镜片；Fisheye：鱼眼镜头；Zoom：变焦镜头；IF：内对焦技术等。

下表介绍各厂商常见的字母标识。

镜头品牌	非球面镜片	低色散镜片	光学防抖	超声波马达	数码专业镜头	高档专业镜头	备　注
佳能	AL	UD	IS	USM	EF-S	红圈L	镜头超声波马达对焦系统及光学防抖功能上具有领先地位
尼康	ASP	ED	VR	SWM	DX	金圈	机身对焦与镜头对焦相结合实现更加强大的对焦系统
宾得	AL	ED	/	SDM	DA	*星镜/Limited	这些都是原厂镜头，搭载的相机具有机身光学防抖功能，因而省略了镜头防抖功能
美能达/索尼	ASP	AD	/	SSM	DT	索尼G型/卡尔·蔡司ZA型Planar及Sonnar	
奥林巴斯/松下-莱卡	ASPH	ED	/	SWD	奥林巴斯Zukio Digital/松下-莱卡D	奥林巴斯长焦远摄镜头/松下-莱卡Summilux、Elmarit及Elmar	
图丽	AS	SD	/	/	DX	金圈AT-X	众多副厂镜头，可谓性价比之选
腾龙	ASL/LAH	AD/LD	VC	/	DI Ⅱ	SP	
适马	ASP	SLD	OS	HSM	DC	EX/DL	

在了解了镜头的基本标识之后，我们就可以更加轻松地了解镜头的功能了。但是要想更加具体地了解镜头还需要针对不同的镜头标识进行查询。

佳能EF 70-200mm 1:2.8 L IS USM镜头

如左图所示为佳能EF 70-200mm 1:2.8 L IS USM镜头，EF为佳能EF卡口，是全画幅与APS画幅通用卡口，70-200mm为焦距，1:2.8为最大光圈值为F2.8，红圈L为顶级镜头，IS为光学防抖系统，USM为超声波对焦马达，俗称“爱死小白”。

如右图所示为尼康AF-S VR 70-200mm 1:2.8 G IF ED镜头，AF-S为超声波对焦马达，VR为光学防抖系统，70-200mm为焦距，1:2.8为最大光圈值为F2.8，G表示无光圈环的G型镜头，IF为内对焦设计，ED为超低色散镜片，俗称“小竹炮”。

尼康AF-S VR 70-200mm 1:2.8 G IF ED镜头

2.4 不同类型的镜头

买到不适合的镜头比买到不好的镜头更浪费，所以针对不同的拍摄题材，对镜头的选择需要更加慎重，需要了解变焦、定焦镜头及不同焦段下镜头的不同用途及拍摄效果，才能更好地进行选购，以便今后使用。

变焦与定焦镜头

前面根据光圈的可变性与否可以划分出恒定光圈和非恒定光圈镜头，当然还可以将镜头按焦距的可变性与否分类，可以将镜头分为定焦镜头和变焦镜头。

其中定焦镜头由于有着固定的焦距，所以可以简化镜头组的结构并有助于提高成像质量。而变焦镜头可以在不更换镜头的情况下改变焦距，即使拍摄者寸步不移也可以拍摄到远近层次不相同的画面效果。

变焦镜头的优势

下面两幅图通过使用变焦镜头拍摄风光，这时拍摄者在寸步不移的情况下，便可以轻松获得多个焦段下不同视角范围的画面效果。可见在使用变焦镜头拍摄时，既可以节省我们的体力，也可以节省一些走动的时间。

FUIJFLIM S5 Pro、18-135mm、F3.5-5.6、F8.0、1/800s、ISO：100、52mm、0EV、加权测光

FUIJFLIM S5 Pro、18-135mm、F3.5-5.6、F8.0、1/640s、ISO：100、130mm、0EV、加权测光

定焦镜头的魅力

下图使用大光圈定焦镜头拍摄人像，由于固定的焦距，在拍摄时需要拍摄者走动来对视角范围进行改变，而较大的光圈可以在较弱的光线下保持手持拍摄的稳定性。

Canon 500D、50mm、F1.8、F1.8、1/1000s、ISO：200、50mm、0EV、点测光

摄影知识解析：

定焦镜头中不得不提到的便是标准镜头，焦距与感光元件的对角线长度相近的镜头被称之为标准镜头，往往我们所说的50mm焦距标准镜头就是根据全画幅而言。并且标准镜头的视角范围和人眼的视角很接近，因而拍摄出来的画面效果更加平易近人，容易让人产生身临其境的视觉感受，常常被用来拍摄人像及纪实照片。

大视角范围的超广角镜头

广角即视角宽广的意思，并且视角广的镜头焦距也比较小。但广角镜头分为普通广角镜头和超广角镜头。针对135全画幅相机而言，焦距在24~35mm，视角在84°~60° 的镜头称之为普通广角镜头。而焦距在16~24mm，视角为118°~94° 的镜头称之为超广角镜头。

超广角镜头具有的特点是：视角更大，视野宽阔，可以比人眼看到更多的景物。适合表现风光及建筑等需要融入更多画面元素的拍摄题材。

尼康广角镜头 AF-S 17-35mm F2.8D IF-ED

普通广角镜头

左图在普通广角镜头的作用下，其实画面视野已经很开阔了，并且清晰的天空及山峰的倒影与实体相对应使得画面倍感宁静。Nikon D200、17-35mm、F2.8、F7.1、1/160s、ISO：100、17mm、0EV、加权测光

尼康超广角镜头 AF-S10-24mm F3.5-4.5G ED

超广角镜头

左图在使用超广角镜头拍摄之后，画面的视野更加开阔。并且画面出现了很明显的桶形畸变效果，使得照片的视觉感更加夸张有趣。Nikon D200、10-24mm、F3.5-4.5、F6.3、1/160s、ISO：100、10mm、0EV、加权测光

问：使用什么镜头容易出现夸张的畸变效果？

答：除了超广角镜头容易出现畸变，超长焦镜头也容易产生畸变。不过它们所产生的畸变形式不同。超广角所引起的画面畸变类似于木桶的形状而被称之为桶形畸变，超长焦镜头所引起的畸变类似于枕头而被称之为枕形畸变。好的镜头在设计时会对这些畸变进行补偿，而低端的广角及长焦镜头都会比较容易产生畸变。

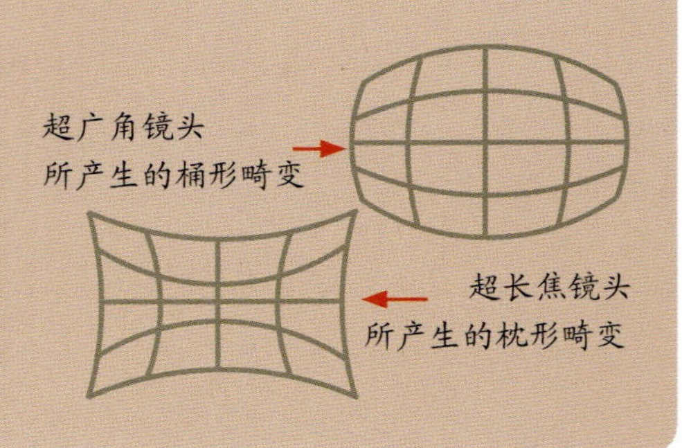

表现细微效果的微距镜头

微距镜头是最常见的特殊功能的镜头，通常放大倍率为1：1。由于最近对焦距离的缩短，及镜头结构的改变，使得这类镜头焦外虚焦内锐，因而在展现细小的物体及局部的细节上都有很好的表现力。

腾龙微距镜头
腾龙SP AF90mm F2.8 Di Macro

将照片放大之后仍然可以看到清晰锐利的局部细节。

锐利的画面效果

左图使用微距镜头拍摄，即使对照片进行放大照样能获得清晰锐利的画面效果。若使用更近的对焦距离会获得更加细微的画面效果。

Nikon D200、90mm、F2.8、F5.6、1/400s、ISO：200、90mm、-0.3EV、加权测光

佳能MP-E 65mm F2.8 1-5X Macro

摄影知识解析：

通常微距镜头都具有1：1的还原放大倍率。值得一提的就是佳能的MP-E 65mm F2.8 1-5X Macro微距镜头，具有1：5的放大倍率，是目前微距镜头中放大倍率最高的一款微距镜头。可以获得更加惊人的细节画面。

问：为什么拍摄的微距照片总是没有对焦到我们预想的地方？

答：往往在使用微距镜头拍摄花草、昆虫时，被摄体及其微小，稍有一点晃动其实已经相差千里了。因而在拍摄微距照片时，最好将相机安置在脚架上，并且还需要结合具有手动功能的镜头耐心地进行拍摄，才能得到更好的拍摄效果。

更近的对焦距离确保更多的细节

超大范围视角的鱼眼镜头

在全画幅相机上焦距在16mm以下，视角为180°的镜头被称之为鱼眼镜头，它是一种特殊的超广角镜头。鱼眼镜头又可分为对角线鱼眼镜头和全景鱼眼镜头。通常我们所使用的鱼眼镜头只在两条对角线拥有180°成像的是对角线鱼眼镜头，而将镜头所对方向180°内的景物都容纳到一个圆形的画面中的则是全景鱼眼镜头。

Nikon D200、10mm、F2.8、F22.0、1/80s、ISO：200、10mm、-0.3EV、加权测光

适马定焦对角线鱼眼镜头 AF 10mm F2.8 EX DC FISHEYE HSM

摄影知识解析：

无论使用哪种鱼眼镜头，由于其视角广阔，在拍摄时注意尽量让镜头朝上，不要将自己的脚也拍摄下来，否则会影响画面效果。

Nikon D200、10-17mm、F3.5-4.5、F18.0、1/50s、ISO：100、10mm、-0.3EV、加权测光

图丽变焦对角线鱼眼镜头 AT-X 10-17mm F3.5-4.5 FISHEYE DX

鱼眼镜头让景物不平凡

夸张的视觉效果，即使拍摄及其平凡的景物也能获得意想不到的视觉效果。

问：是不是只有全画幅的相机才能获得全景鱼眼镜头的效果？

答：当然不是，虽然镜头有转换系数，在APS-C画幅的相机上使用普通的鱼眼镜头得不到想要的鱼眼效果，但是适马在2008年发售了目前APS-C画幅的唯一一只全景鱼眼镜头AF 4.5mm F2.8 EX DC FISHEYE HSM，以及几乎为0的最近对焦距离，使得APS-C数码单反相机的使用者也能享受夸张的全景鱼眼镜头的拍摄乐趣。

适马全景鱼眼镜头AF 4.5mm F2.8 EX DC FISHEYE HSM

Chapter 03

镜头滤镜及必要的附件的选购

学习重点

- 不同滤镜的效果
- 脚架与摄影包的选购
- 器材的维护与保养

3.1 不同滤镜的效果

滤镜的种类众多、功能也不尽相同，有的滤镜可以起到保护镜头的作用，而有的滤镜可以提升镜头的性能，还有的镜头可以制造出特别的效果。那么拍摄者就需要了解这些滤镜的拍摄作用，并掌握这些滤镜的使用方法。

保护镜头并过滤紫外线——UV镜

UV镜通常是无色透明的，其主要功能是用于吸收波长在380mm以下的紫外线，并对镜头起到防尘挡水的保护作用。

正如右图所示，在镜头前使用UV镜之后，自然光中除了我们看得到的赤橙黄绿青蓝紫这些可见光之外，还有不可见的红外线可以通过UV镜到达相机的感光元件上，而紫外线则会被滤除在外。

以往摄影师总是喜欢在镜头前使用UV镜，其实原因很简单，除了可以起到保护镜头的作用，还能过滤紫外线。

可能初学者就有疑问了，为什么要滤除紫外线呢？紫外线会对成像造成怎样的影响呢？

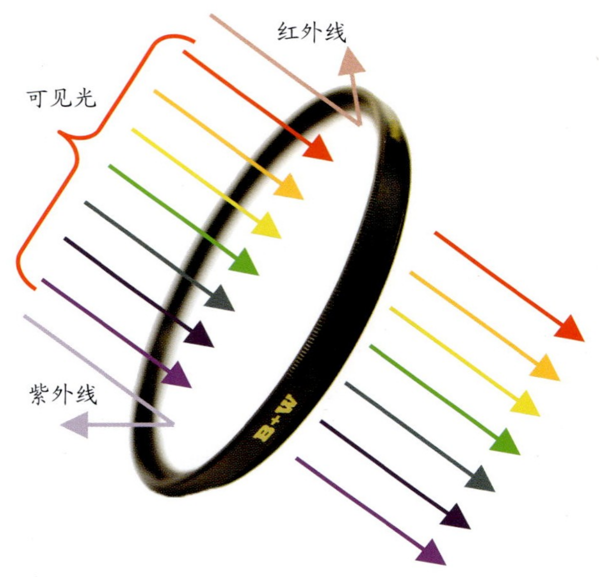

数码专用UV镜工作原理示意图

其实UV镜在胶片时代是非常盛行的，由于胶片的感光能力远远大于我们的肉眼所看到的波长的光线范围，尤其是紫外线。看似湛蓝的天空可能在底片上的成像是白茫茫的一片，这就是自然光中我们肉眼看不见的紫外线在作用。因而使用UV镜在胶片时代是非常必要的。

而在如今的数码时代，感光原理的不同，相机对紫外线不再敏感。虽然在山间、海边等环境下拍摄时，UV镜起到减弱因紫外线引起的蓝色调，提高清晰度和色彩还原的效果，但作用已经不是那么明显了，只使用没有UV滤除功能的保护镜也是可以的。

问：如何选择适合数码单反相机使用的UV镜？

答：由于时代在进步，科技在更新，现代的感光元件对光线的感知范围比我们的肉眼强，区别于传统的胶片，感光元件对红外线更加敏感，而对紫外线反而不太敏感。所以现在的感光元件前还加上了IR CUT滤镜，将大部分的红外线滤除。仅仅这样是不够的，在购买UV镜时，最好还是选择具有“IR CUT”字样的数码专用UV镜，可以同时滤除紫外线和红外线。

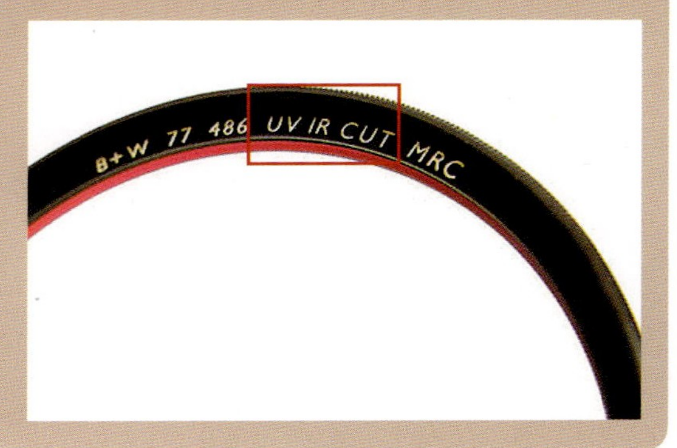

减弱强反光突出色彩——偏振镜

偏振镜又称偏光镜，是一种常用的滤镜，与UV镜不同，它不透明，通常呈灰色。不论是黑白还是彩色摄影都常常被用来消除或减弱非金属被摄体表面的反光，从而消除或减轻光斑，还可用来拍摄玻璃、水面等强反光物体，或表现强反光处物体的质感。在一些特殊摄影中，偏振镜有着非常重要的作用。

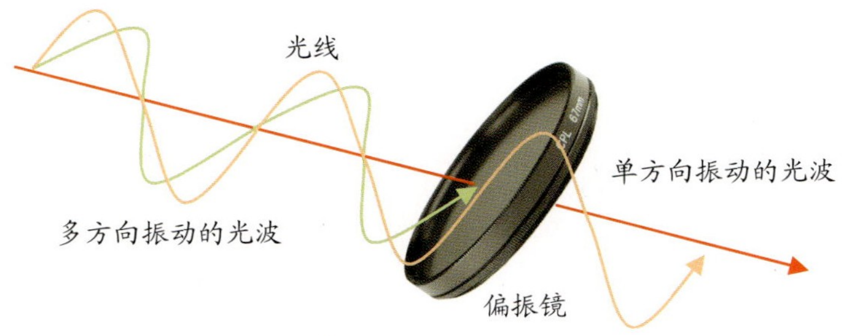

偏振镜工作原理示意图

光线并不是我们想象的那样只有一个方向，它在传播过程中是有很多方向性的，是光波的一个集合。由于偏振镜的镜片主体由极细的水晶玻璃组成光栅，其工作原理正是通过旋转与镜片主体相连的可旋转后座框，通过偏振镜结构中的光栅将那些与之不平行的偏振光线阻挡在外。由于部分光线被滤除的关系，使用不同种类的偏振镜还会减少1~2挡进光量。

偏振镜可以让色彩更艳丽

偏振镜也可以滤除被摄体表面的反光

问：如何使用偏振镜使其功效发挥到最佳？

答：为了让偏振镜发挥更大的作用，在拍摄时需要使光线到反光面的入射角与反射到镜头的反射角之间的夹角必须大于90°以上，这样反光才容易被偏振镜过滤掉。

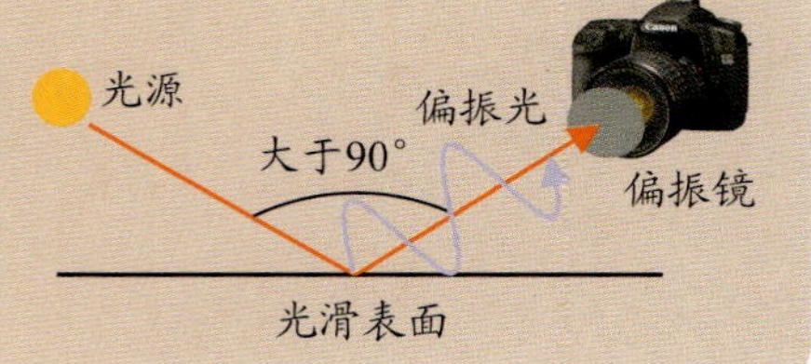

减少进光量降低快门速度——中灰密度镜

中灰密度镜又称中性灰度镜，简称ND镜，是一块灰色纯透明的高级光学玻璃。其作用就是通过削弱通过镜头的光量来降低曝光量。它的工作原理与UV镜、偏振镜不同，在滤除光线时是不具有选择性的，也就是说，ND镜对不同波长光线的消减能力是相同的，只起到减弱光线的作用，而对原物体的颜色不会产生任何影响，因此可以真实再现景物的反差，彩色摄影和黑白摄影同样适用。

根据其阻挡光线能力的强弱，中灰密度镜有多种密度可供选择，如ND2、ND4、ND8，分别延长1级、2级和3级快门速度，也可以多片中性灰度镜组合使用。不难看出，ND后面的那个数字，即代表了ND镜阻挡光线的能力。

为什么要使用中灰密度镜？

我们都知道，单反相机的曝光值是由光圈、快门以及ISO感光度控制，这三者的组合可以保证在绝大多数情况下得到正确的曝光。但是，在某些情况下，仅仅通过光圈和快门去控制光线，仍然会受到一些限制，这时便可以使用中灰密度镜。

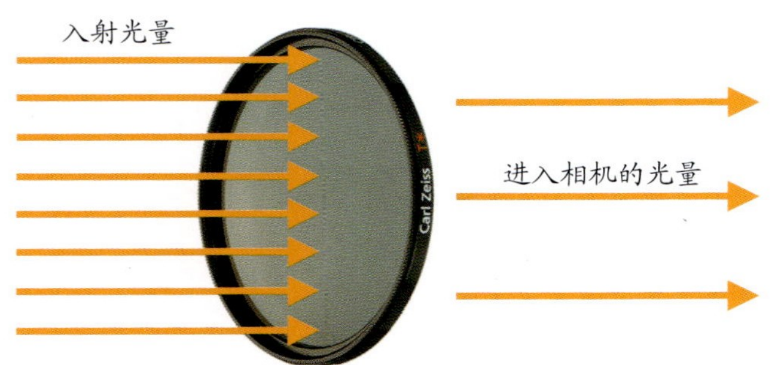

ND镜工作原理示意图

下图所示为在光圈已经开到最小以后，为了长时间曝光，只有在镜头前加上ND镜，才能获得长时间曝光影像虚化而不过曝的拍摄效果。

问：若叠加使用中灰密度镜，其对光线的消减量又是多少？

答：在拍摄环境光线过于充足时，只要滤镜的口径一样，还可以将几片ND镜叠加在镜头前一起使用。但需要注意的是，叠加之后的减光量不是相乘而只是相加。如减少2级进光量的ND4和减少3级进光量的ND8一起使用就会减少5级进光量而不是减少6级进光量。

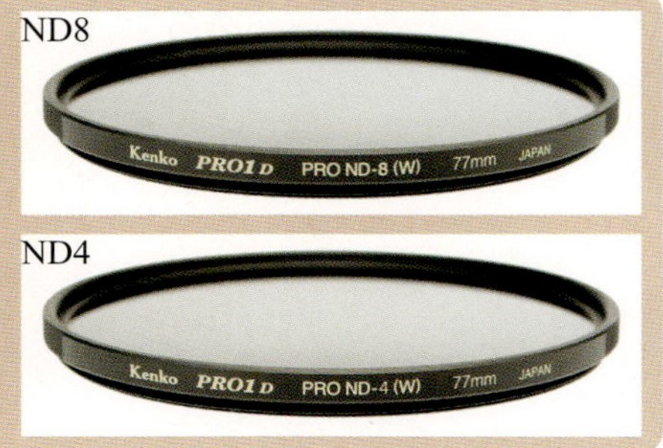

改变照片色彩与影调——渐变镜

渐变镜其实是一种特殊的密度镜，大部分滤镜都是对照片平均作用的，如前面讲到的偏振镜、ND镜等。而渐变镜对照片的作用正如其名，是具有渐进式的效果，滤镜的作用只在照片一边，另一边对照片几乎没有影响。根据不同的颜色，可以将渐变镜分为灰色渐变镜、蓝色渐变镜、橙色渐变镜等。

圆形渐变镜

根据渐变镜形状及接口方式，又可以将其分为圆形渐变镜和方形渐变镜。圆形渐变镜直接安装在镜头上调整角度就可以使用，但明暗交界线只能在镜头的中间。而方形渐变镜安装略显麻烦，需先将镜头装上相同口径的接环后再插入卡座，然后将滤镜插入卡座前面的插槽才能使用，如上图所示。由于可以随意调整明暗交界线的位置，更加便于构图拍摄，根据不同的卡座还可以在插槽上插接2~3个滤镜配合使用，拍摄更有创意的照片。

使用渐变镜最直接的作用就是平衡画面曝光量

使用渐变镜之前

使用渐变镜之后

问：方形渐变镜到底选择使用哪一种更实用？

答：对于初学者，在使用渐变镜时，不论是哪种颜色的渐变镜，基本都会分为硬渐层、软渐层和全渐层3种渐变效果。

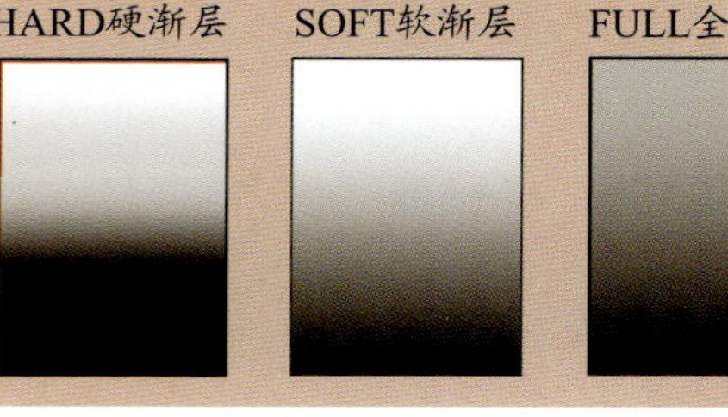

在使用中可以说是各具优势，在拍摄具有平直水平线的场景时，可以使用硬渐层；而画面没有明显的界线只是上明下暗，可以使用软渐层；全渐层没有明暗界线，整张镜片都起到减光的作用，但能让画面具有一定的渐变过度效果。

增长原有焦距——增距镜

增距镜又称望远转换镜或焦距增长器，它是一类比较特殊的光学器件，由多片光学镜片组成，其作用是增长原有镜头的焦距。由于增距镜是一个具有凹透镜作用的光学系统，不能单独成像，因而要与具有凸透镜作用的常规镜头结合使用才能得到清晰的物像，并且还可以减少在超长焦镜头上的部分开支。

2×系数的增距镜接环　　安装增距镜后的效果

增距镜优点与缺点并存，在加入了增距镜后，成像的焦距被增长了，但镜头最大有效光圈却被减小了。其减小的规律是将增距镜的倍率乘以原镜头的最大光圈系数，即得出组合镜头的最大光圈系数。如一只70-200mm/F2.8的长焦镜头，加入2倍的增距镜后，就变成了140-400mm/F5.6的超长焦远摄镜头。

瞬间拉近被摄体

右下图在使用增距镜之后，可以轻松将原本在空中较小的丹顶鹤拉近，使其飞舞的姿态得到展现。

使用增距镜之前

使用增距镜之后

Nikon D200、70~200mm F2.8、F5.6、1/6400s、ISO：200、200mm、0.7EV、加权测光、2×增距镜

3.2 脚架与摄影包的选购

脚架被广泛使用在众多拍摄门类之中，但其作用无非就是稳定相机更好地完成拍摄。而摄影包则起到了装载、携带以及保护摄影器材的重任，因而需要做更清楚的了解之后，才能方便初学者选购乃至今后更好地使用。

脚架的便携性与稳定性

在选购脚架时，要根据我们的拍摄题材而定，首先应当对脚架便携性、稳定性这些最基本的情况进行了解，从而进行更适合的选择。

为了便于携带，通常会选择较轻的脚架，这时就需要了解脚架的材质。

现在市面上的脚架按照材质分类可以分为塑料、合金、钢铁、碳素等。塑料材质虽然最轻便，但是稳定性及韧性最差，长时间使用很容易出现弯曲变形的现象。而最常见的材质是铝合金，铝合金材质脚架的优点是重量轻，坚固。而现在最流行的的脚架则为碳素材质，它具有比铝合金更好的韧性及更轻便等优点。而钢铁材质的是最重的，自然便携性最差，但稳定性较好。

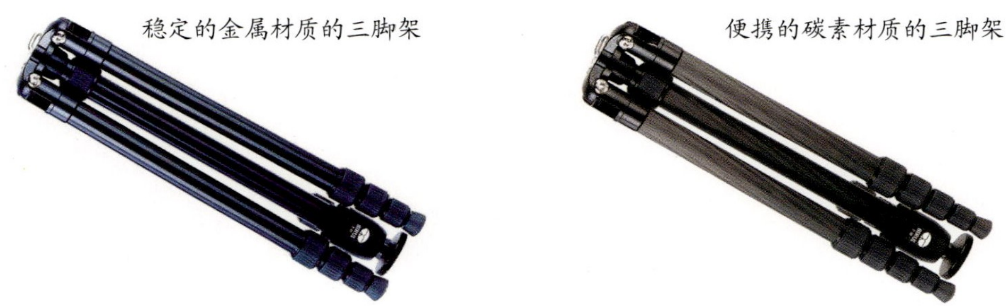

从材质上看便携性与稳定性是很难兼顾的，其实两全齐美的解决办法也是有的。通常来说我们选择轻便且坚固的铝合金脚架或是碳素脚架就可以了，同时可选择具有挂钩或是豆袋的脚架，可以弥补脚架自身重量较轻的缺点。

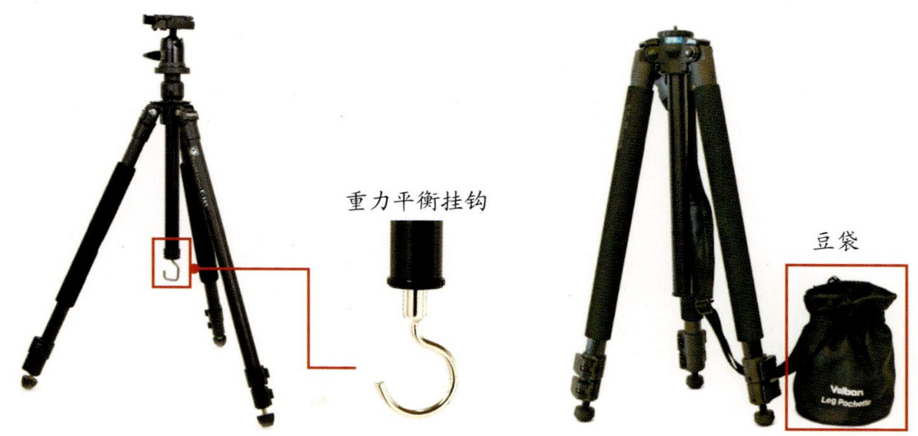

不要小瞧脚架上这些细节的东西，在户外风沙较大的环境下使用时，在重力平衡挂钩上挂上摄影包及其他重物或是在豆袋里装满沙土、石头，这样便可以让较轻的脚架同样具有较强的稳定性。

根据拍摄习惯选择脚架

在了解了便携性和稳定性之后，还需要注意拍摄使用脚架的常见细节问题。这样才能更好地发挥脚架的作用。

脚架紧凑程度

从脚架的外观看，在拍摄时，可以选择节数更多的脚架，结构更加紧凑，携带更加方便，在撑开脚架使用低位拍摄时，所需的使用面积会更小。但节数过多的脚架最下方的脚管会很细，强度有所削弱，并且脚架在伸缩脚管时，会花费更多的时间，略显麻烦，因此通常选择3～4节的脚架便很合适了。

脚管锁定系统

脚架在伸缩脚管时，首先要释放锁定系统，而锁定系统分为扳扣式和螺扣式。扳扣打开更快捷，但疏于保养或使用时容易出现变形；而螺扣操作比较麻烦，但操作起来让人更放心。

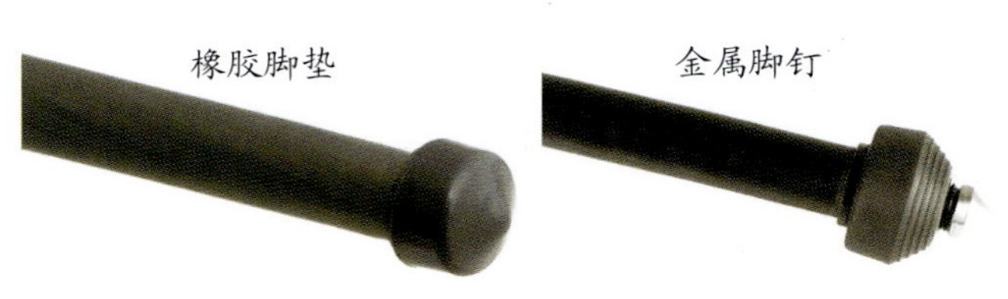

脚架稳定防滑系统

位于脚架最下方的脚垫可以在平滑的地面上防止脚架滑动，而脚钉在地面凹凸不平的户外便于脚管扎进泥土里稳定相机。在选购时最好选择合二为一的可伸缩式的，伸可做脚钉，缩可做脚垫的脚架。

橡胶脚垫

金属脚钉

问：在很小的空间也能架设脚架进行拍摄吗？

答：拍摄者在外出时，可携带轻便而实用的章鱼三脚架。只要拍摄者想得到的地方，如栏杆、路牌、铁索、石头等，章鱼三脚架几乎都可以进行架设以便更好地拍摄。它具有可360°弯曲的关节，能灵活地调出我们所需的拍摄角度，就像我们的手一样灵活自如。使用时调整好角度后，将其固定住，防滑材质可以让相机不产生摇摆，并且快装板及安全锁环可以确保相机安全。

脚架的品牌与价格

在了解脚架的性能及个人拍摄习惯后，对于脚架的选择则需要将注意力放到相关的品牌及其价格上。拍摄者可以根据自己的实际情况，做出不同的选择。

如下图所示，法国品牌GITZO，中文名捷信。可以说是脚架顶级品牌，价格颇高，频频推出新的材料及设计，技术领先于其他品牌。

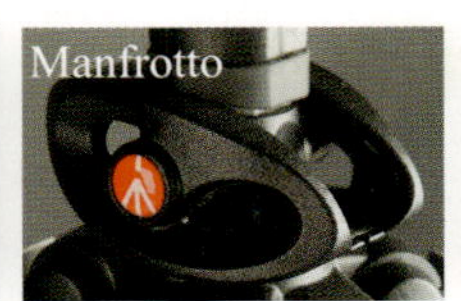

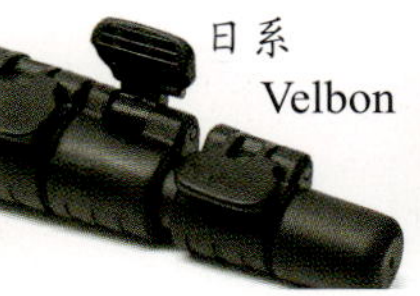

意大利品牌Manfrotto，中文名曼富图。以经久实用闻名，该品牌脚架设计虽不够精巧，但以功能性取胜。

日本品牌Velbon/SLIK，中文名金钟/竖立。产品细致，价格较欧系便宜。该品牌以轻小产品为主力产品，较注重外型的设计及便携性，但没有欧系脚架耐用性好。

中国品牌BENRO，中文名百诺。本土知名大厂，具有生产世界先进水平的高强度碳素材质脚架的技术，价格较欧系脚架便宜，和日本脚架差不多。

当然还有一些曼图、伟峰等品牌性价比更高的脚架被更多的影友关注、使用。其他一些本土的品牌多以模仿欧系、日系品牌的设计，产品更粗糙，但价格十分低廉，对于预算有限的摄影爱好者也是一个不错的选择。

云台与快装板的搭配

由于快装板都是安装在云台上的，起到连接脚架和相机的作用，云台则是连接快装板和脚架主体，它们组合在一起是一个完成的系统，是缺一不可的。

快装板不是孤立的，需要有一个快装夹才能连接并固定于云台上。快装板分为机身快装板和镜头快装板，而机身快装板又分为通用快装板、垂直快装板、全景快装板等。

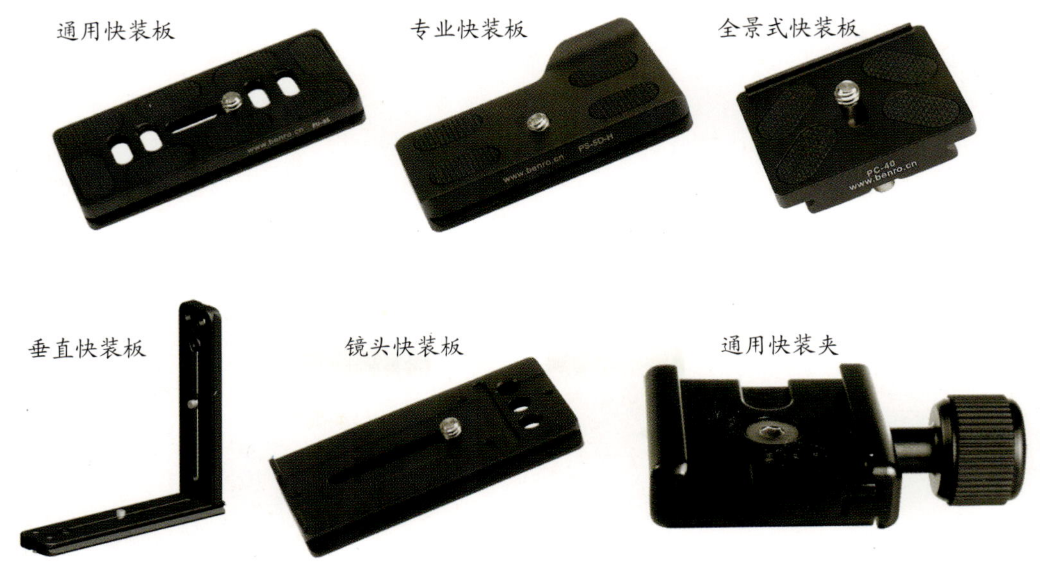

常用的普通云台有三维云台和球形云台，通常它们都搭配了简单的快装板，以便连接相机与脚架，当然还有专门为架设大炮镜头设计的悬臂云台。

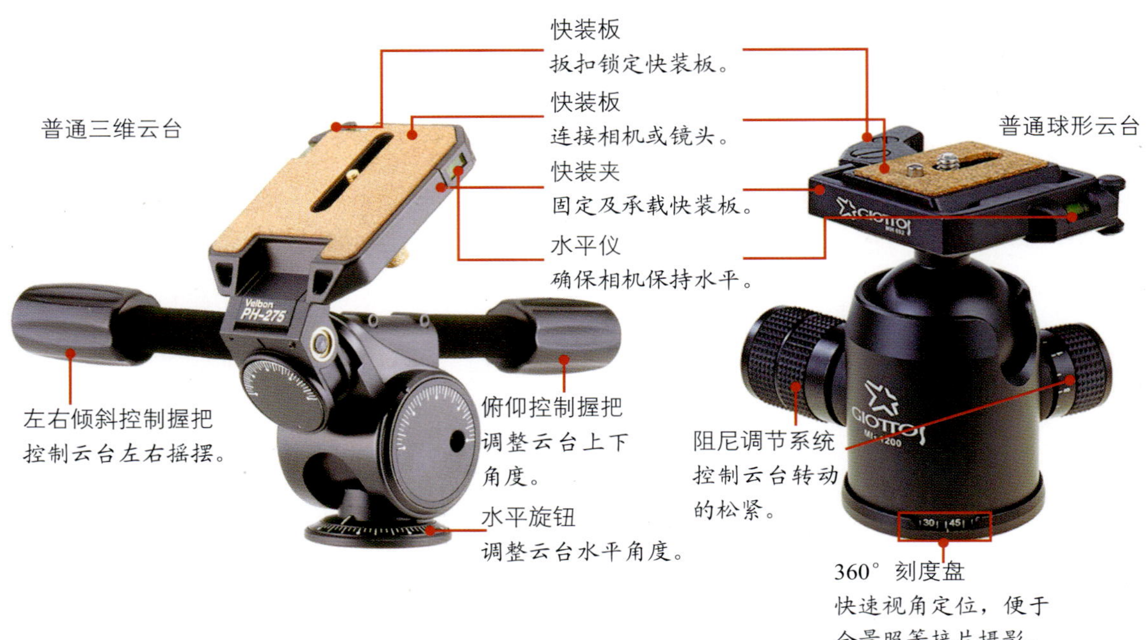

悬臂云台安装示意图

在使用大型的镜头拍摄时，除了需要使用悬臂云台外，还可以使用镜头支架来协助我们更好的拍摄。

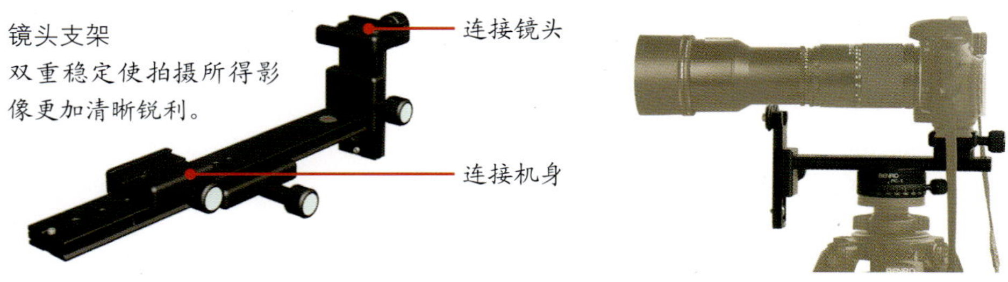

镜头支架安装示意图

摄影包的种类与品牌

只要是外出拍摄就必须使用摄影包，因为摄影包可以更好地保护器材，同时还可以很好地收纳我们日常拍摄所需要的所有装备。

在选购摄影包时，我们可以考虑其材质。通常摄影包按材质可以分为布料和皮革两大类，其中布料还分为棉质、尼龙及复合材料等，而皮革分为真皮和合成皮两种。

棉质帆布

棉质帆布是最早被使用的摄影包材质，具有舒适的触感。虽然表面可做防水处理，但长时间使用防水性能会退化，容易褪色破损，但陈旧自然的感觉，仍然受到很多人的喜爱。

尼龙帆布

尼龙帆布具有质量轻，韧性强的特性，通常经过多层防水加工处理，防水性能不错，是市面上摄影包大多采用的材质。其中尼龙含量越高越耐磨抗撕。

复合橡胶

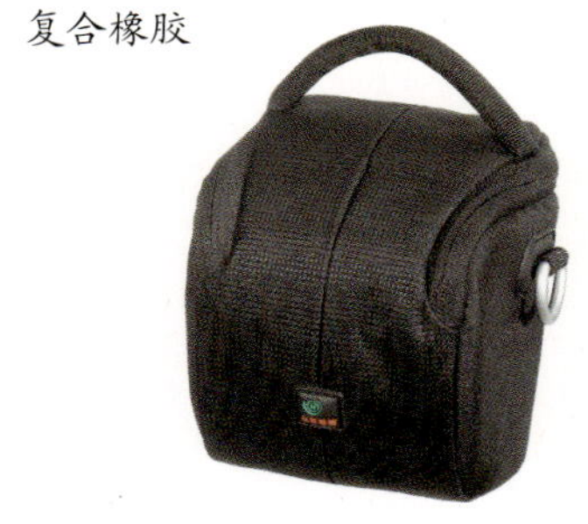

复合橡胶是利用发泡的橡胶及布料复合而成，具有保温防水的功能，并且吸震性良好，触感柔软，但支撑力较差，通常是小型摄影包的材料选择。

皮革

皮革不论是真皮还是合成皮，外型一般都比较时尚，防水性都比较好。其中真皮的价格昂贵，难以保养，而合成皮的则便宜许多，容易保养。

按背负方式，摄影包又可分为侧背、斜跨、后背和腰包等种类。

单肩侧背包

单肩斜挎包

单肩侧背包和斜挎包是普遍使用的背包形式，取放器材时会更加快速方便。但若使用较大型的单肩背负系统的摄影包，一旦装满装备身体会受力不平衡，很容易使人感到疲劳造成身体负担。

双肩后背包可以很好地解放双手，良好的背负系统可以减轻肌肉的疲劳程度，适合在户外长时间拍摄使用。而摄影腰包和一个中小型侧背包差不多，可以容纳地满足拍摄者平时进行“扫街”所需要携带的装备。

双肩后背包

摄影腰包

普通摄影者使用这些常见的摄影包就足够了，而专业的摄影师，由于装备精良且价值昂贵，在异地拍摄时，为了满足长途运输，还会选择使用对器材保护更加周到的摄影箱。

帆布摄影箱由于抗压能力较小，只有在自驾游的行程中携带比较方便。而需要乘坐飞机、轮船的长途旅行，使用Pelican塘鹅提箱，使用特殊塑料并在其中填充空气，既轻便又有韧性，可以承受数百斤的压力，并且气密性较强可以防水到数十米的水深。

帆布摄影箱

硬式摄影箱

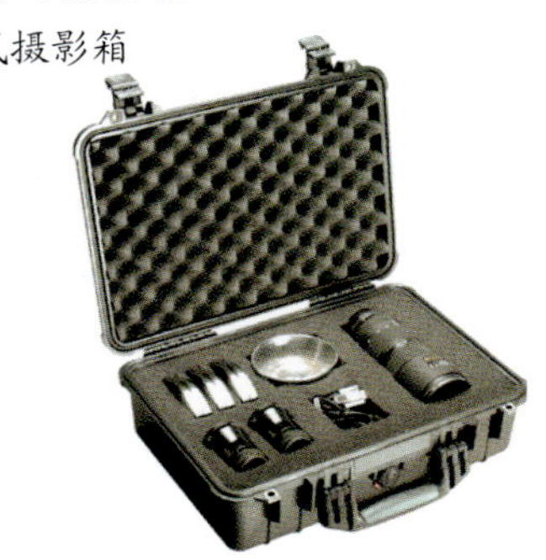

摄影包常见的品牌有乐摄宝、天域、KATA、国家地理、天霸、杜马克、白金汉、创意坦克、赛富图等众多品牌，Pelican的摄影箱也是不错的选择。

摄影包选购的其他注意事项

在了解了摄影包的种类及常见品牌后，在选购时还有很多需要注意的小细节。了解这些小细节，选择购买更加实用的一款摄影包。

首先拍摄者可以根据器材的拥有量进行选择，摄影包的使用通常都是在户外，因而雨雪天气对器材必定是有影响的，同时防震、防水性能也是摄影包的一大指标。

防雨套

若相机包自身防雨系数不高，那么需要选择具有防雨套的摄影包，才能更好地保护器材。

拉链

检查拉链的密封性是否可靠。

泡沫隔板

查看泡沫隔板是否够厚够有韧性。

3.3 器材的维护与保养

器材除了需要有一个家——摄影包之外，定期的维护保养更是必要的，否则器材的寿命会大大缩减。

使用防潮箱放置器材

外出拍摄时摄影包起到保护器材，便于收纳携带的作用，而在不使用相机时，则可以选择一个更加舒适的环境——防潮箱，来保护器材。因为长时间处于湿度较大的环境，尤其是南方地区，会对相机造成一定的伤害。

普通防潮箱

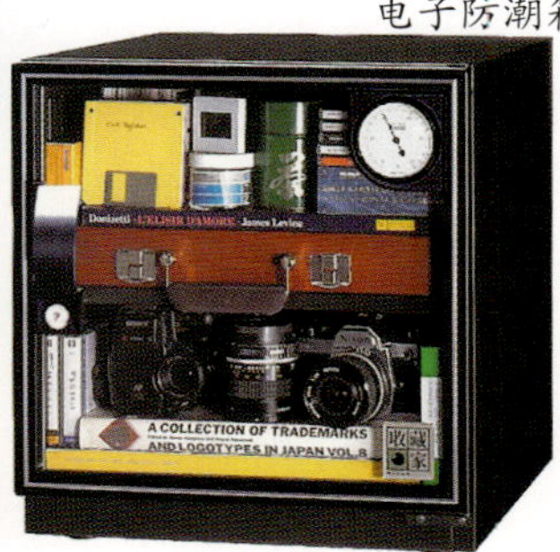

电子防潮箱

普通防潮箱

只能隔绝防潮箱外的潮湿空气，起到防潮的作用。

电子防潮箱

可以持续有效地除湿，更好地保证器材的干爽。在选取时，应该注意比相机的尺寸更大一些。

问：花费很少也能有防潮箱吗？

答：拍摄者可以使用气密性能较好的塑料储物收纳箱做一个简易的防潮箱，来放置其他摄影器材。不过需要特别注意的是，为了使收纳箱起到更好的干燥作用，还可以在箱子里面多放置一些小包的干燥剂，起到吸收器材上水分的作用，更好地对器材进行防潮。

干燥剂

使用清洁工具清洗相机与镜头

数码相机在使用一段时间后，不论是机身还是镜头，都会沾上灰尘或油渍等污渍，自然就需要我们进行维护和保养。由于机身基本上都是塑料等有机材质，不能使用酒精等有机溶液擦拭。

首先我们来了解常用的清洁保养工具。

吹气球 镜头笔 镜头纸 镜头布 镜头清洁液

吹气球用来吹去机身或镜头表面的灰尘，专业的镜头纸和镜头布都是用来擦除机身或镜头上的污渍。

镜头笔用来擦拭镜头或滤镜，拍摄者可以购买常见的LENSPEN镜头笔，小巧的体积便于携带，但一般使用次数在1000次左右，一旦镜头笔使用过久就需要马上更换了，否则会对镜头造成一定的伤害。

镜头清洁液：大家见到最多的应该是在清洁三件套中的镜头水，建议大家不要购买这类产品，因为这类套装多数都是没有保证的，能否擦拭镜头上的异物很难了解，甚至可能会破坏镜头表面的镀膜。这里建议大家使用美国Eclipse日蚀光学清洁液，该溶剂不含水，擦拭干净后不会留下水印，如果还是不放心就只能送交专业相机器材清理机构进行处理。

需要注意的是，镜头就像人的眼睛，相机就是光线通过镜头并最终在感光元件上面成像。其实在使用过程中，镜头上的少量灰尘一般是不会影响成像的，因此不到万不得已不要擦拭镜头，避免对镜头造成损伤或带去更多的灰尘。

下面我们来了解一些清理机身及镜头灰尘的方法。

清理机身灰尘

清理镜头灰尘

清理感光元件灰尘

清理机身

一般使用吹气球和毛刷清灰，再用一般的抹布擦去上门的污渍。

清理镜头

用吹气球吹去大颗的灰尘即可，若要擦拭镜头，尽量使用质量较好的镜头笔。

清理感光元件

通常在升起反光板后，只使用吹气球吹去灰尘或震动相机抖出灰尘，若灰尘仍存在尽量交给专业相机清灰机构处理。

清洁镜头要注意几个问题：

1. 不要使用擦拭眼镜的麂皮擦拭镜头，麂皮里的灰尘颗粒也可能磨损镜片。
2. 在擦拭镜头前，一定要确认先用吹气球将灰尘颗粒清理干净，避免擦拭过程中与镜片磨损。

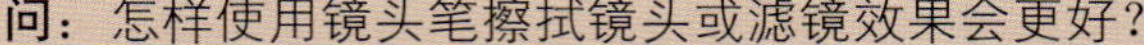

问：怎样使用镜头笔擦拭镜头或滤镜效果会更好？

答：先用吹气球吹去镜头或滤镜表面的灰尘是必须的，在使用镜头笔时，应使镜头笔从镜片的中心开始慢慢由镜片内向镜片外螺旋式擦拭。如果要进行重复擦拭，尽量保证都是朝一个方向旋转镜头笔。

Part 03 相机使用篇

Chapter 04

数码单反相机的简单操作与使用

学习重点

- 电池与存储卡的安装
- 镜头的安装与更换
- 掌握正确的拍摄姿势
- 调节取景器焦点
- 相机基本菜单的设置
- 不同场景模式的使用

4.1 电池与存储卡的安装

电池和存储卡是最重要的两样拍摄附件，虽然与成像无直接关系，却是拍摄必不可少的。下面我们首先来了解它们是怎么安装的。

如下四幅图所示，安装电池的具体步骤是：① 在安装电池之前先关闭相机电源开关。② 在将电池插入电池盒之前，先要扣下电池盒盖栓，再打开相机底部的电池盒盖。③ 取出一个充满电的电池，并检查电池的触点是否和相机盒中的触点匹配。④ 确定无误之后将电池插入电池盒，盖上电池盒盖即可开机使用。

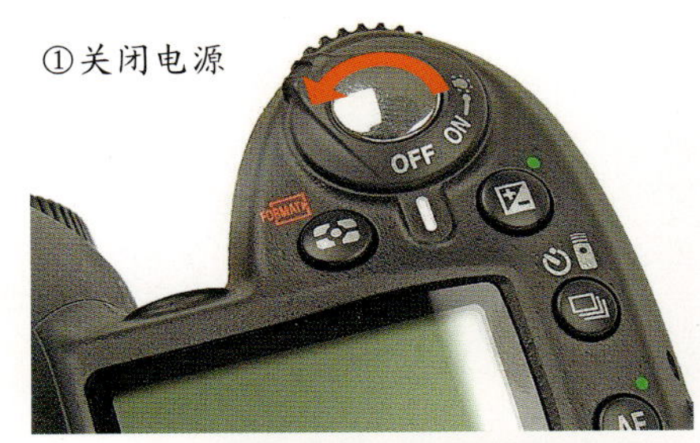

①关闭电源

②打开电池盒盖

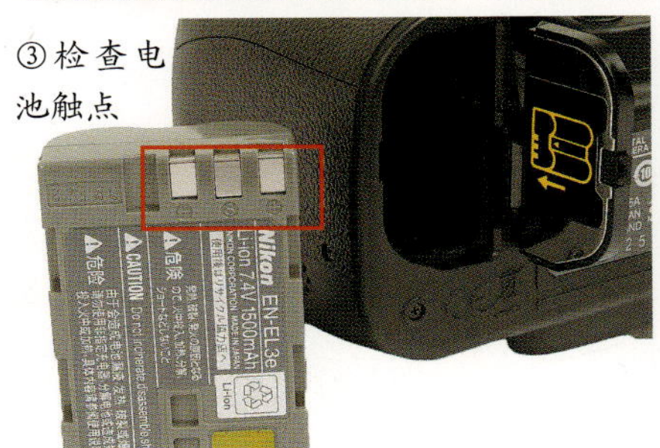

③检查电池触点

④插入电池

和安装电池一样，安装存储卡时首先需要关闭相机的电源。接着如下面两幅图所示，安装的具体步骤是：① 一推一拉打开存储卡插槽盖。② 将存储卡标签面朝上，向插槽内插入存储卡，在听到咔嚓声之后表明卡已插好。③ 再盖上存储卡插槽盖即可开机使用。

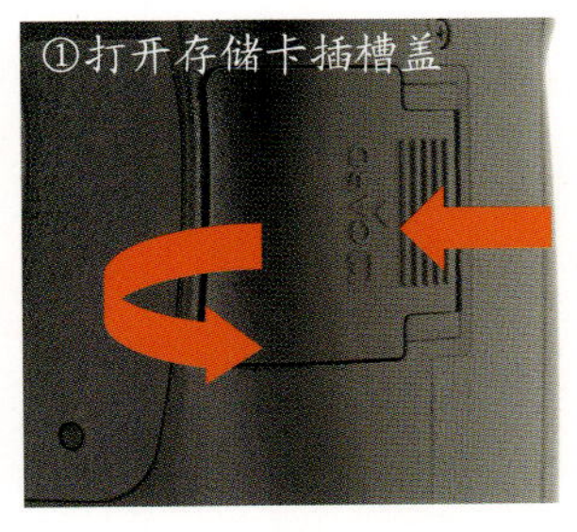
①打开存储卡插槽盖

②插入存储卡

摄影知识解析：

开机之后若相机控制面板显示剩余照片数量，表明可以正确使用；若没有显示，需要取出存储卡，检查并重新安装存储卡或是格式化存储卡。

开机检查存储卡是否正常工作

4.2 镜头的安装与更换

在购买了数码单反相机之后，没有给机身安装上镜头之前，相机是无法完成正常的拍摄的，下面我们来了解镜头的安装与更换方法。

在更换镜头时，可以先将相机上的背带挂在脖子上，确保相机安全。如下面四幅图所示，安装镜头的步骤是：① 右手握住镜头，左手旋转镜头后盖，松开后取下。② 右手握住相机手柄，左手旋转机身卡口盖，松开后取下。③ 右手握住镜头，找到镜头及机身上的标记点并对齐，同时左手按下镜头释放按钮。④ 右手旋转镜头，直至听到咔嚓声后，左手松开镜头释放按钮，即完成安装。

①取下镜头后盖

②取下机身卡口盖

③将机身及镜头标记对齐

④旋转安装镜头

如果更换镜头，只需要反向进行安装镜头的步骤，便可更换安装上新的镜头进行拍摄。

问：为什么安装镜头后进行拍摄，无法释放相机快门按钮？

答：在安装镜头前请认准我们所使用的镜头，尼康相机用户在使用原厂的G型镜头时，即使未装配光圈环也不用担心，只要安装上镜头就能直接拍摄。而使用原厂的D型镜头或其他具有光圈环的镜头时，则需要将光圈锁定到最小光圈处，否则相机的控制面板会出现“FEE”图示，此时将无法正常释放快门进行拍摄。

G型镜头

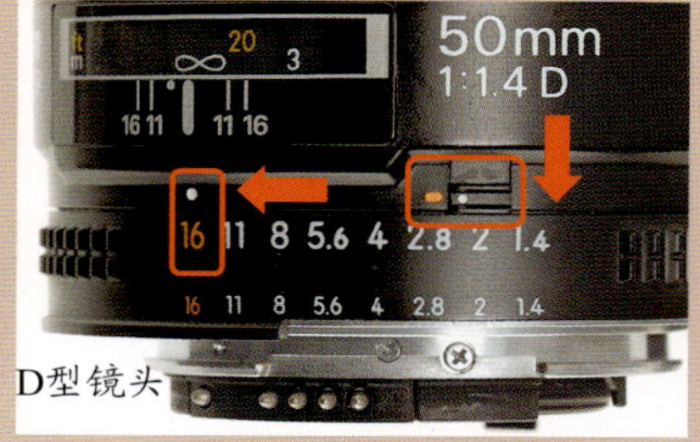

D型镜头

4.3 掌握正确的拍摄姿势

为了更好地手持相机拍摄照片，拍摄姿势的正确性是很重要的。下面就针对站、跪、坐、靠中常见正确和错误的拍摄姿势进行分析。

手持相机横拍和竖拍的正确姿势

从侧面看站立时正确的拍摄姿势

从正面看站立时错误的拍摄姿势手臂分得太开

跪着时错误的拍摄姿势手臂分得太开

从正面看跪着时正确的拍摄姿势为左手手肘找到支撑

从侧面看跪着时正确的拍摄姿势为左手手肘找到支撑

坐着时正确的拍摄姿势双手同时支撑在膝部

依靠其他物体时正确的拍摄姿势将身体重心转移到稳定的依靠物上

除了最常见的站着或跪着拍摄外，将身体收拢的坐姿拍摄稳定性也很好，并且在光线变暗的情况下可以找到身边稳定的物体依靠着拍摄也很不错。

将相机背带挂在脖子上拍摄

将相机背带缠在手腕上拍摄

摄影知识解析：

在手持拍摄中需要注意合理利用相机背带，将其挂在脖子上或是将其缠绕在手腕上，不仅可以起到稳定相机的作用，同时还可以防止因手滑相机意外滑落而造成机身及镜头的损坏。

4.4 调节取景器焦点

拍摄者可能遇到怎么对焦都看不清被摄对象的情况，不管是近视、远视还是普通正常视力，在对焦拍摄之前，首先应根据自己的视力调节取景器的焦点，即调整屈光度。

调整屈光度调节控制器

屈光度调节的步骤是：① 取下镜头前盖，并开启相机。② 找到合适的被摄对象进行对焦，在取景器中的合焦提示灯亮起及对焦蜂鸣音响起之后停止对焦。③ 调整相机的屈光度调节控制器直至获得清晰的画面。

摄影知识解析：

在眼睛靠近取景器进行屈光度调节时，请注意不要被自己的手指或指甲伤到了眼睛。

4.5 相机基本菜单的设置

市面上相机种类众多，基本设置也大同小异。下面将以尼康D80单反相机为例，对相机菜单的设置进行讲解及分析，以便拍摄者更好地使用相机进行拍摄。

网格线的开启与关闭

对于拍摄者，特别是刚刚接触摄影的拍摄者，直接拿起相机拍摄，必定会无从下手，而开启取景器中的网格线，可以有所参照，了解被摄对象被置于画面什么位置，以便布局画面时更加轻松。

按下菜单按钮

选择网格显示

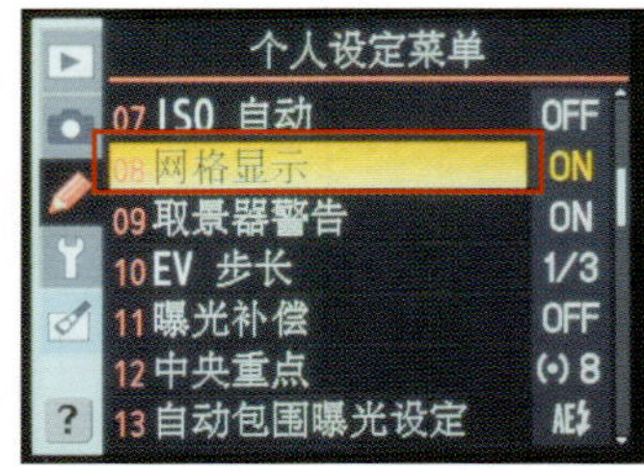

开启网格显示

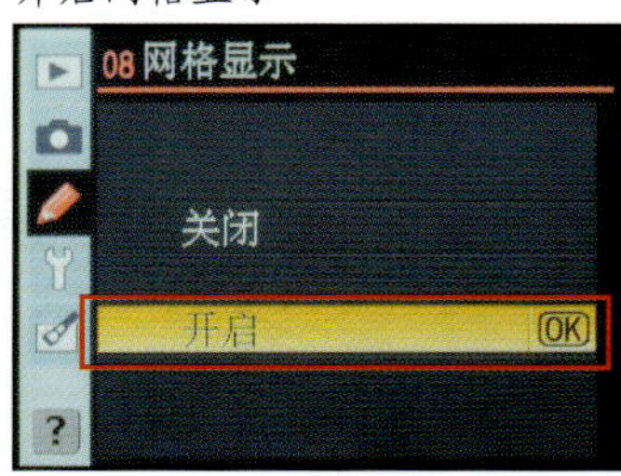

开启网格线之前

开启网格线之后

默认情况下，相机取景器中显示的网格线是关闭的，需要按下菜单按钮，进入“个人设定菜单”中的“网格显示”中才能开启使用。

设置照片存储格式

对照片的存储格式进行设置需要在按下菜单按钮后，进入“拍摄菜单”中的“影像品质”中进行选择。

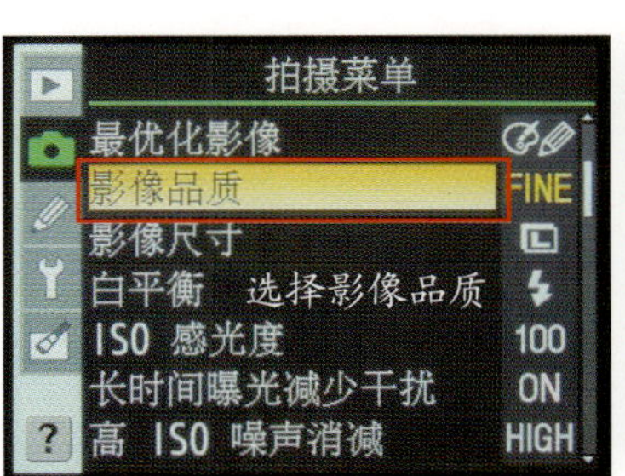

改变品质大小

其中JPEG精细度越高则照片的压缩率越低。NEF格式的影像记录的是最原始的拍摄数据，适合拍摄需要大量后期处理的照片。而选择NEF+JPEG的格式，既便于在电脑中浏览照片，又便于后期处理。高速连拍运动物体时，为了满足相机更高的反应速度，选择“JPEG精细”就可以了。

设置照片尺寸大小

照片的尺寸分为大、中、小，尺寸越大，占据的存储空间就越大，能够打印出的照片也就越大。

拍摄者不用追求照片尺寸最大化，根据自己的拍摄目的选择照片尺寸就可以了。需要注意的是，照片尺寸的改变不会影响NEF格式的大小，它只针对JPEG格式的照片进行设置。

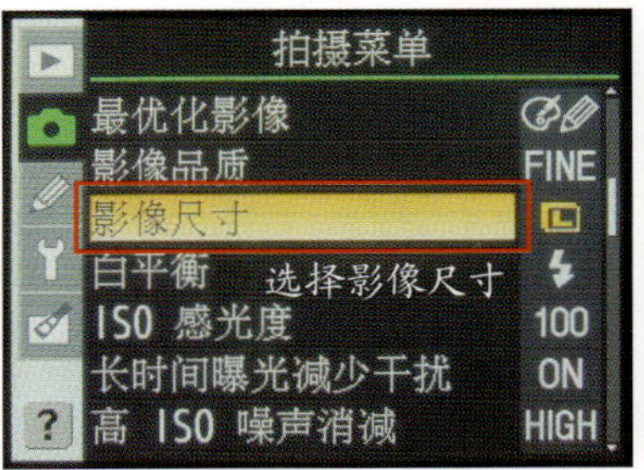

改变尺寸大小

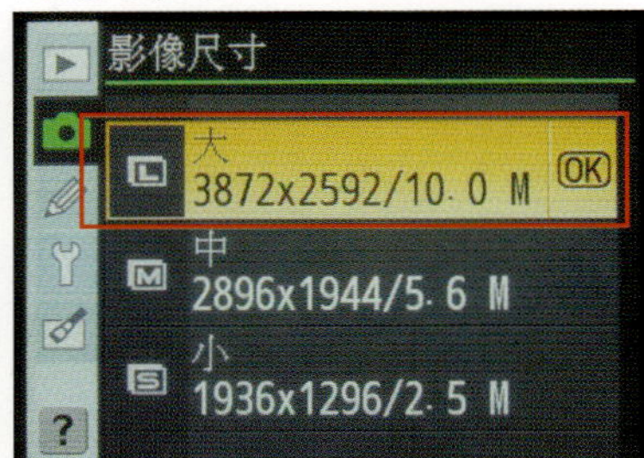

选择不同的照片风格

市面上单反相机品牌众多，相机提供的照片风格设置也各不相同。其中佳能EOS单反相机称为“照片风格”，尼康D系列单反相机称为“优化影像”，索尼α系列单反相机称为“创意风格”，宾得K系列单反相机称为“自定义影像”等，各家不仅菜单选项名称不同，处理出来的照片风格也各具自己的特色。

照片基本风格选项

这里还是以尼康D80单反相机为例，首先我们来介绍除个人设定和黑白影像优化之外，不用做其他设置一步就可以完成的影像优化模式。

选择优化影像

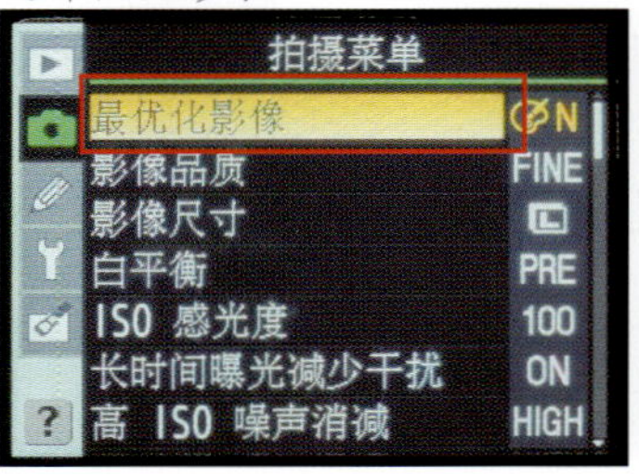

选择适当的模式

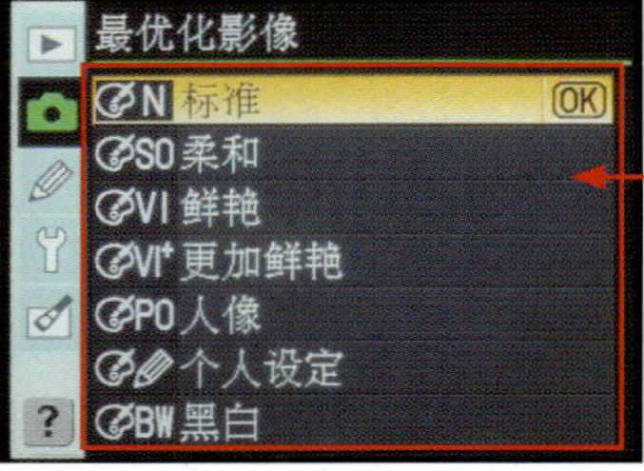

在相机中选择“拍摄菜单”中的“最优化影像”中的“标准”、“柔和”、“鲜艳”、“更加鲜艳”和“人像”影像优化模式，只要选定就可以直接拍摄出各种风格的照片了。

标准

柔和

鲜艳

更加鲜艳

人像

其中“标准”为默认选项，影像表现力适中，适合在大多数情况下使用；“柔和”能够柔化影像轮廓，形成较为自然的影像，适合人像拍摄；“鲜艳”则增加了色彩的饱和度、对比度及锐利度，以获得更加生动的影像，适合风光拍摄；“更加鲜艳”则最大化饱和度、对比度和锐利度，以获得清晰鲜艳的影像，适合风光拍摄；“人像”降低对比度，借助自然的肌理和圆润来表现人物肖像的质感。

个人设定风格

如果对相机设定的风格不满意，拍摄者还可以选择“个人设定”影像优化模式，再根据自己的需求及喜好，分别对影像的锐度、对比度、饱和度、色相及色彩模式进行设置。

选择“个人设定”模式

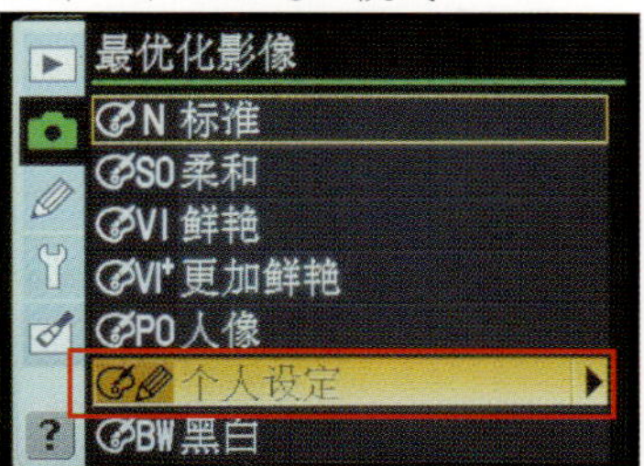

进一步设置“个人设定”

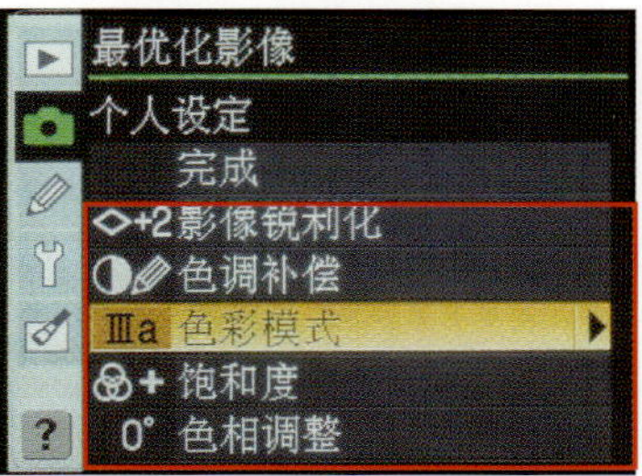

调整锐度

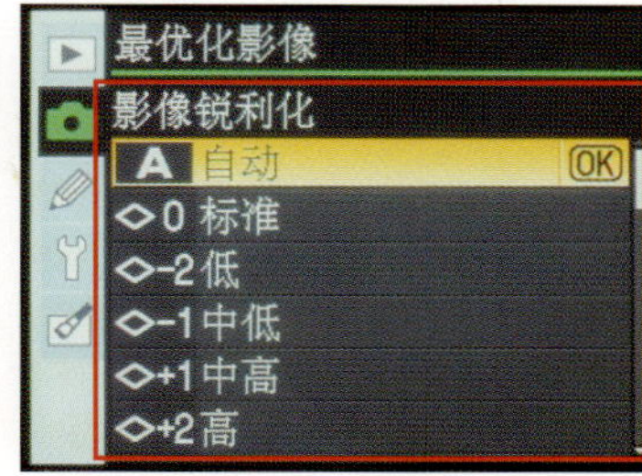

调整对比度

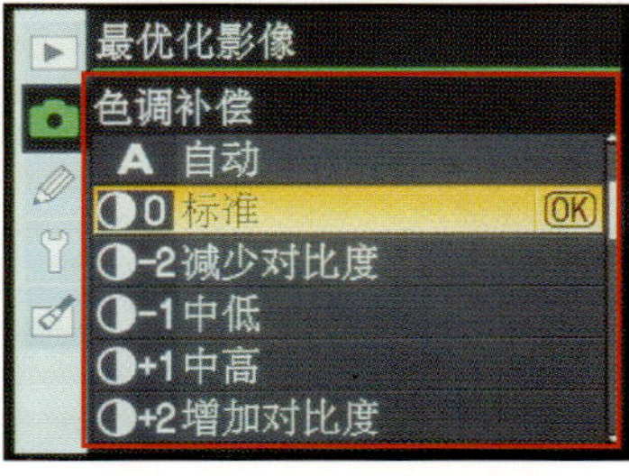

调整色彩模式

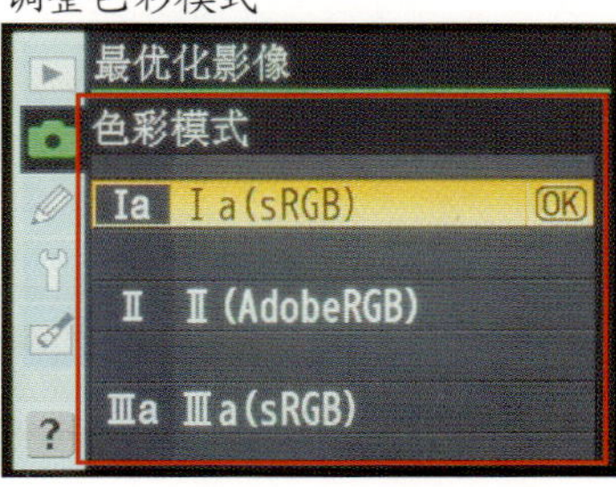

调整饱和度

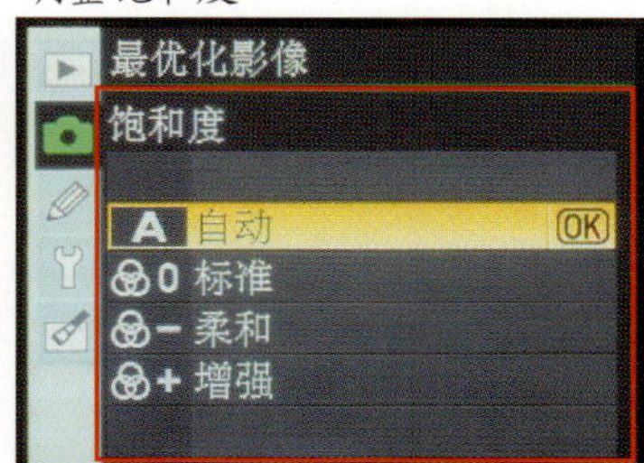

调整色相

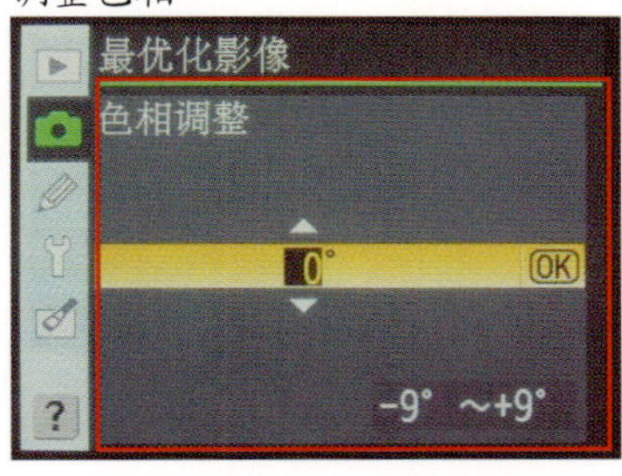

完成设置

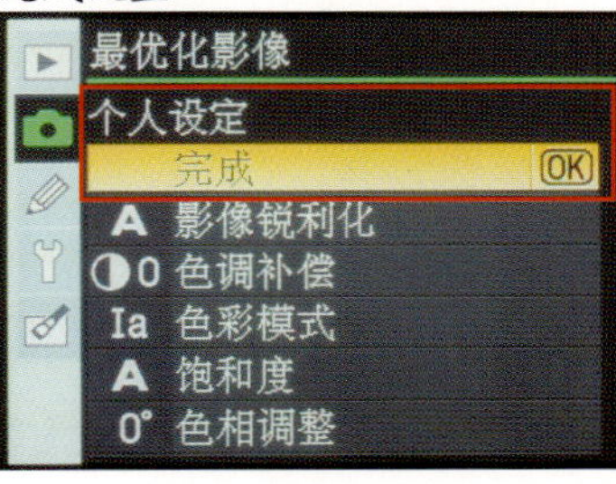

对于拍摄经验较为丰富的拍摄者可根据个人的喜好，使用“个人设定”影像优化模式。设置“+2影像锐利化”，使得画面更加清晰明了；“色调补偿”降低可让画面黑白对比减弱，更适合女性人物拍摄；使用更加适合人像的“色彩模式”Ⅰa，标准的“饱和度”确保肤色的自然；如果不想做特殊的表达，而选择“色相调整”为0，可以得到如右图所示的影像效果。

需要注意的是，若增加色相调整值，则画面偏冷；降低色相调整值，则画面偏暖。

问：在相机LCD显示器上看到的照片比CRT电脑显示器上的亮怎么办？

答：以尼康单反相机为例，我们按下菜单按钮，从相机“设定菜单”中选择“液晶显示器亮度”，调节到-2左右，使其和电脑显示器上所见的照片亮度相当。

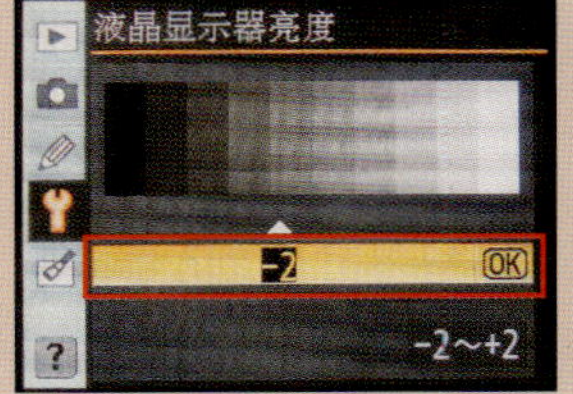

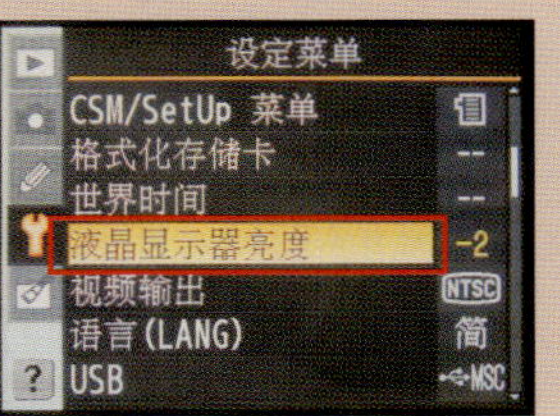

黑白照片风格

黑白影像优化模式可以直接拍摄黑白照片，同时也可以自己设定一些参数，拍摄出更具特色的单色照片。

①选择“黑白”模式

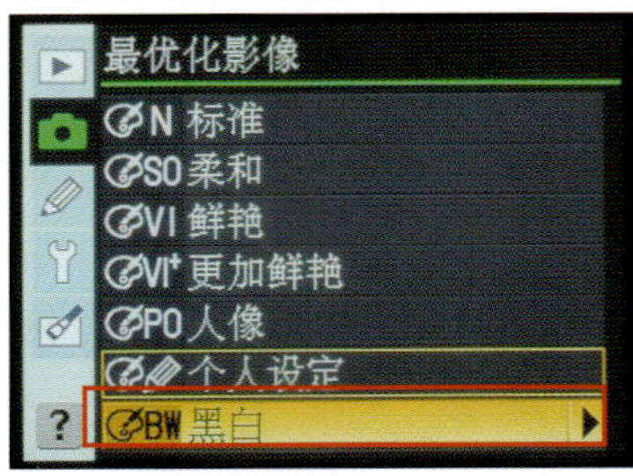

②选择“标准”模式

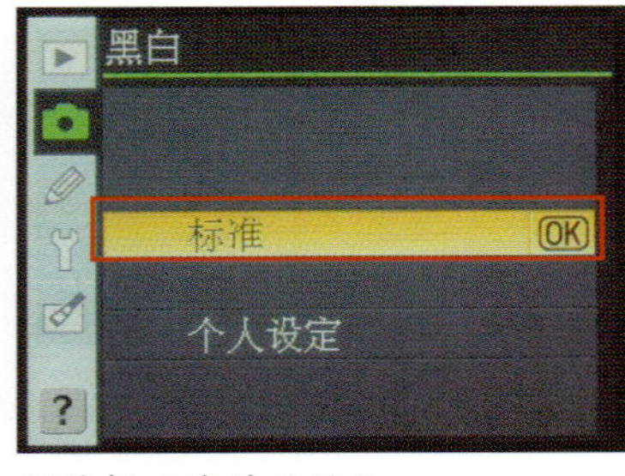

③选择“个人设定”模式

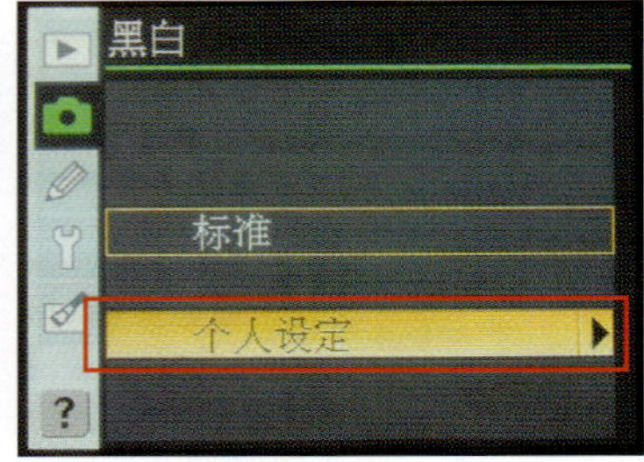

④进一步选择“个人设定”

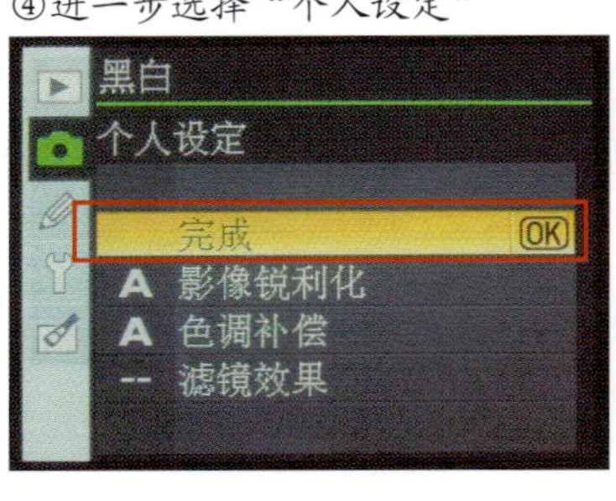

⑤选择“滤镜效果”

⑥完成设置

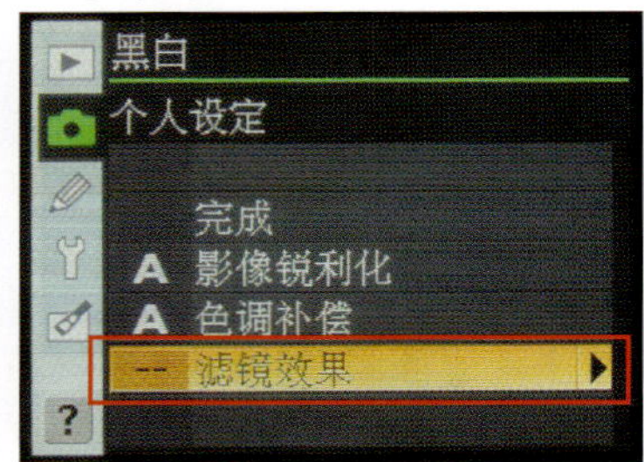

黑白

如上面1、2图所示，在相机中选择“拍摄菜单”中的“最优化影像”中的“黑白”影像优化模式中的“标准”，便可得到左图这样的黑白影像效果。

而经过上面3、4、5图所示，选择 “个人设定”，将其中的“影像锐利化”及“色调补偿”设置为自动之后，调整“滤镜效果”为“黄色”便得到了右图这样的黄色滤镜影像效果。

黄色滤镜

照片的回放与删除

在拍摄完照片之后，必定会查看刚刚的拍摄效果，在不满意的情况下也会选择删除，因此可在照片导出之前就先了解拍摄情况，并使用相机的回放及删除功能。

照片的回放

照片的回放很简单，如右图所示，只需按下相机机身背面的“播放按钮”就可以直接浏览当前所拍摄的照片了。拍摄者还可以通过使用相机上的“缩略图按钮”进行多图浏览，如下图所示。

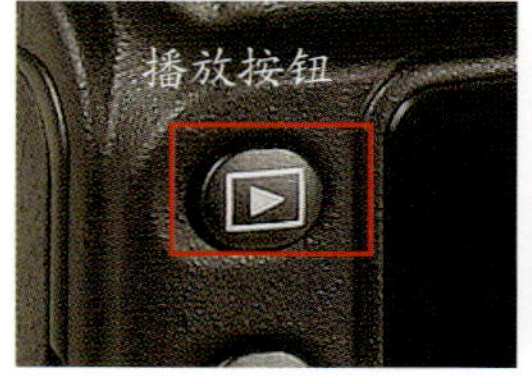
播放按钮

回放照片

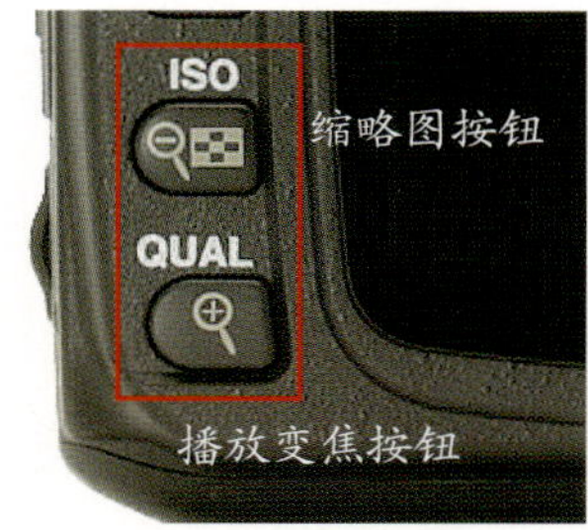

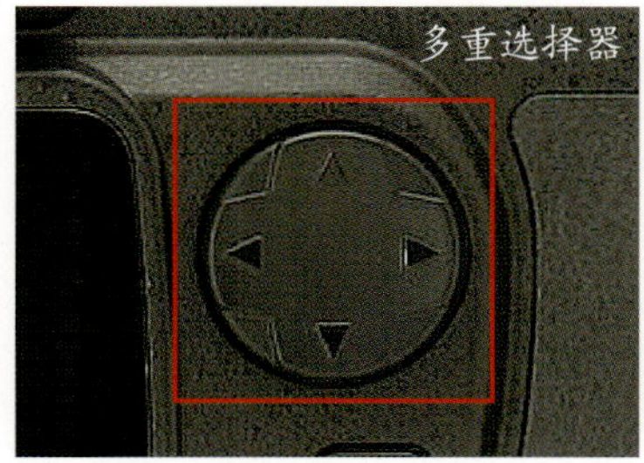

拍摄者还可以使用“播放变焦按钮”，对照片进行放大查看。但只按下“播放变焦按钮”只会对画面中心进行放大，这时还需要结合“多重选择器”的上下左右键选择画面中想要了解的部分，查看是否清晰明了。

摄影知识解析：

前面提到了液晶屏显示亮度偏高的现象，为了更加准确地判断，可以调整液晶屏到合适的亮度；回放照片时，可以使用多重选择器查看照片的曝光参数及直方图情况，确定照片的曝光量是否正确，如下图所示。

查看照片曝光参数

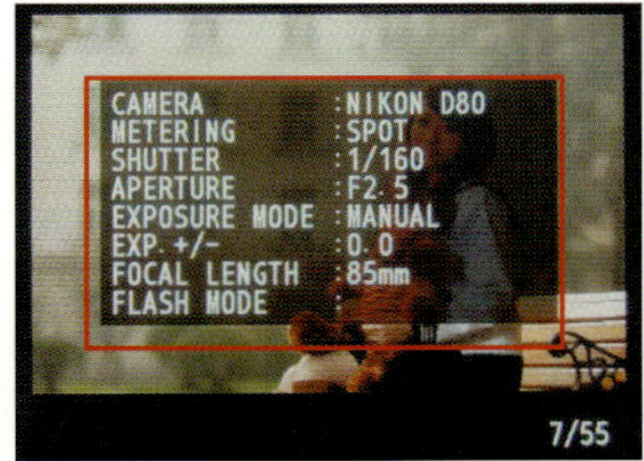

通过直方图进一步了解画面曝光

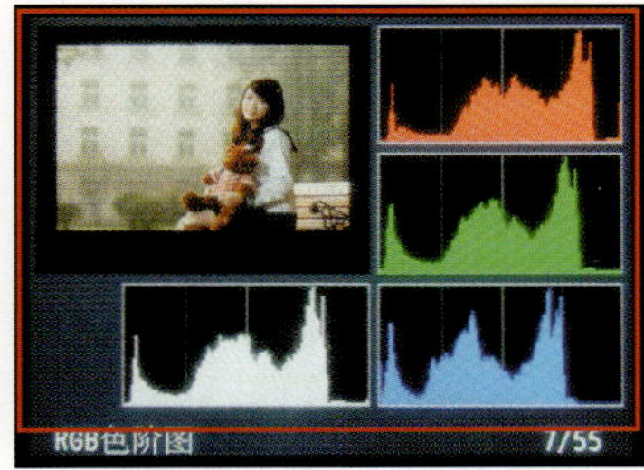

问：为什么在浏览所拍照片时，照片没法自动旋转？

答：在相机菜单中对竖向的照片开启影像“竖直旋转”功能，回放浏览时就可以不用转动相机，直接查看竖向拍摄的照片了。当然拍摄者如果觉得竖直旋转之后的照片较小不便于观察，可以使用上面介绍的放大功能进行查看，具体操作方法如右边的步骤图。

开启“竖直旋转”之前

开启“竖直旋转”

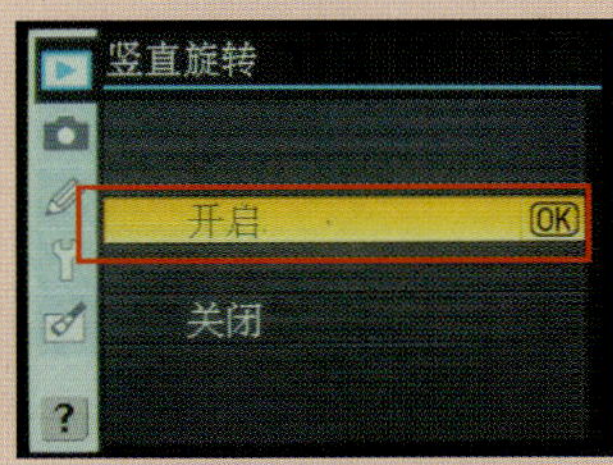

选择“竖直旋转”功能

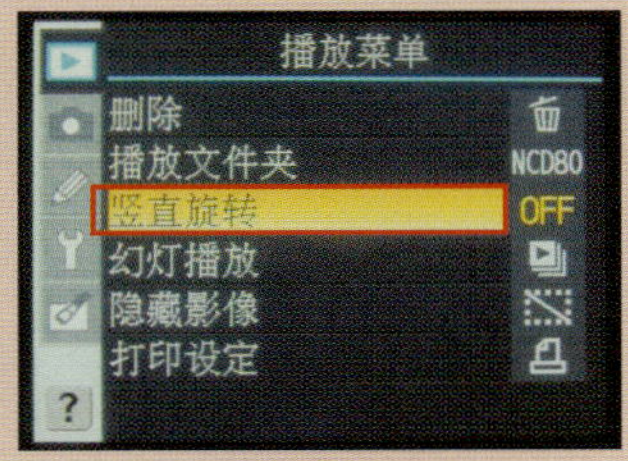

开启“竖直旋转”之后

照片的删除

可以运用相机机身背面左上角的“删除按钮”直接对回放照片中的当前单张照片进行删除。也可以按下“菜单按钮”，对多张照片甚至是全部照片进行删除。

菜单按钮

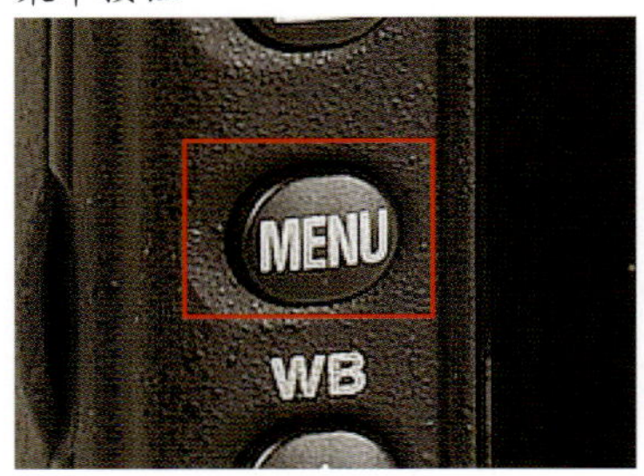

选择菜单中的“删除”功能

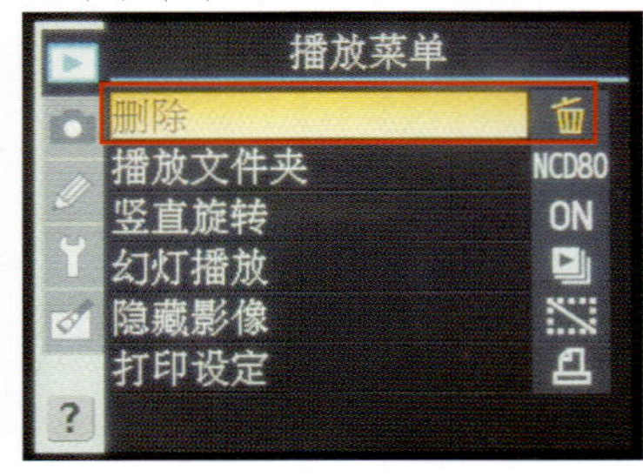

选择删除“已选择”

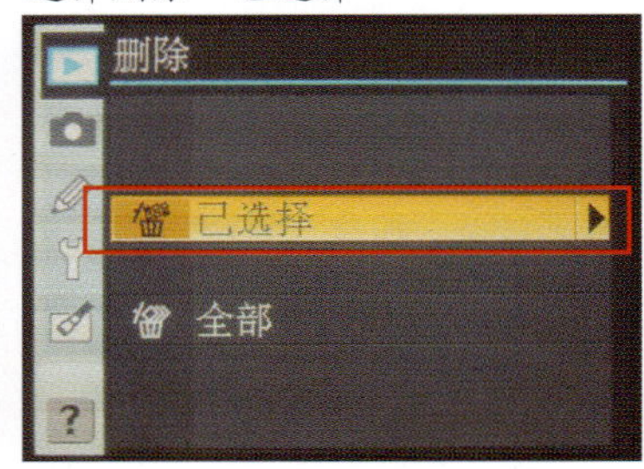

通过多重选择器的上下键选择需要删除的照片

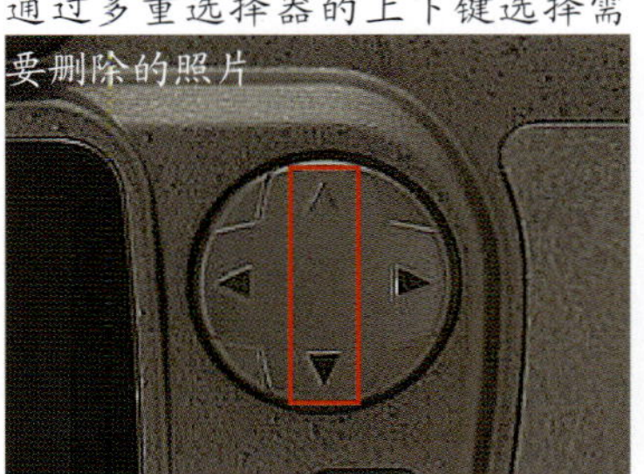

选择需要删除的一张或多张照片

按下OK按钮删除选择的照片

选择删除“全部”

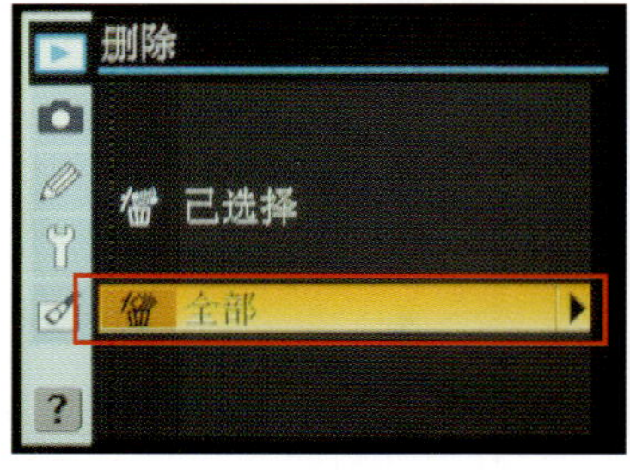

确定删除全部照片

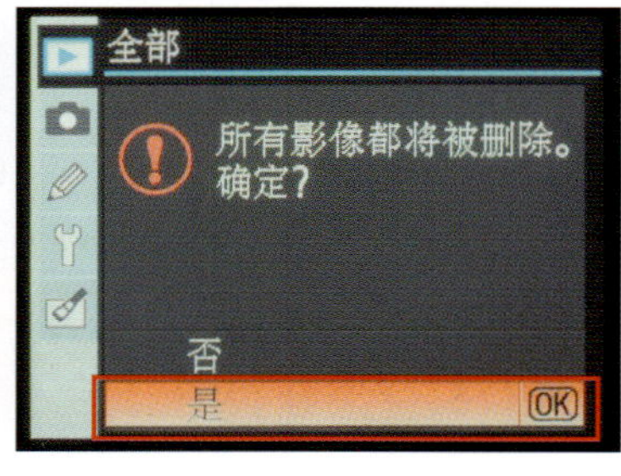

需要注意的是，在删除照片之前一定要将照片查看清楚再进行操作，如果错误删除会带来不必要的麻烦。特别是要进行全部删除时，需要确定已经对照片进行了备份。

格式化操作存储卡

存储卡不是随时都需要格式化的，第一次使用之前，需要对其进行格式化。当相机报错时，控制面板和取景器中出现“For”图示时，常常也会需要使用该功能。

选择“格式化存储卡”

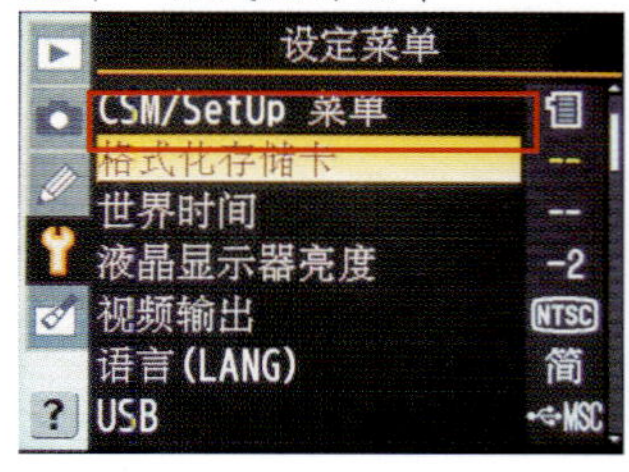

确定“格式化存储卡”

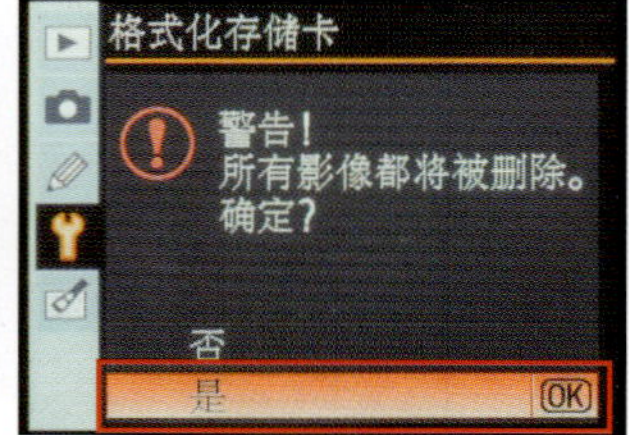

摄影知识解析：

格式化存储卡将永久删除目前存储卡上的所有数据。因而在进行格式化之前，一定要确定存储卡上的照片及其他数据已经备份。

4.6 不同场景模式的使用

目前市场上数码相机的种类、品牌多种多样，当我们选好适合自己的数码相机之后，就要用它拍摄属于自己的作品。使用中会发现数码相机拨盘上提供有多种场景模式，这些模式的使用简单方便，针对初学者是非常实用的。

方便快捷的全自动AUTO模式

AUTO全自动模式是数码相机所提供的最简单的拍摄场景模式，类似于“傻瓜相机”。对于初学者来说，在各项参数设置都不是很了解的情况下，采用此模式，相机会根据环境的光线，自动设置各项参数，通常情况下都能应付不同的场景。

全自动场景模式在相机拨盘上的标示

拍摄商品

拍摄者直接选择全自动场景模式拍摄左图画面，省去复杂的参数设置，直接按下快门即可获取真实的画面效果。

NIKON D70s、18-135mm、F3.5-5.6、F4.0、1/30s、ISO：100、40mm、0EV、加权测光

NIKON D70s、24-85mm、F3.5-4.5、F7.0、1/500s、ISO：400、24mm、0EV、加权测光

摄影知识解析：

拍摄风光用水平线构图。前景和背景让画面空间感增强。

拍摄要诀：

全自动模式虽然使用方便快捷，但是对于光线复杂的拍摄环境难以应付自如，可多尝试其他模式。

展现宽阔场景画面

上图画面拍摄者采用24mm的焦段捕捉广阔的场景。借助三分法的方式，将天空纳入小部分，在突出主体的同时展现出画面的深度感。

全自动模式通常可应付所有的拍摄场景，除了对于风景的拍摄，例如人物、植物、静物等，都能应付，并可获取较为理想的画面效果。

NIKON D80、85mm、F1.8、F2.8、1/100s、ISO：200、85mm、+1.0EV、加权测光

自动模式拍摄

上图为静物摄影。利用书本作为主体背景。拍摄者选择F2.8的光圈将背景强烈虚化，主体明显从环境中凸显出来。同时在1/100s的快门速度下，使得画面准确曝光。画面中背景的色彩和主体色彩形成鲜明对比，更加突显出主体的质感。

问：相机中AUTO模式和P程序模式有什么不同？

答：AUTO是所有的参数都是由相机自动控制的全自动模式，而P程序模式下光圈和快门速度由相机控制，虽然这种模式由相机自动曝光，但是白平衡、感光度、闪光灯、曝光补偿等都可由拍摄者自由设置。另一方面，全自动模式不仅是光圈和快门，包括其他的参数都是由相机自动控制，是为不熟悉摄影的初学者而设置的简单操作模式。右图画面是相机中AUTO全自动模式和P程序模式在拨盘上的标示，不管是哪种拍摄模式，只要在拨盘上将其调节至所需的模式，即可应用拍摄。

程序自动曝光模式

AUTO全自动曝光模式

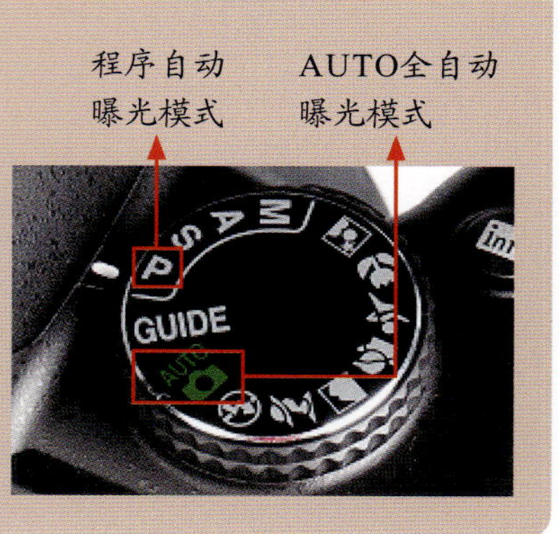

为人物快速留影的人像模式

拍摄人像时，为了节省设置参数的时间，可直接采用相机所提供的人像模式进行拍摄。选择此模式，相机会根据拍摄对象自动选择较大光圈，减小景深，以虚化背景的目的来突出主体，同时人像模式具有优化皮肤的特点，让人物的肤质更细腻。

人像场景模式在相机拨盘上的标示

摄影知识解析：

室外人像拍摄，可结合外拍灯对人物造型。反光板可对人物补光。

室外拍摄人像

右图画面在F2.0的大光圈下，画面背景虚化强烈，主体更突出。由于主光源从侧方照射，拍摄者将反光板放置在右下方，对人物面部进行补光，画面效果更加显著。

NIKON D70s、18-135mm、F3.5-5.6、F2.0、1/100s、ISO：100、50mm、0EV、点测光

NIKON D80、70-200mm、F2.8、F2 8、1/100s、ISO：400、70mm、0EV、点测光

人像模式抓拍少女动作

左图位于同样的拍摄场景。拍摄者借助道具增加少女的活泼气氛，让画面更具有生气。并在自然光线下获取真实的画面氛围。F2.8的光圈将繁杂的背景以虚化效果呈现，让主体更突出。

室外人像拍摄着重于光线和构图的掌握，自然光线变化无常，对于人像摄影的创作具有一定的局限性。而室内人像就与此不同。在室内可根据拍摄者自己的需求进行光线的布置，并结合人像模式的应用，表现人物的特征。

展现少女面部表情

右图拍摄者利用室内柔和的光线将少女面部轮廓清晰地捕捉在画面上，同时真实地呈现出立体感。背景画面单一，在F2.8的光圈下获取虚化效果，主体更突出。

NIKON D80、70-200mm、F2.8、F2 8、1/100s、ISO：400、70mm、0EV、点测光

NIKON D70、17-55mm、F2.8、F16.0、1/125s、ISO：200、35mm、0EV、点测光

表现人物姿态

利用单一的背景拍摄少女，不但突出主体人物，还真实地表现少女的纯真可爱。在室内拍摄中，光线从人物的右上方照射，体现出人物的立体感。同时准确设置参数使得画面曝光正常。手势的运用起到平衡画面的作用，让画面充满活力。左侧前景的运用，让画面空间感更强。

装备选择：

在室内摄影棚拍摄少女，通常运用柔光箱使得光线更柔和。

记录动人风光的风景模式

选择风景模式拍摄风景照片。数码相机会自动缩小光圈，增大景深范围，让拍摄的风景清晰地展现在画面中。并结合适当的快门速度使得拍摄的风光照片曝光准确，同时凸显出迷人风景。

风光场景模式在相机拨盘上的标示

大景深表现风光

右图画面直接采用风光模式进行拍摄，评价测光模式对画面整体准确测光，获取曝光正常的画面效果。

NIKON D70、24-85mm、F3.5-4.5、F6.0、1/800s、ISO：200、24mm、0EV、加权测光

NIKON D60、18-55mm、F3.5-5.6、F7.1、1/200s、ISO：100、20mm、0EV、加权测光

竖画幅展现风光的纵深

左图画面拍摄者使用风景拍摄模式。相机设置F7.1的光圈，将画面景深增大，让画面元素都清晰可见，并在1/200s的快门速度下画面曝光正常。同时，由于拍摄环境的光线均匀，在加权测光模式下，得到的参数准确。拍摄者使用竖画幅拍摄方式，不但展现出拍摄场景的宽阔，还增强了画面的纵深感。

拍摄要诀：

虽然在选择风光模式拍摄风景时，光圈会缩小，但是风光场景模式并不能应付所有的风景照片。只有在实际拍摄中逐渐掌握更多的知识，并多尝试手动模式，摄影技巧才会提高。

风光摄影中也可根据景别的大小来展现风景的魅力。在使用风光场景模式拍摄中，不但可结合广角镜头来捕捉较广的风光画面，还可以利用长焦镜头的特点，压缩空间，展现风景中细小的部分，从而突出风景的美丽。

捕捉迷人的秋季景色

右图为迷人的秋景。在风光模式下，拍摄者运用较大的场景展现景色的魅力，F10的小光圈，让画面景深范围增大，容纳更多清晰元素。画面色彩鲜艳醒目，在斜射光线下，画面的空间感更强，显得更加真实自然。

NIKON D60、18-200mm、F3.5-5.6、F10.0、1/1000s、ISO：200、18mm、-1.0EV、加权测光

NIKON D70s、18-200mm、F3.5-5.6、F8.0、1/160s、ISO：200、200mm、-1.0EV、加权测光

摄影知识解析：

利用自然中日落时分柔和的光线进行拍摄，形成的侧逆光照，可让拍摄对象的轮廓被清晰地勾画出来。同时在此光照情况下，对于像树叶、花草等拍摄对象，能将其透明的质感表现在画面中，营造不同的画面效果。

小景别突出局部细节

左图利用日落时分柔和的光线进行拍摄，同时让画面呈黄色暖调，画面色彩更丰富，主体突出。由于是侧逆光环境下，拍摄者降低1.0的曝光补偿值，使得主体轮廓清晰且曝光准确。并在长焦端的拍摄下，画面背景被虚化处理，让主体从环境中凸显出来。

放大特写对象的微距模式

当我们在拍摄微小的物体或者近距离拍摄时，往往会遇到很难对焦的情况。微距模式为我们解决了这一困难，此模式很容易提高对焦的准确度，同时也会选择大光圈，以获得强烈的虚化背景效果，突出主体。

微距场景模式在相机拨盘上的标示

微距模式拍摄花朵细节

下图在微距模式下，对焦清晰，获取的画面效果自然，将荷花掉落后的景象捕捉在画面上。F2.8的光圈让背景强烈虚化，主体更突出。

NIKON D200、100mm、F2.8、F2.8、1/500s、ISO：100、200mm、0EV、点测光

问：微距模式只可以拍摄微小的物体吗？

答：微距模式在近距离拍摄中，具有明显的优势。在微距镜头的应用下，对焦距离缩短，对焦更加清晰快速。同时，在使用微距镜头拍摄时，可将微小的拍摄对象进行放大处理，让其完整地呈现在画面中，有着增强视觉冲击力的作用。虽然微距模式是针对微小物体拍摄，但是对于较大物体的局部细节也可表现。例如人像特写的拍摄。

NIKON D200、18-50mm、F3.5-5.6、F11、1/200s、ISO：200、50mm、0EV、点测光

捕捉高速运动物体的运动模式

对于初学者来说，通常在拍摄高速运动的物体时，会选择运动模式进行拍摄，可以快速而准确地对焦，清晰捕捉运动精彩的瞬间，同时还可避免手动设置各项参数而错失拍摄的时机。运动模式不仅可运用于运动的拍摄，还可运用于突发事件的记录。

运动场景模式在相机拨盘上的标示

NIKON D80、70-200mm、F2.8、F2.8、1/500s、ISO：200、190mm、0EV、点测光

低角度拍摄宠物奔跑瞬间

上图在运动模式下拍摄小狗，并在1/500s的快门速度下将其奔跑的瞬间凝固在画面上。拍摄采用与小狗平视的拍摄角度，将前景和背景虚化处理，主体更突出，画面的空间感更强，同时获取真实自然的画面效果。

拍摄要诀：

运动模式适合拍摄高速运动的物体，如体育比赛、高速移动的汽车、动物等。这一模式类似于“快门优先”，在拍摄过程中相机会根据拍摄对象自动采用较高速快门进行拍摄。例如1/250s以上的快门速度。

高速快门捕捉运动画面

左图拍摄者在运动模式下拍摄飞鸟。1/1250s高速快门速度将鸟飞翔的姿态准确地凝固在画面上。画面以干净的天空作为背景，将鸟的姿态清晰地呈现出来，并纳入少许地面，使画面层次更加丰富。

NIKON D80、80-400mm、F4.5-5.6、F5.6、1/1250s、ISO：200、80mm、0EV、点测光

暗光下拍摄人物的夜景人像模式

在暗光环境下拍摄人像，会由于复杂的参数设置而引起画面的曝光不准确或者画面虚糊。夜景人像模式可帮助拍摄者在这样的情况下拍摄出美丽的照片，既能展现夜景的迷人，也能突出人物的特点。

夜景人像场景模式在相机拨盘上的标示

NIKON D80、18-55mm、F4.5-5.6、F5.6、1/2s、ISO：200、38mm、-0.3EV、点测光

暗光环境下拍摄人像

上图拍摄者采用夜景人像模式进行拍摄，在环境光线偏暗的情况下，数码相机选择F5.6的大光圈，增大进光量的同时减小画面景深，让主体从繁杂的背景中凸显出来。

NIKON D80、18-55mm、F4.5-5.6、F3.5、1/20s、ISO：200、45mm、0EV、点测光

夜景人像拍摄

利用曲线条展现少女的优美身姿。如左图所示，由于在夜晚进行拍摄，画面环境光线较暗，拍摄者选择F3.5的光圈虚化背景，让主体更突出，在1/20s的快门速度结合下，获取曝光正常的画面。同时利用外拍灯对人物进行照射，在墙面形成的明显阴影让画面的立体效果更强。拍摄者在画面右侧为人物眼神留有一定的空间，让画面更和谐。

避免闪光效果不自然的闪光灯关闭模式

在一些特殊的场景下，例如博物馆、酒吧、水族馆等。通常周围环境的光线较暗，然而却不可使用闪光灯，以避免闪光灯在开启时影响环境，或者破坏气氛。数码相机所提供的闪光灯关闭模式在此时有着很大的用处。拍摄中相机不会自动弹起闪光灯，并根据环境光线选择适当的参数组合，以便获取更好的画面。

闪光灯关闭场景模式在相机拨盘上的标示

展品拍摄

右图拍摄的是展览馆中的物品。拍摄者采用关闭闪光灯模式，避免玻璃的反光而破坏画面效果。同时提高感光度，在F5.3的光圈下，画面景深减小，复杂的环境被虚化处理，让主体更加突出。

NIKON D80、18-135mm、F3.5-5.6、F5.3、1/30s、ISO：400、58mm、0EV、点测光

静物拍摄

下图画面在室内暗光环境下进行拍摄。采用闪光灯关闭模式，避免闪光灯影响画面效果，在现场光线照射下画面色调偏暖。F4.0的光圈和1/200s的快门速度使得画面曝光正常，高感光度保证了画面更明亮。

NIKON D80、18-70mm、F3.5-4.5、F4.0、1/200s、ISO：800、45mm、0EV、点测光

摄影知识解析：

对于文物的拍摄，一般情况下是不可以采用闪光灯的，这样有利于对文物的保护。

Chapter 05 掌握更多参数对画面的影响

学习重点

- 光圈的认识与应用
- 快门速度的应用
- 增加或降低曝光补偿调整画面曝光
- 利用测光获取准确曝光
- 正确地进行对焦
- 感光度对画质的影响
- 设置白平衡还原画面色彩

5.1 光圈的认识与应用

光圈是用来控制光线进入机身内感光元件光量多少的装置。我们用f（F）值表达光圈大小。对于已经制造好的镜头，我们不可能随意改变镜头的直径，但是我们可以通过控制镜头内部的光圈大小来控制通光量。

认识相机中的光圈机构

光圈是镜头中控制光线进入机身感光元件的孔径。光圈大小的表示通常用F（f）值表示，光圈F值越大，在同一单位时间的进光量越多；反之，光圈F值越小，进光量越少。例如F1.4的光圈和F2.2的光圈，在相同的单位时间内，F1.4的光圈比F2.2的光圈进光量多。

如下图所示为镜头正反面所呈现的光圈。

通过上面光圈的图示，我们可以知道，在相同的时间内，光圈越大，进入机身感光元件的光线量越多，而通常上一级的进光量正好是下一级的一倍，例如，光圈从F10调节到F7.1，进光量多一倍，也可说是光圈开大了一挡。因此在拍摄中，如果采用相同的快门速度和感光值，适当的光圈才能给画面正确的曝光。如果光圈过大，会导致画面曝光过度，过小又会曝光不足。

光圈过大

下图画面选择F3.5光圈，在结合1/200s的快门速度下，画面曝光过度，画面失去层次。

NIKON D70s、F3.5、1/200s、ISO：100、70mm、0EV、点测光

合适光圈

相同快门速度下，选择适当的光圈获取的画面曝光准确且层次丰富。

NIKON D70s、F4.5、1/200s、ISO：100、70mm、0EV、点测光

光圈过小

同样的拍摄场景，光圈设置过小，进光量少，画面曝光不足，影调较暗。

NIKON D70s、F5.6、1/200s、ISO：100、70mm、0EV、点测光

光圈的工作原理

光圈是由几片极薄的金属片组成的，是一种中间可通过光线的机械结构，并可通过自身的打开和关闭来控制光线进入机身的光线量来控制画面的曝光。光圈在数码相机中是如何工作的？下图讲述了光圈的工作原理。

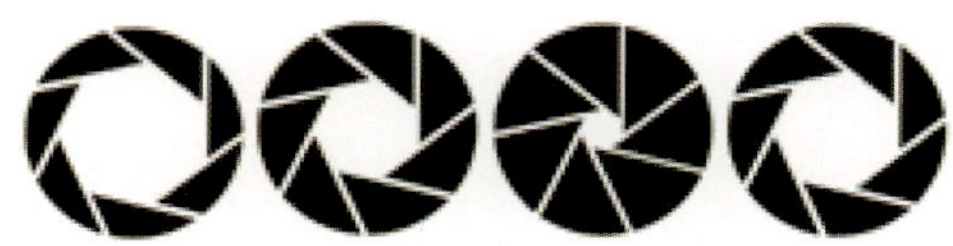

光圈工作流程示意图

上图从左到右依次是：取景时，光圈开启最大以致取景器清晰明亮；触发快门时，光圈开始缩放，以达到拍摄者所需的光圈大小；继续缩放；光圈大小已经达到拍摄者所需的大小，此时快门开始操作，感光元件受光，并曝光；曝光结束后，光圈开启；光圈开启到最大，取景器开始工作。

我们在学习光圈的相关知识时，最重要的是记住光圈的数值越小，光圈越大这一概念。光圈同时也被人为地划分为许多级，各级光圈间的进光量相差一倍。F1被设定为最大光圈，每递进一挡光圈，光圈的口径不断缩小，相应的进光量也减半。相邻的两挡光圈之间还可以设定1/2或1/3挡递进方式，例如在F2和F2.8两挡光圈之间还存在F2.5这挡光圈的设定。如下表所示为数码单反相机光圈正极数及递进半级分割副级数列表。

F1	F1.4	F2	F2.8	F4	F5.6	F8	F11	F16	F22	F32
F1.2	F1.8	F2.5	F3.5	F4.5	F6.7	F9.5	F13	F19	F27	

上行为光圈值各挡正级数，下行为光圈值各挡半级分割级数。

问：稍微缩小光圈，画质会变好吗？

答：光圈全开的情况下，画面会很模糊，为了准确对焦，最好是稍微缩小光圈。因为在光圈全开时，虽然能得到最大的虚化效果，但是景深会变小，同时对焦范围也会随之变小，会影响画面的对焦，对焦不精确，拍摄的照片会显得模糊，没有层次感。例如，F1.4的镜头光圈在全开的情况下，景深变小，稍有偏差，就会对焦不实，造成画面虚糊。所以在拍摄时可以适当缩小光圈，并将焦点对准被拍主体。如右图画面中，室内拍摄静物，拍摄者采取F6.5的光圈，即使画面景深减小，但是在拍摄中焦点可清晰对准被拍对象，从而获取画面清晰的效果。营造更真实的画面氛围。

NIKON D70s、F6.5、1/100s、ISO：100、18mm、0EV、点测光

光圈大小与画面景深的关系

景深是指在镜头或其他成像器前，沿着能够取得清晰图像的成像器轴线所测定的距离范围。通俗地讲，在相机聚焦完成后，焦点前后的范围内都能形成清晰的影像，这段清晰影像的距离范围，便叫做景深。通常影响景深的因素，有以下三个方面：

1. 光圈大小：光圈越大，景深越小；光圈越小，景深越大。
2. 镜头焦距长短：镜头焦距越长，景深越小；焦距越短，景深越大。
3. 拍摄距离：距离越远，景深越大；距离越近，景深越小。

景深与光圈大小之间的关系，可以通过下面的示意图来说明。

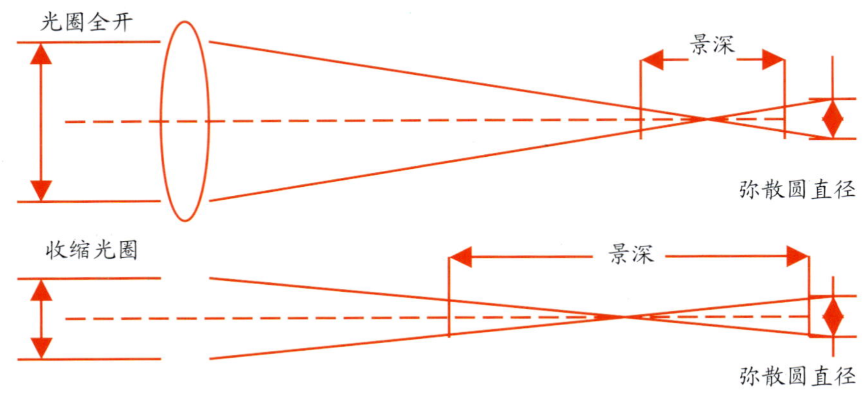

景深与光圈关系示意图

大光圈减小景深

下图画面在F1.8的大光圈下，画面景深减小。背景环境更虚化，主体更突出。

NIKON D70s、F1.8、1/1600s、ISO：200、50mm、0EV、点测光

小光圈增大景深

同样场景下，减小光圈大小，画面景深增大，交代主体所处环境。

NIKON D70s、F8.0、1/100s、ISO：200、50mm、0EV、点测光

光圈优先模式的适用拍摄场景

光圈优先模式是数码相机提供的场景模式之一。在拍摄中，选择光圈优先模式，拍摄者可根据所需的画面效果对光圈大小自行设定，拍摄过程中相机会根据拍摄的现场光线进行快门速度的选择。常用于拍摄人像和风景类的题材。

NIKON D70s、F2.8、1/800s、ISO：200、50mm、0EV、点测光

虚化背景突出主体

左图画面中，复杂的背景在F2.8的光圈下虚化处理，画面主体凸显出来。拍摄者将主体放置画面右侧，左侧留出的空间让画面更加协调。

拍摄要诀：

如果光圈缩得过小，直线传播的光线会向周围弯曲，画面会暗淡，反而失去应有的清晰度，也就是所谓的“衍射现象”，因此在拍摄风光照片时，通常选择F11左右的光圈大小进行拍摄，画面便很清晰锐利了。

大场景展现视野的开阔

右图是拍摄宽阔的草原风光。拍摄者采用光圈优先模式，F9.0的光圈，增大画面景深，并结合1/320s的快门速度让画面准确曝光。同时拍摄者运用水平线构图方式，将草原的宽阔展现在画面上，增强画面的视野。

NIKON D70s、18-55mm、F9.0、1/320s、ISO：100、55mm、0EV、点测光

5.2 快门速度的应用

快门速度是数码相机快门的重要考察参数，不同的数码相机提供的快门速度也各不相同。因此，在使用数码相机进行拍摄时，要先了解快门速度对画面的影响，这样才能捕捉到生动的画面。

不同快门速度下的画面效果

数码相机提供的快门装置，用来控制曝光的时间，快门速度即是指曝光时间的长短。在同样的光圈下，快门开启的时间越长，相机进光量越多，画面亮度越高；反之，相机进光量越少，画面亮度越低。同时，较快的快门速度能准确地捕捉运动中的物体，而较慢的速度能很好地表现物体的动感。

NIKON D70s、18-55mm、F20.0、1/1000s、ISO：200、200mm、0EV、点测光

合适的快门速度

左图画面光影效果和谐统一，准确的快门速度获取曝光正常的画面，使主体呈现清晰的质感。长焦镜头下，画面背景虚化处理，主体突出。

NIKON D70s、18-55mm、F20.0、1/800s、ISO：200、200mm、0EV、点测光

NIKON D70s、18-55mm、F20.0、1/1200s、ISO：200、200mm、0EV、点测光

加快快门速度画面过暗

左图拍摄者提高快门速度至1/1200s，曝光时间缩短，画面曝光不足，同样失去层次感。

延长快门时间画面过亮

左上图同样的拍摄主体。在其他参数和环境光线一致的情况下，拍摄者降低快门速度至1/800s，曝光时间延长，画面曝光度过，失去层次。

安全快门的计算方法

在环境光线昏暗且闪光灯无法开启的拍摄环境中，采用相机镜头的长焦端进行拍摄时，很容易产生画面模糊不清的现象，这是由于快门速度过慢，没有达到安全快门而导致的。通俗地讲，安全快门就是保证手持拍摄稳定清晰的最低快门速度。其计算方法是：安全快门=1/镜头的焦距。例如用100mm的焦段拍摄，安全快门就是1/100s，要选择大于这个速度才能保证手持拍摄画面的清晰。

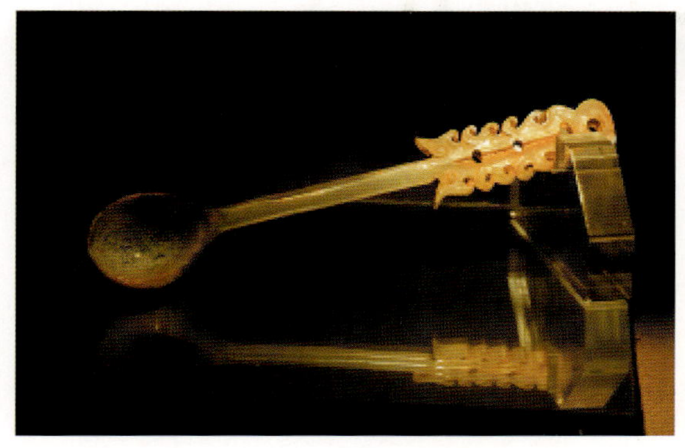

NIKON D70s、18-55mm、F4.0、1/80s、ISO：800、55mm、0EV、点测光

安全快门应用

左图为拍摄的室内展品。在室内环境光线偏暗的情况下，拍摄者应用高于1/55s安全快门的速度，并在手持拍摄的情况下，结合F4.0的大光圈，获取效果理想的画面。

低于安全快门速度拍摄

右图是在同样的场景下拍摄的。而拍摄者采用低于1/55s的安全快门速度，获取的画面由于快门过慢，画面显得较为模糊。

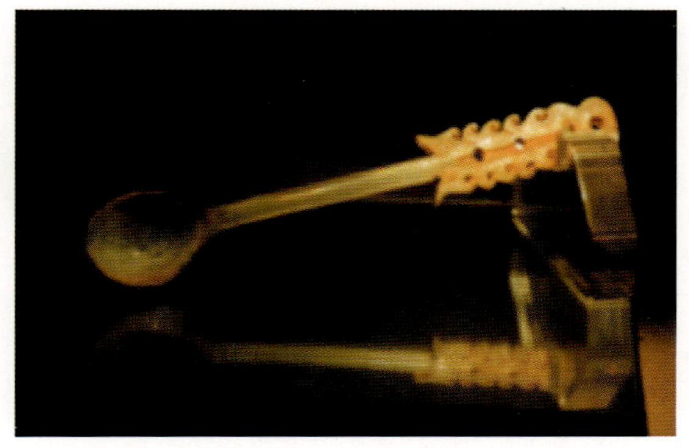

NIKON D70s、18-55mm、F10.0、1/20s、ISO：800、55mm、0EV、点测光

问：是否只要运用安全快门拍摄，画面就不会模糊？

答：安全快门是指手持相机的快门速度不应低于镜头焦距的倒数，但如果是35mm的镜头，不低于1/35s拍摄，快门时间过长，画面就很容易模糊，那么此时还是需要配合使用三脚架、独脚架等附件来进行支撑稳定。如右图所示分别是三脚架和独脚架。在不同的场合选择适合于拍摄的脚架，可以让拍摄的画面效果更好。

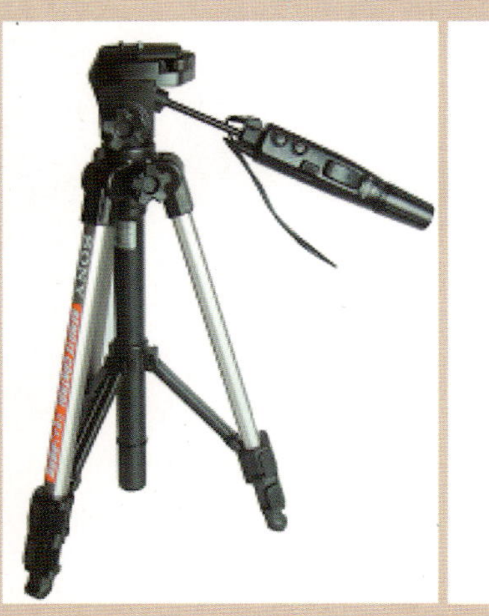

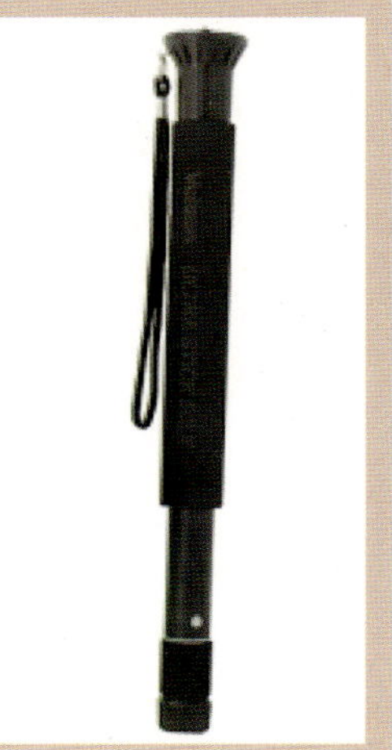

选择在什么条件下使用快门优先模式

快门优先也是数码相机提供的场景模式的一种。使用快门优先模式进行拍摄，由拍摄者自由设置快门的速度，在拍摄过程中，相机会自动根据环境光线选择适合的光圈大小，使得画面准确曝光。此模式常运用于拍摄运动的物体或者表现水流的动感的画面效果。

高速快门捕捉飞鸟姿态

下图是拍摄飞行的鸟类。拍摄者采用快门优先模式进行拍摄。1/400s的快门速度将其飞行的瞬间捕捉在画面上。同时拍摄者将主体放置于画面右上角，并在画面中留出一定的空间，展示出飞行的方向，引导观者的视线。

NIKON D200、80-400mm、F11.0、1/400s、ISO：200、400mm、0EV、点测光

低速快门表现动感

右图是拍摄的溪流。1/5s的慢速快门，将水流如丝状般的画面展现出来，同时也将水流的动感和水流曲线表现在画面上。在快门优先模式下相机根据快门速度自动选择F32的光圈增大画面景深，同时结合慢速快门让画面曝光正常。

NIKON D200、80-400mm、F32.0、1/5s、ISO：200、80mm、0EV、点测光

拍摄要诀：

快门优先和光圈优先都是属于相机提供的拍摄模式，这些模式操作简单，对于初学者来说更加实用方便。但是为了提高摄影技巧，应多尝试手动模式，并灵活掌握。

完美地结合使用光圈与快门获取准确曝光

正确的曝光组合对画面的清晰度有很大的影响，在拍摄中，要准确设置曝光参数。准确曝光是拍摄完美画面的基础。画面的准确曝光是结合光圈大小和快门速度。两者完美的结合获取曝光准确的照片。光圈控制着镜头的进光量，快门速度控制画面曝光时间的长短，因此光圈和快门是影响照片质量的重要因素。

准确曝光展现质感

下图是拍摄的透明玻璃制品。拍摄者采用F4.5的光圈虚化背景，突出主体，结合1/80s的快门速度使得画面准确曝光，获取理想的画面效果。并在现场的光照条件下，展现出玻璃杯的质感。

Canon EOS 5D Mark II、EF24-105mm、F4.5、1/80s、ISO：800、75mm、0EV、点测光

装备选择：

偏振镜能有效防止反光物体引起的反光，从而减少破坏画面效果的因素。

光圈快门结合获取准确曝光

下图拍摄者采用广角镜头纳入更多的风景，增强画面的视觉范围，让画面有向前延伸的张力，空间表现力更强。拍摄者选择F9.0光圈让画面景深增大，画面元素清晰呈现，并在1/800s的快门速度结合下，画面曝光正常。同时纳入蓝色的天空，让画面色彩对比更强烈，主体更突出。

NIKON D70、24-85mm、F9.0、1/800s、ISO：200、24mm、0EV、加权测光

5.3 增加或降低曝光补偿调整画面曝光

对于数码相机来说，光圈和快门是决定曝光量的主要因素。但是在特殊的拍摄环境中，可采用曝光补偿的方式。曝光补偿也是一种曝光控制方式，常见曝光值为+2~3EV。目前数码单反相机一般都是以1/3EV为间隔的。拍摄者可根据自己的需求以及拍摄场景的实际情况，进行正负的曝光调节。

浅色调背景增加曝光补偿还原色彩

下图是在室内拍摄静物。白色的背景和白色的主体在增加适当的曝光补偿之下，准确曝光。拍摄者同时采用F8.0的光圈，前景以虚化效果呈现，一虚一实的结合，不但突出了主体，还增加了画面的戏剧性效果，更能吸引观者的目光。

NIKON D70s、18-70mm、F8.0、1/600s、ISO：200、28mm、+0.3EV、点测光

还原白雪真实色彩

右图为拍摄的雪山风景。拍摄者选择F11的光圈，增大画面景深，同时适当增加曝光补偿值，让画面准确曝光，并将雪的质感展现在画面上，表现出白雪的丰富层次感。蓝天的纳入，增加画面的空间感，显得更加真实自然。

NIKON D70s、18-70mm、F11.0、1/1000s、ISO：200、18mm、+0.3EV、加权测光

在逆光光照的情况下，降低曝光补偿值，获取剪影效果更明显的画面，并让画面显得更加浓重。

摄影知识解析：

进行曝光补偿的时候，如果照片过暗，要增加EV值，EV值每增加1.0，相当于摄入的光线量增加一倍；如果照片过亮，要减小EV值，EV值每减小1.0，相当于摄入的光线量减小一倍。

降低曝光量营造剪影画面

左图拍摄者运用竖画幅拍摄方式拍摄树木，将其形态展现。同时利用树木的整齐排列将画面的空间感增强，引导观者的视线向前延伸。降低曝光补偿，获取效果更好的画面。NIKON D70s、18-70mm、F10.0、1/2000s、ISO：200、18mm、-1.3EV、加权测光

深色背景降低曝光量

右图为拍摄的可爱卡通动物。拍摄者利用逆光进行拍摄，将主体透明质感准确地表现，同时将其姿态形象呈现在画面上。由于是在逆光下拍摄，为了让画面准确曝光，拍摄者降低曝光补偿，使其准确曝光。NIKON D70s、18-70mm、F2.8、1/400s、ISO：200、18mm、-0.7EV、点测光

5.4 利用测光获取准确曝光

准确测光是正确曝光的前提。所谓测光，就是相机根据射入的光线自动确定曝光量。目前市场生产的数码相机都提供有点测光模式、中央重点测光模式、局部测光模式和平均测光模式。针对不同的光线环境选择不同的测光模式，获取准确曝光的画面。

点测光针对局部区域进行测光

点测光只是针对画面中很小的一部分进行准确测光。点测光的范围是以取景框中央的极小范围区域作为曝光基准点，大多数数码相机点测光的区域范围是1%~3%，相机会根据这个光线进行画面曝光。

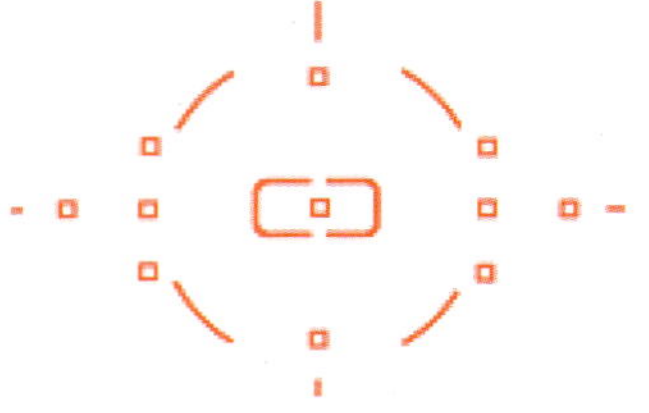

点测光示意图

点测光拍摄荷花

左图拍摄者运用点测光模式，对主体荷花准确测光，并一次作为曝光基准。周围环境较暗，将主体从画面中凸显出来。

NIKON D200、18-200mm、F2.8、1/1000s、ISO：200、100mm、0EV、点测光

拍摄要诀：

拍摄如同上图效果的画面，除了采用点测光模式外。还可通过结合便携式背景布的应用，将主体背景以单色呈现。

中央重点测光依据画面中央主体测光

中央重点测光主要是测取景框画面中大部分范围区域的光线，画面其他区域则作平均测光。由于数码相机类型的不同，画面中央面积的比例也各不相同，通常占画面的20%~30%。大多数情况下，中央重点测光是常采用的测光模式，也是应用最为广泛的测光模式。

摄影知识解析：

中央平均测光是采用最多的一种测光模式，几乎所有的生产厂商都将中央重点测光作为相机默认的测光方式。主要是考虑到一般摄影者习惯将需要准确曝光的东西放在取景器的中间，所以这部分拍摄内容是最重要的。

中央重点测光拍摄静物

上图画面为拍摄的展品，拍摄者将其放置于画面中心位置，便于突出表现。中央重点测光模式将其准确测光并曝光。NIKON D70s、18-200mm、F3.5-6.3、F6.3、1/100s、ISO：200、60mm、0EV、中央重点测光

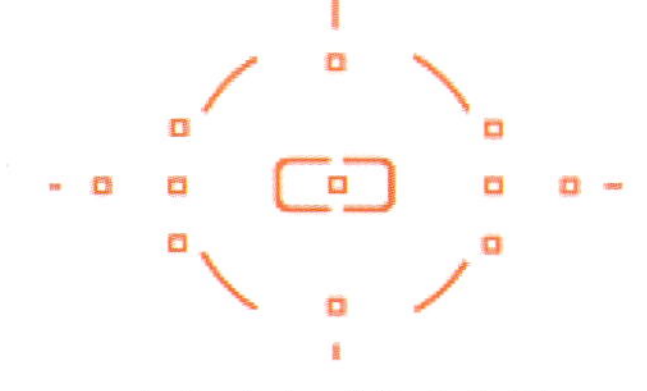

中央重点测光示意图

测光的选择

上图拍摄灯笼时运用中央重点测光模式，将画面中央物体进行测光并准确曝光。拍摄者运用仰拍的方式将灯笼造型特征捕捉在画面上。呈暖调的画面给人温暖之感。NIKON D70s、18-200mm、F3.5-6.3、F4.0、1/30s、ISO：200、30mm、0EV、中央重点测光

局部测光针对某一区域进行测光

局部测光和中央重点测光是两种不同的测光方式。局部测光只对画面中的部分区域进行测光，范围大约是2%~12%。局部测光模式比较适合于拍摄光线环境较为复杂的场景，获取更加准确曝光的画面。

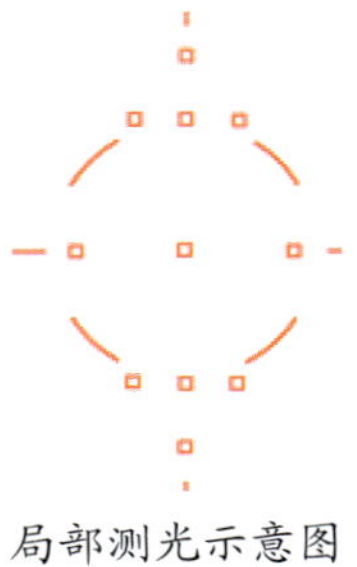

局部测光示意图

局部测光拍摄

右图是在光线对比反差较大的情况下进行拍摄的。拍摄者采用局部测光的方式，对亮部进行准确测光并曝光，暗部以较暗的影调呈现，让主体更突出。NIKON D70s、18-200mm、F3.5-6.3、F3.5、1/350s、ISO：200、30mm、0EV、局部测光

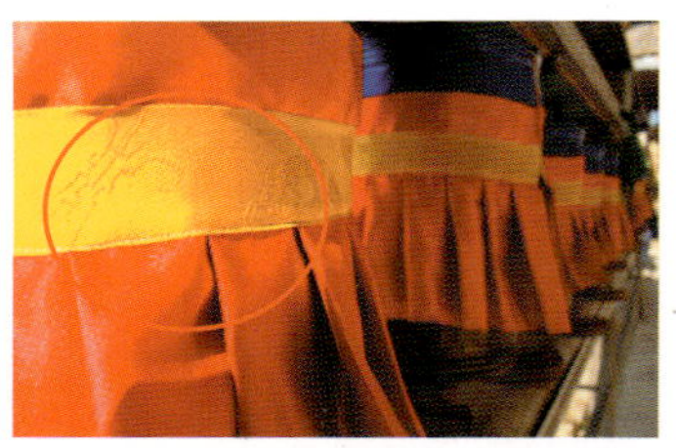

针对画面局部测光

左图拍摄者针对前景进行局部测光，并将其准确曝光，背景其他景物以平均光线进行曝光，影调显得暗淡，由此更加突出主体。同时，画面有着向前延伸的视觉感，引导观者的视线。NIKON D70s、18-200mm、F3.5-6.3、F3.5、1/800s、ISO：200、20mm、0EV、局部测光

评价测光对整个画面测光

评价测光是针对整个画面进行测光，是把画面中所有的光线混合起来进行测光。使用此方式，可获取画面影调均衡的效果，不会出现局部高光过曝的情况。即使对测光不熟悉的初学者，使用此测光模式，也能获取曝光较准确的照片。

评价测光拍摄宽阔场景

下图是拍摄的宽阔风光照片。由于画面光线照射比较均匀，拍摄者采用评价测光模式，对整个画面进行测光，获取影调平和的画面效果。NIKON D70、24-85mm、F3.5-6.3、F9.0、1/320s、ISO：200、26mm、0EV、评价测光

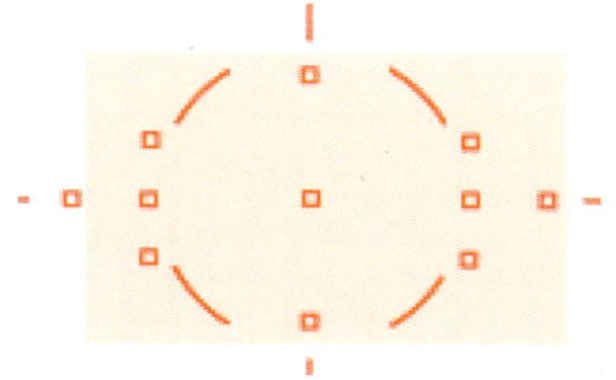

评价测光示意图

光线平淡

利用水平线构图拍摄辽阔的草原，能将草原的特点准确地表现在画面上。左图画面拍摄者利用评价测光模式，对画面整体进行测光并准确曝光，并纳入草原上的牛羊，增强画面的动感因素，同时，让画面更加富有生机。CANON EOS 5D、EF-S18-200mm、F3.5-6.3、F5.0、1/60s、ISO：100、18mm、0EV、评价测光

问：评价测光只可运用于大场景风光拍摄吗？

答：并不是只有拍摄风光照片才能运用评价测光。只要是光线照射比较均匀，没有明显的明暗对比，就可采用评价测光模式进行测光拍摄。只是评价测光模式是针对整个画面的平均光线进行测量，并获取影调平淡的画面。NIKOND70、70-200mm、F2.8、F2.8、1/160s、ISO：400、70mm、0EV、评价测光

5.5 正确地进行对焦

虽然数码相机越来越自动化，但是在拍摄时仍然需要掌握正确对焦的方法。只有准确快速地对焦，才能迅速捕捉精彩的画面。而且正确的对焦对画面质量的提高也起着关键性的作用。目前数码相机提供有多种对焦方式，如自动对焦、手动对焦、多重对焦和跟踪对焦，可根据不同的拍摄场景，选择适合的对焦方法。

方便快捷的自动对焦

自动对焦是相机上的一种通过电子以及机械装置自动完成对被拍对象对焦的方式，并让主体影像清晰。自动对焦聚焦的准确性高，而且操作简单方便，在拍摄中省去手动调整对焦的时间，更方便对物体进行捕捉。

自动对焦拍摄

左图拍摄者运用操作简单的自动对焦模式，对主体脸部进行对焦，并将人物清晰地呈现在画面上。同时利用F1.8的大光圈虚化背景，减小画面景深，让主体从复杂的环境中凸显出来。NIKON D70s、85mm、F1.8、F1.8、1/400s、ISO：200、85mm、0EV、点测光

拍摄要诀：

自动对焦操作简洁，而且方便，但是自动对焦并不能应付所有的拍摄场景。比如拍摄色彩相似的对象，此时就需要结合其他的对焦模式进行拍摄，例如手动对焦。

摄影知识解析：

目前大多数码相机的自动对焦都采用被动式，即直接接收分析来自景物自身的反光，利用相位差原理进行自动对焦的方式。此自动对焦方式的优点是自身不需发射系统，因而耗能少，有利于小型化。在逆光下也能良好地对焦，且能透过玻璃等透明障碍物。

更加精准的手动对焦

手动对焦是通过拍摄者转动对焦环来调节相机镜头准确对焦，从而使拍摄出来的照片清晰的对焦方式。在一些特殊或较暗的光线环境下，自动对焦无法应用，可运用手动对焦进行拍摄。通常要打开手动对焦转换器，再转动对焦环，并观察拍摄画面的虚实情况，进而完成对焦。

在采用手动对焦的时候，首先转换自动/手动对焦转换开关，将其拨到手动对焦模式。然后在拍摄的过程中，通过调节对焦环，直到拍摄对象清晰呈现为止。如右图画面所示。

佳能EF-S 18-200mm f3.5-5.6 IS

手动对焦近距离特写

左图画面拍摄者结合手动对焦模式，对近距离拍摄的花朵准确对焦，使其清晰地呈现。并结合78mm的长焦镜头将背景虚化，主体突出。NIKON D70s、18-200mm、F3.5-6.3、F7.0、1/200s、ISO：200、78mm、0EV、点测光

拍摄要诀：

一般情况下，近距离拍摄很难精确地对焦，此时可采用手动对焦模式。同时还可结合微距镜头的运用，获取更加真实自然的画面效果。

手动对焦近距离拍摄

上图拍摄者采用手动对焦方式，将花朵的形态特点清晰捕捉在画面上，同时纳入蜜蜂增强画面的动感，画面显得更加生动。NIKON D70s、18-200mm、F3.5-6.3、F5.6、1/200s、ISO：100、42mm、0EV、加权测光

通常在拍摄物体反差较小（例如颜色相近的以及白色墙壁等物体）、光线照度低的物体以及强烈逆光或反光的物体时，自动对焦往往会失去作用。此时，就需要采用相机中的手动对焦功能，进行合焦拍摄。

暗光环境选择手动对焦

左图画面为在室内拍摄的展品。由于光线较暗，拍摄者降低快门速度至1/80s，并提高感光度来增加画面亮度。主体在纯色背景下，形态轮廓清晰呈现。NIKON D80、F9.0、1/80s、ISO：320、35mm、-0.7EV、中央重点测光

拍摄要诀：

在暗光环境下拍摄，如果采用降低快门速度的方式，往往手持拍摄会影响画面质量，因此要结合采用三脚架进行支撑，避免抖动引起画面模糊。

问：手动对焦模式可以拍摄夜景吗？

答：手动对焦只是在自动对焦无法使用的情况下采用的对焦方式。夜晚的灯光复杂，路灯、汽车车身和车灯都会有强烈的反光，拍摄中会因无法准确对焦而影响画面效果。而手动对焦拍摄者可根据自己的意图进行焦点的合焦，获取更加理想的照片。同时利用手动对焦拍摄夜晚的霓虹灯还可营造特殊的画面效果。焰火的拍摄也可采用手动对焦进行合焦，让焰火绽放的画面更加动人。右图画面为采用手动对焦模式拍摄燃放的烟花。NIKON D80、F11.0、2.5s、ISO：100、34mm、0EV、点测光

多重对焦对画面的对焦点进行设置

大多数数码相机都提供有多重对焦功能。当在拍摄过程中，焦点没有设置在图片中心时，此时可以使用多重对焦功能，并设置对焦点的位置，以获取对焦清晰的画面。同时，数码相机还提供有多个对焦点，常见的多重对焦点有5点、7点和9点。

焦点对准少女脸部

下图画面拍摄者运用多重对焦的方式，将焦点对准少女的脸部。同时纳入透明的伞，增强画面的空间感。NIKON D80、70-200mm、F2.8、F2.8、1/160s、ISO：200、70mm、0EV、加权测光

拍摄要诀：

数码相机提供有多个对焦点，在拍摄中，可通过不同对焦点的选择对画面进行创作。通常情况下，处于中间的对焦点，相对于其他焦点所拍摄的画面焦点最真实。

选择不同对焦点

下图画面拍摄者运用相机提供的多重对焦模式进行拍摄，并将焦点对准第三个静物，让其清晰地呈现在画面上。并采用F1.8的大光圈，将前景虚化，让主体更加突出，获取理想的画面效果。NIKON D80、85mm、F1.8、F1.8、1/80s、ISO：100、85mm、0EV、点测光

装备选择：

静物拍摄须在柔光棚理完成，并结合外拍灯，创作影调平和的画面。

跟踪对焦拍摄变化的运动物体

跟踪对焦适合拍摄焦距不断变化的运动物体。使用此模式进行拍摄，拍摄者只需半按快门，相机便会通过焦点预测进行自动对焦，数码相机可对持续接近或者远离相机的运动物体进行跟踪对焦，让其清晰地捕捉在画面上。

跟踪对焦拍摄飞翔的鸟类

左图画面拍摄者采用1/200s的快门速度将飞行的鸟捕捉在画面上。并采用跟踪对焦模式，将其准确捕捉。利用水面形成的倒影突出主体。拍摄者在画面右侧适当留白，表现出主体的飞行方向。NIKON D80、18-135mm、F3.5-5.6、F5.6、1/200s、ISO：200、80mm、0EV、点测光

跟踪对焦拍摄高速运动物体

下图画面拍摄者采用1/200s的快门速度将运动中的主体捕捉在画面上，并结合跟踪对焦模式的运用，将焦点对准主体，其他部分以虚化效果呈现，展现出画面的动感。

NIKON D80、F8.0、1/200s、ISO：100、85mm、0EV、点测光

摄影知识解析：

使用自动跟踪对焦模式拍摄运动物体时，虽然这种对焦模式仍然需要通过半按快门进行控制，但自动对焦系统会继续工作，焦点也没有被锁定，当被摄对象移动时，自动对焦系统能够实时根据焦点的变化驱动镜头马达持续对焦，从而使被摄对象一直保持清晰状态。当被摄对象处于最佳位置时，只要释放快门，拍摄对象瞬间就会被捕捉在画面上。

5.6 感光度对画质的影响

感光度是控制感光元件对光线的敏感程度，英文表示为ISO。数码相机中常见的感光数值有50、100、200、400、600等。感光数值对画面质量和画面亮度有着一定的影响。感光度越高，画面噪点越多，画质粗糙，画面亮度提高；反之，感光度越低，画面噪点越少，画质细腻，画面亮度降低。

高感光度适应于暗光场景

在拍摄中会遇到较暗的光线环境，为了将画面正常曝光，在保证手持拍摄稳定的情况下，可适当提高感光度。设置较高的感光度，对于暗光环境，能将画面亮度提高，从而提高快门速度，避免手持抖动影响画面效果。

高感光度提高画面亮度

左图拍摄者在环境光线昏暗的情况下拍摄，提高感光度至800，画面亮度增加，画面层次变得更加丰富。并结合F5.6的光圈和1/30s的快门速度，画面曝光正常。NIKON D80、70-200mm、F2.8、F5.6、1/30s、ISO：800、125mm、0EV、点测光

暗光环境下低感光度的拍摄

右图是在同样的拍摄环境下，拍摄者采用ISO为200的低感光度，在其他参数一致的情况下进行拍摄，画面亮度明显降低，画面显得曝光不足，景物对象不明显。NIKON D80、70-200mm、F2.8、F5.6、1/30s、ISO：200、125mm、0EV、点测光

问：高感光度是否在增加亮度的同时会增加画面噪点？

答：感光度提高能相应提高快门速度，画面亮度也会提高。但是过高的感光度值会引起画面噪点增加，从而影响画面质量。这是由于提高了ISO感光度，必须对信号进行电子放大增幅。在这个过程中所产生的杂质信号就是噪点。如右图画面在室内暗光拍摄，ISO为1600的感光度画面噪点很高。NIKON D80、F5.6、1/200s、ISO：1600、25mm、0EV、加权测光

低感光度使画质更细腻

虽然高感光度可在一定程度上提高快门速度，以此保证画面的清晰。但是在高感光度下，画面质量也会下降，会随着感光度的不断升高，噪点逐渐增多。通常为了保障画面的质量、色彩饱和度和清晰度，而采用较低的感光度，使拍摄的画面画质更加细腻。

展现少女细腻的肤质

上图画面拍摄者选择ISO为200的低感光度进行拍摄，提高画面质量，将少女细腻的肤质准确展现。并纳入前景，增强画面空间感。NIKON D70s、85mm、F1.8、F1.8、1/250s、ISO：200、85mm、0EV、点测光

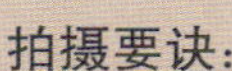

拍摄要诀：

在拍摄特写镜头或者表现局部细节画面时，要采用低感光度保证画面的质量，避免噪点过多影响画面效果。

低感光度突出画质的细腻

右图画面拍摄者运用与主体水平的拍摄角度，将其真实自然地展现在画面上。主体鲜艳的色彩和绿色的背景形成较强的色彩对比，显得更加突出。NIKON D70s、F5.0、1/200s、ISO：100、42mm、0EV、点测光

5.7 设置白平衡还原画面色彩

所谓白平衡，就是在不同的光线条件下，调整好红、绿、蓝三原色的比例，使其混合后成为白色。而在摄影中，需要调整白平衡使不同的光线环境下都获取准确的色彩还原。通常数码相机都提供了白平衡模式，可以很方便地处理画面色彩的偏色现象。

方便的自动白平衡模式

相机所提供的白平衡模式是为了在拍摄中，让最终获取的画面偏色现象减少或消除。不同的白平衡设置，得到的画面效果不同。其中，自动白平衡模式是相机根据环境光线自动决定白平衡。自动白平衡模式使用广泛，操作简捷方便，足以应付多数拍摄场景。

还原自然色彩

下图拍摄者采用自动白平衡模式，相机根据环境光线将风光的色彩准确还原。运用平视的拍摄角度，并纳入较多的天空，增强画面的视觉开阔感。NIKON D70s、F11.0、1/250s、ISO：100、42mm、0EV、加权测光

拍摄有趣的画面

右图为在白炽灯下拍摄的可爱静物，使用自动白平衡模式，画面主体色彩被真实还原。同时结合陪体，并将其以虚化效果呈现在画面中，陪体的浅色与主体的色彩形成对比，让画面充满趣味性，虚实结合的手法使画面更醒目。NIKON D70s、F2.8、1/160s、ISO：100、42mm、0EV、加权测光

不同光线环境下的白平衡选择

数码相机提供的自动白平衡模式虽然使用广泛，但是在一些特殊的光线条件下，很难让色彩准确还原。此时，就需要借助相机提供的其他白平衡模式进行拍摄。在不同的光线环境下，选择不同的白平衡模式，获取色彩真实的画面效果。

NIKON D70s、F11、1/400s、ISO：100、30mm、0EV、点测光

室内白炽灯下还原人物色彩

上图拍摄少女都是在室内白炽灯的照射下进行拍摄的。左图画面拍摄者运用白炽灯白平衡，让拍摄的画面色彩准确还原；而右图，拍摄者选择自动白平衡，画面出现偏色现象。

不同白平衡下的不同色彩感

室外自然光照下，右下图采用日光白平衡，画面色彩真实自然；左下图用阴天白平衡进行拍摄，画面影调偏红。拍摄者采用低角度拍摄，给观者真实的感觉，同时在F5.0的光圈下，背景虚化，主体突出。画面中花朵和背景的色彩对比鲜明，增强画面的视觉冲击力。

NIKON D70s、F5.0、1/250s、ISO：100、24mm、0EV、加权测光

在不同的光线环境下拍摄，除了采用正确的白平衡还原真实色彩之外，还可运用错误白平衡营造特殊的画面效果，获取色彩独特的照片。

借助白平衡营造画面色调

拍摄者采用与小草平视的角度进行拍摄，给观者真实自然的感受。拍摄者分别采用自动白平衡、阴影白平衡、荧光灯白平衡进行拍摄。采用自动白平衡拍摄的画面色彩还原准确，阴影白平衡色温较高，拍摄的画面偏红；荧光灯白平衡色温低，拍摄的画面偏蓝；获取了三种不同色调画面的效果。NIKON D70s、F1.8、1/4000s、ISO：200、85mm、0EV、加权测光

拍摄要诀：

目前数码相机还提供有色温的选择，除了选择白平衡进行调节画面色调外，还可通过色温的设置获取不同的画面效果。

让晚霞画面更红

上图为拍摄的日落西山画面。拍摄者选择相机所提供的阴影白平衡模式进行拍摄，让画面更红，获取色彩更艳丽的画面效果，展现更加吸引目光的晚霞画面。而左图没有运用白平衡设置，拍摄的画面效果色彩平淡。NIKON D70s、F7.0、1/160s、ISO：100、40mm、-0.7EV、加权测光

自定义白平衡

自定义白平衡是由拍摄者根据环境光线自己设置白平衡，使在复杂光线下色彩也得到真实的还原。使用自定义白平衡功能时，首先需要手动进行设置，使用灰色物体（如灰板）或白色物体进行白平衡的设置，再使用定义的白平衡进行拍摄，还原画面真实自然的色彩。

左图分别是三阶灰度卡和标准白平衡卡，在自定义白平衡时采用可以准确地定义，让层次丰富、色彩饱和的照片精准地曝光。

自定义白平衡应对室内复杂光线

下图画面为拍摄的静物首饰。在室内灯光下，利用自定义白平衡进行拍摄，并将其色彩准确还原。而左侧画面没有设置自定义白平衡模式，拍摄的画面偏红。NIKON D70s、F2.8、1/100s、ISO：100、50mm、0EV、加权测光

使美食看起来更诱人

左图画面是拍摄者利用自定义白平衡进行拍摄的，避免了画面的偏色现象，并将拍摄对象的真实色彩呈现在画面上。美食的质感也得以真实地表现，同时利用道具丰富画面层次，让画面显得更加吸引观者。NIKON D70s、F5.6、1/250s、ISO：100、65mm、0EV、点测光

拍摄要诀：

使用灰卡或标准白平衡卡时，要注意尽量把卡靠近主体，避免面向相机时引起反光造成不准。

Part 04 创作理念篇

Chapter 06

数码摄影创作的基础——取景构图

学习重点

- 简洁的构图是成功的关键
- 画面中的重要元素
- 基本的构图原则——黄金分割构图法
- 可以套用的常见构图法则

6.1 简洁的构图是成功的关键

构图是艺术造型的术语，是将想要表达的主体以恰当的方式搭配在一起，组成一幅成功的画面。从实际而言，成功的摄影艺术作品，首先是构图的成功，然而简洁的构图是成功的关键，成功的构图能使作品内容主次分明，主题突出。反之，杂乱的构图会影响作品的效果，没有章法，缺乏层次，整幅作品不知所云。

构图解析：

利用竖画幅拍摄，并结合曲线型构图方式展现少女的优美身姿。构图时，留有部分背景，让构图更简洁。

巧妙地运用光线突出画面构图

左图拍摄者利用曲线的构图方式展现出少女的S型身形，表现少女的魅力。并在画面中留有一定的空白，增加画面的空间效果，同时，为少女的眼光留有一定的空间，给人不会拥挤的感觉。SONY A100、F5.6、1/500s、ISO：100、100mm、-1.0EV、点测光

横向构图展现宽阔感

右图画面展现宽广的草原风景。拍摄者运用横向构图方式，表现出草原的美丽风光，同时展现出草原的宽广，拓宽画面的视野。天空和云朵的纳入增加画面的色彩。NIKON D70s、18-200mm、F3.5-5.6、F10、1/400s、ISO：200、35mm、0EV、加权测光

拍摄要诀：

拍摄广阔的画面，通常运用广角镜头或者超光镜头进行拍摄，能将风景的宽广准确地表现在画面上。

6.2 画面中的重要元素

不论是绘画中的布局，还是摄影中的取景构图，都涉及画面的内容元素。每一幅画面中的元素都有主次之分，在画面中起到主导作用的元素主体，也为构图中的重要元素，合理安排各个元素的排列，才能让画面和谐统一。

突出重点的主体

摄影作品要抓住观者的心灵，构图就必须突出主体。好的摄影作品，能够迅速抓住观者的目光，并震撼其心灵。构图的目的就是充分突出摄影作品中主体带来的视觉冲击力。

利用竖画幅构图表现主体

右图拍摄者使用特写手法表现花朵的形态造型，并运用垂直线构图方式表现花朵的姿态，以及大小的对比关系，突出画面主体对象。画面色彩鲜艳，拍摄者结合F5.0的光圈虚化背景，进一步突出主体。NIKON D60、F5.0、1/250s、ISO：200、55mm、-0.3EV、中央测光

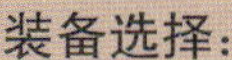

装备选择：

拍摄微距花朵，采用微距镜头拍摄出的画面效果最佳，能准确对焦。同时还可结合便携式背景布，更好地突出主体。

拍摄要诀：

画面中要将重点主体突出，通常会采用虚化陪体的方式，将主体从画面之中凸显出来。同时，还可以运用对比关系来突出主体，例如大小对比、色彩对比、明暗对比等。

与主体一起构造画面情节的陪体

画面中，除了有吸引观者视觉的主体，同时也少不了陪体。就像是电影一样，有了主角，一定也少不了配角，主次合理的搭配才会展现吸引人的画面情节。当然摄影也不例外，一幅画面中，利用物与物、人与人、人与物之间的关系描绘丰富的画面故事。

捕捉有趣画面表现主体

左图拍摄者运用长焦镜头远距离拍摄鹦鹉，将焦点锁定在左侧鹦鹉，并以之为主体，且清晰呈现在画面上，右侧作为陪体出现，由于焦点不实，显得较为模糊，表现戏剧性画面效果，主体更加突出。NIKON D70s、70-300mm、F4-5.6、F4.5、1/80s、ISO：200、150mm、0EV、加权测光

构图解析：

利用虚化的陪体作为背景，不但突出主体的重要性，同时在画面中起到吸引观者目光的作用。

虚化陪体表现情节

右图拍摄者纳入主体和陪体，并将男性作为陪体以虚化的状态捕捉在画面上，丰富了画面的戏剧效果，让人联想两者的关系，带给观者更多的情节体会。NIKON D80、F4.5、1/125s、ISO：100、85mm、0EV、点测光

起到烘托作用的周围环境

环境是表现主体的存在因素，在许多摄影艺术作品里，我们常常可以从画面上看到一些拍摄对象是作为环境的组成部分，对主体、情节起着烘托的作用，同时加强主题思想的表现力。

利用色彩丰富画面

左图为拍摄的高原上色彩鲜艳的经幡，拍摄者通过对经幡以及周围环境的刻画，说明高原人们的生活环境以及风俗习惯。拍摄者选择F11的光圈增大画面景深，让画面环境都清晰呈现。NIKON D70、24-85mm、F3.5-4.5、F11、1/500s、ISO：200、24mm、0EV、加权测光

大场景表现环境

右图拍摄者站在较高位置拍摄大场景画面，通过拍摄的环境表现出宁静的画面，同时，还表现出当地的居住环境。拍摄者选择F9.0的光圈增大画面景深，让画面的元素都清晰呈现，展现出视野的广阔。NIKON D70、24-85mm、F3.5-4.5、F9.0、1/320s、ISO：200、24mm、0EV、加权测光

问：如何利用周围的视觉元素丰富画面？

答：在户外环境中，人们往往会忽略一些重要的环境因素。其实拍摄环境附近都有许多可以利用的元素，以此来丰富画面的视觉效果，让拍摄的画面不再千篇一律。灵活运用周围的景物来构图，把戏剧因素所形成的效果纳入画面，让主体和环境发生关联，不仅可避免画面的单一，也丰富画面效果，显得主体更加突出。右图画面纳入周围环境因素，丰富画面。NIKON D70s、24-85mm、F3.5-4.5、F3.5、1/1200s、ISO：200、30mm、0EV、加权测光

创造立体感的前景与背景

前景处在主体前面，靠近相机位置；背景是在主体的后面用来衬托主体的景物，以强调主体所处的环境。在摄影创作中，利用前景和背景的结合，来增强画面的立体效果以及画面的空间感，营造真实自然的效果。

构图解析：

前景和背景的适当搭配可以增强画面的空间感，让二维的画面呈现三维的空间画面效果，画面显得更真实。

展现室内立体感

左图拍摄者采用竖画幅拍摄方式，并结合前景的花束以及背景的灯具展示画面的立体效果，同时，表现出室内物体的空间感。在现场灯光的照射下，形成的影调增强画面的立体感。CANON EOS 5D Mark II、F4.0、1/80s、ISO：1200、99mm、0EV、点测光

展现风光画面的空间感

右图画面为迷人的自然风光，拍摄者利用前景，展现画面的空间感，并增强画面的立体效果。画面中色彩鲜艳，具有一定的吸引力，让主体更加突出。NIKON D70、24-85mm、F3.5-4.5、F5.6、1/80s、ISO：200、32mm、0EV、加权测光

创造画面意境的适当留白

拍摄的画面上除了拍摄主体对象之外，还可适当留有一些空白部分。通常它们是由单一色调的背景所组成，与主体之间形成空隙。单一色调的背景可以是天空、水面、草原、土地或者其他景物，在画面上形成单一的色调来衬托主体对象，创造画面意境。

构图解析：

拍摄者采用较低角度拍摄主体，以干净的蓝天作为画面背景，让主体更加突出。并留有一定的画面空间，避免画面过于拥挤。

竖画幅表现画面延伸张力

左图拍摄者利用低角度仰拍的方式，并为少女留出一定的眼神空间，让观者有更多的联想，带动情绪。少女穿着白色衣服，在蓝色天空的映衬下，显得更加青春可爱。NIKON D70s、18-135mm、F3.5-5.6、F4.0、1/1600s、ISO：200、18mm、0EV、点测光

增强视觉冲击力

右图拍摄者利用F5.6的光圈，将背景以强烈的虚化效果呈现在画面上，主体清晰可见，色彩醒目，同时，留有部分空白，为经幡的延伸留有一定的空间，让视线更顺畅。NIKON D70s、18-135mm、F3.5-5.6、F5.6、1/4000s、ISO：200、28mm、0EV、点测光

6.3 基本的构图原则——黄金分割构图法

把一条线段分割为两部分，使其中一部分与全长之比等于另一部分与这部分之比。这个比例划分即为通常所说的黄金分割，交点即为黄金分割交点。黄金分割法不仅体现在绘画、雕塑、音乐、建筑、摄影等艺术领域，而且在管理、工程设计等方面也有着不可忽视的作用。

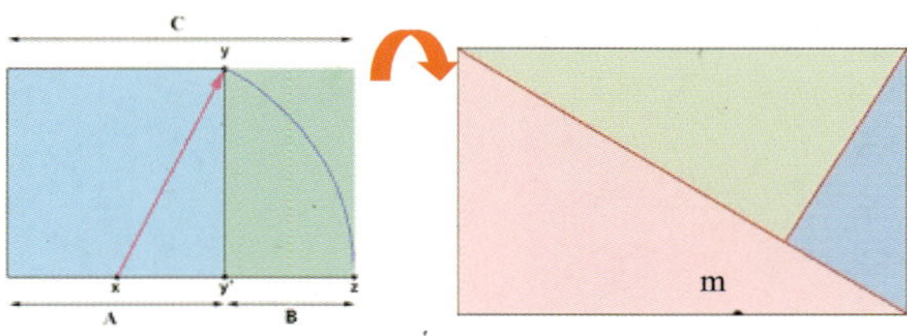

在摄影构图中，黄金分割法是最基本的构图方式。最简单的应用方法就是黄金分割比例排列得出2：3、3：5、5：8等比值。以一正方形为例，将其底边分为二等分，取中点x。以线段xy为半径做圆，其与底边的直线交于z点，这样可将正方形延伸为一个比率为5：8的矩形。此时y'点即为黄金分割点。我们在构图时，将其进行变化用于摄影构图中。如右上图所示，m点即为黄金分割点。

在摄影中，为了强调主体，可利用黄金分割法进行画面构图。还可以通过转换黄金分割线的位置，合理进行画面布局，展示效果美观的画面。

黄金分割点的不同位置

下图拍摄者将不同的拍摄对象分别放置于画面中四个不同的黄金分割点上。根据拍摄的需求，采取不同的构图方式，获取不同的画面效果。

黄金分割点在右上角

黄金分割点在左上角

黄金分割点在左下角

黄金分割点在右下角

不管是绘画还是摄影，黄金分割法应用广泛。用这样的构图方式可将画面的美感准确地表现出来。

NIKON D200、70-200mm、F2.8、F20、1/750s、ISO：500、70mm、0EV、加权测光

构图解析：

运用黄金分割构图方式拍摄日出美景，将太阳放置在画面黄金分割点处，并结合竖画幅拍摄方式和地平线展示太阳的上升感。

展现太阳色彩

左图画面色彩呈暖调，给人温暖的感觉。在逆光下，水平线呈剪影效果，凸显出太阳光线的照射方向。

问：拍摄过程中，如何利用黄金分割法来演变更多的构图手法？

答：通常情况下，黄金分割法在构图上具有很高的鉴赏价值，但是也不能一味地使用这种构图方式。如果只是生硬套用，画面会显得缺少变化，过于僵硬死板，因此，在摄影中，要根据不同的拍摄场景灵活选择合适的构图方式，例如由黄金分割法演变而来的九宫格构图方式。右图画面采用九宫格的构图方式，准确表现拍摄主体。NIKON D60、18-55mm、F3.5-5.6、F5.0、1/250s、ISO：100、18mm、0EV、加权测光

6.4 可以套用的常见构图法则

构图是摄影的重要因素，摄影中常见的构图方式有三分构图法、水平线构图法、垂直线构图法、对角线构图法等。我们在拍摄的过程中，无论是风光摄影、人像摄影，还是动植物摄影都可利用这些常用的构图方式进行创作拍摄。

黄金分割法的简化——三分法构图

三分法是黄金分割比例的简化，被拍摄者广泛使用。通过三分法拍摄，必须将焦点放在把取景器从上到下、从左到右划分为三等分的切线上。让拍的画面显得过于规则，难以产生激动人心的画面效果。

装备选择：

广角镜头以及超广角镜头拍摄范围广，能更好地展现宽广的风光画面。

表现空旷的草原

上图为宽广的草原风光。三分法构图的运用，将画面更加平衡地展示出来，拍摄者运用广角镜头拍摄大范围画面，为了让画面效果更加清晰，结合使用三脚架，同时还避免了画面倾斜。

CANON EOS 50D、18-200mm、F3.5-5.6、F13、1/160s、ISO：100、18mm、0EV、加权测光

NIKON D70s、F8.0、1/30s、ISO：100、20mm、-0.3EV、点测光

逆光突出主体轮廓

右图画面拍摄者利用三分法构图方式，将主体位于画面右侧，由于在逆光下，降低曝光补偿，避免画面曝光不准确。

呈现水平线条特点——水平线构图

线条是客观事物存在的一种外在形式，它制约着物体的表面形状，每一个存在着的物体都有自己的外沿轮廓形状，也呈现出一定的线条组合。其中水平线给人平静、稳定之感，可以让观者的视线上下移动，产生开阔、伸延、舒展的效果。

水平线展现开阔视野

左图画面色彩鲜艳，黄色的油菜花、绿色的山丘、蓝色的天空让画面层次丰富，且增强画面视觉效果。使用F9.0的光圈，景深增大，画面景色清晰。NIKON D60、18-55mm、F3.5-5.6、F9.0、1/320s、ISO：100、18mm、0EV、加权测光

构图解析：

横画幅拍摄风光，并结合水平线的构图方式，利用水平直线表现画面视野的开阔，拍摄场景的广阔。水平线使得画面有着向两边延伸的视觉感，给人更多的遐想空间。

问：使用水平线构图如何借助不同的取景画幅表现画面？

答：通常横向拍摄水平画面，能很好地表现出拍摄对象的宽广特点，例如在草原风光的拍摄中，利用水平线构图方式，使得拍摄出的画面视野更加开阔，给观者舒适、平静的感觉。然而在希望表现天空的纵深感时，可利用竖画幅的拍摄方式，纳入更多的天空，如右图所示。同样利用了水平线的构图方式，天空占据画面比例较多，增强画面的色彩，流动的白云让画面显得更加生动。同时，还增强画面的视觉冲击力以及透视感，让画面层次更丰富。NIKON D60、18-55mm、F3.5-5.6、F80、1/250s、ISO：100、18mm、0EV、加权测光

突出线条力度和形式——垂直线构图

垂直线构图是利用画面中竖直的直线来表现拍摄的对象。垂直线能够显示高度，造成耸立、高大、向上的印象。例如用垂直线条来表现英雄形象和工业建设场景，这样不但有助于烘托高大、雄伟、向上、挺拔的艺术效果，还能突出画面中人物的精神面貌和拍摄场景的巍峨气势。

构图解析：

垂直构图拍摄少女，展现出少女身材的修长，微微弯曲的身体表现少女身姿的优美，同时在垂直构图方式下，主体的身形清晰呈现。

展现人物修长的身材

左图画面拍摄者采用较低角度拍摄，清晰地展示出少女的优美身姿，在色调单一的背景下，更加突出。NIKON D70s、F13、1/320s、ISO：100、20mm、0EV、点测光

突出太阳的上升感

右图拍摄者采用较低角度拍摄，用垂直构图方式以及借助地平线展现太阳的上升感。由于逆光照射，地面呈现剪影效果。NIKON D70s、F20、1/2000s、ISO：150、200mm、-1.0EV、点测光

装备选择：

拍摄日出日落的太阳，可用遮光罩避免光斑的产生。同时还可利用偏振镜，防止天空产生的反光影响画面效果。

突出力量与方向感——对角线构图

对角线构图是摄影中的术语，是一种构图方法。不像水平线构图和垂直线构图，对角线构图是利用线条的倾斜来表现画面主体，具有强烈的方向感。

对角线构图拍摄少女

左图少女双手张开，以对角线呈现在画面上，表现出方向的延伸性。拍摄者将画面中的前景和背景部分以虚化效果处理，主体突出。NIKON D80、F4.0、1/100s、ISO：100、85mm、0EV、点测光

明暗对比突出主体

拍摄右图画面，拍摄者采用对角线构图方式，展现主体的生长的方向性。同时在F6.0的光圈下，虚化复杂的背景，主体更突出，并选择点测光，对主体部分进行测光，并曝光。NIKON D70s、18-200mm、F6.0、1/800s、ISO：100、105mm、0EV、点测光

突出优美柔和线条——曲线构图

构图是造型艺术，在造型艺术中，线条是重要的抒情手段。人们在现实生活中对不同物体的线条结构都积累了深刻的印象和感受。水平线表现平稳、开阔，垂直线表现高大，曲线表现优美、表现韵律等。

展现画面的韵律

左图画面拍摄者利用曲线构图方式，展现出画面的韵律感。画面中展示了宽阔的草原风光，拍摄者选择F9.0的小光圈，增大了画面景深，让元素都清晰呈现，同时还增强了画面的层次感，并结合1/320s的快门速度让画面准确曝光。NIKON D70、24-85mm、F9.0、1/320s、ISO：400、50mm、0EV、加权测光

曲线引导视线

下图画面为拍摄的自然风景。拍摄者利用较低的拍摄角度将蜿蜒的路面展现在画面上，给人引导的作用。NIKON D70、24-85mm、F10.0、1/400s、ISO：400、24mm、0EV、加权测光

构图解析：

以曲线构图方式拍摄画面蜿蜒的小路，将其特征准确地表现出来，结合周围环境因素，曲线在画面中引导观者的视线，将视野带向远方，画面纵深感增强。

拍摄要诀：

曲线构图可以通过改变拍摄的角度获取不同画面效果的曲线美，如果拍摄相同的对象，可通过横向或者竖向的拍摄方式，并通过改变拍摄角度强化曲线的轮廓。

突出视线汇聚感——放射线构图

通俗地说，放射线构图就是在空间中以一个点或者几个点为中心，向四周发散的构图方式。这样的方式抓住观者的视觉中心，使得画面主体和陪体清晰地区别开，能很好地表现主体的美感，同时，很好地表现画面的律动美。

NIKON D200、70-200mm、F2.8、1/13s、ISO：100、70mm、-1.0EV、加权测光

夜晚灯光展现线条特点

左图由于拍摄光线较暗，延长快门时间至1/13s，将主体光线的放射效果准确捕捉，并结合F2.8的大光圈使得画面准确曝光。

NIKON D60、18-135mm、F8.0、1/120s、ISO：100、55mm、0EV、点测光

构图解析：

俯视拍摄花朵正面形态，将花蕊作为画面中心，花瓣由中心放射开放，形成放射线构图。同时，线条的汇集突出花朵。

鲜明色彩突出主体

上图为色彩艳丽的花朵，拍摄者让花朵充满整个画面，增强画面的视觉冲击力。画面花朵色彩对比强烈，利用放射效果突出主体。

拍摄要诀：

放射线构图能很好地表现主体的活力，但是放射线构图的方式也存在一定的缺点，这种构图难以形成，需要在不断地尝试以后才能准确捕捉。要想很块捕捉到这样的画面效果，除了拍摄花朵形态外，还可在森林中仰拍，也能得到效果理想的放射线构图。在清晨，光线透过树木时，或者云朵密集的夕阳时刻，都能捕捉到放射效果的画面。

增强均衡稳定性——三角形构图

三角形构图是以三个视觉中心作为景物的主要位置，有时是以三点成面的几何构成来安排拍摄主体，并使之形成一个稳定的三角形。这种三角形可以是正三角也可以是斜三角或倒三角。三角形构图具有安定、均衡但不失灵活的特点。

展现山脉的雄伟

右图为拍摄的自然风光。画面山脉在自然光线侧光的照射下，具有明显的阴影，立体效果强烈。前景处于阴影中，使画面的明暗对比明显，主体更加突出。同时，在蓝天的映衬下，山脉显得更加雄伟高大。

NIKON D70s、18-200mm、F8.0、1/400s、ISO：100、45mm、0EV、加权测光

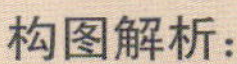

构图解析：

利用山脉的形态轮廓作为画面的线条，并使之形成三角形态呈现在画面上，画面山脉的稳定性增强。

突出建筑的稳定性

下图拍摄者利用三角形构图方式，来表现建筑的稳定性。拍摄者仰拍建筑，以蓝色的天空作为画面背景，将主体从画面中凸显出来。

NIKON D70、24-85mm、F3.5-4.5、F8.0、1/250s、ISO：200、34mm、0EV、加权测光

引导画面注意力——L形构图

L形构图，就是类似于L形的线条或者色块将需要强调的主体围绕起来，起到突出主体的目的。L形如同半个围框，可以把观者的视线引导至框内，让主体凸显出来，使主题更鲜明。此外，这种构图方式不应该排列太满，应给画面留下一定的视觉空间。

构图解析：

红色的蜻蜓停在竖直的莲花干上，利用竖画幅拍摄方式，以及结合L形构图将其捕捉在画面上，运用线条的走向性引导观者的注意力。

强烈对比突出主体

右图画面中红色的蜻蜓与绿色的环境形成鲜明对比，主体更加突出。NIKON D80、18-135mm、F5.6、1/320s、ISO：200、135mm、0EV、中央测光

结合色彩表现鹦鹉特点

左图拍摄采用F4.0的大光圈虚化干扰物，画面主体色彩鲜艳，吸引观者注意力。鹦鹉身体形态与站立木桩形成L形构图，引导观者视线集中在主体。NIKON D70s、70-300mm、F4.0-5.6、F4.0、1/80s、ISO：200、70mm、0EV、中央测光

装备选择：

通常会用大光圈长焦镜头拍摄动物，例如在动物园拍摄鸟类，避免笼子影响画面效果，用大光圈进行强烈虚化，长焦拉近主体拍摄。

增加临场感——框架式构图

框架式构图可让画面更加紧凑有致。利用适当的前景物体围绕被拍对象，并形成一个相对完整的画框。可用作画框的前景随处可见，例如门窗、栅栏等。框架式构图通常是由画面前景的景物搭建而形成的，可用来限定观者的视线。

NIKON D80、18-135mm、F5.6、1/50s、ISO：200、70mm、0EV、中央测光

利用前景丰富画面

右图拍摄纳入前景树叶，并在F5.6光圈的作用下虚化，使之成为自然的画框，让主体建筑凸显出来。中央测光模式对建筑准确测光，并正常曝光。

构图解析：

运用自然界中的植物为前景，制作画面天然画框或者用形态各异的门窗当作画面框架，并通过框架拍摄主体，将人的视线引导至主体，让主体凸显出来。

搭建画面框架

拍摄左图画面，拍摄者利用圆形门作为画面画框，并将门中景色清晰呈现，将观者的视线自然引导至主体。由于框内亮度较亮，降低曝光补偿，画面准确曝光。NIKON D80、18-135mm、F4.0、1/30s、ISO：200、18mm、-0.3EV、点测光

释放更多想象空间——开放式构图

开放式构图不再把画面框架看成与外界没有联系的界线，画面的构图注重与画外空间的联系。除了可视画面以外，还存在着一个虚的不可视画外空间，由此来引导观者突破画框限制，产生画外空间联想，达到突破画框局限的目的，从而增加画面的内容容量。

突出花蕊细节

下图为拍摄的荷花。只纳入荷花的部分，以开放式构图呈现在画面上，为观者留有更多的联想空间。同时采用点测光模式，对花朵进行准确测光并曝光，背景以单色呈现，突出主体。

NIKON D60、70-200mm、F3.2、1/200s、ISO：100、200mm、0EV、点测光

问：如何通过后期裁剪表现开放式构图？

答：通常我们在拍摄花卉、风景、人像时，会因为拍摄时的构图不当而影响画面整体效果，此时就需要通过后期的裁剪进行二次构图。或者还可让不同的画面通过后期不同方式的裁剪，获取特殊的画面效果。例如拍摄完整的荷花画面，为了获取开放式构图的画面效果，就可通过后期软件进行裁剪。右图画面拍摄者将荷花进行二次构图后，获取的画面效果别具一格，使观者有更多的想象空间。NIKON D60、18-200mm、F3.5-5.6、F8.0、1/250s、ISO：100、150mm、0EV、加权测光

Chapter 07

光线与色彩的完美体现

——合理地用光

学习重点

- 色彩的组成
- 光线的分类
- 光线的方向
- 营造不同的画面色调
- 色温、白平衡与色调

7.1 色彩的组成

色彩是构成画面的要素，丰富的色彩和多变的色彩组合赋予画面不同的情感与风格，给观众丰富的视觉和心理感受。了解色彩的组成，可让拍摄者更加灵活地把握画面的色彩搭配、明暗布局等，使画面看起来更具表现力。

色彩的三要素——色相、明度、饱和度

色彩的三要素包括色相、明度、饱和度，它们共同描述着色彩。色相即色别，是指色彩的相貌称谓，是一种色彩区别于另一种色彩的主要标志，红、黄、绿这些即指色彩的色相；明度是指色彩的明暗、深浅；饱和度又叫纯度，是指色彩的浓淡、鲜艳程度。

下图色条所示分别为改变色相、明度、饱和度的效果，不同的色相形成了截然不同的色彩；明度增加使色彩更亮，明度降低使色彩变暗；饱和度增加使色彩更加鲜艳，饱和度降低则使色彩显得暗淡。

不同色相、明度、饱和度的色彩会给人不同的视觉感受，这些正是拍摄者运用色彩的重要依据。不同色相的色彩在人们心中有着较为固定的含义，拍摄者可通过色彩的运用使画面主题更加鲜明。明度高、饱和度低的色彩给人轻盈、前进的感觉，明度低、饱和度高的色彩给人厚重、后退的感觉，色彩的轻重将影响到画面的重心，人们常利用色彩的轻重特性平衡画面。

色彩	含义
红色	热烈、喜庆、革命、紧张、警告、禁止、危险
黄色	高贵、富足、光明、轻快、权利、骄傲、宗教
绿色	和平、希望、生机、青春、理想、生长
蓝色	宁静、永恒、深沉、崇高、理智、文静、科技
紫色	高贵、威严、邪恶、神秘、财富、灵性、独立
白色	纯洁、明净、朴素、哀伤、严峻、轻快、脆弱
黑色	庄重、稳重、肃穆、神秘、悲伤

左侧表格所示为不同色彩的常见含义，色彩的含义还因民族、风俗、宗教信仰不同而有所差异。例如，在中国白色代表哀伤，白色常出现在葬礼中，而在西方国家中白色则象征着纯洁，例如洁白的婚纱。

清新的色彩

左图拍摄的是辽阔的草原，大面积的鲜绿色展现出草原宁静、平和的感觉，蔚蓝的天空使画面显得更加开阔。色彩的运用加上马群展现出草原宁静、舒适的氛围，展现出大自然清新的感觉。NIKON D70、24-85mm、F3.5-4.5、F8.0、1/250s、ISO：400、24mm、0EV、加权测光

NIKON D70、24-85mm、F3.5-4.5、F7.1、1/200s、ISO：200、24mm、0EV、加权测光

利用色彩的明度平衡画面

以上两张照片拍摄的是同一场景，右上图山的走势向画面右侧，画面右侧空间较满左侧空间较空，整幅画面右重左轻，画面重心不稳。左上图将处于背光位置的山峰纳入画面，小面积的深色与画面右侧大面积浅色搭配相互协调，使画面均衡。NIKON D70、24-85mm、F3.5-4.5、F7.1、1/200s、ISO：200、24mm、0EV、加权测光

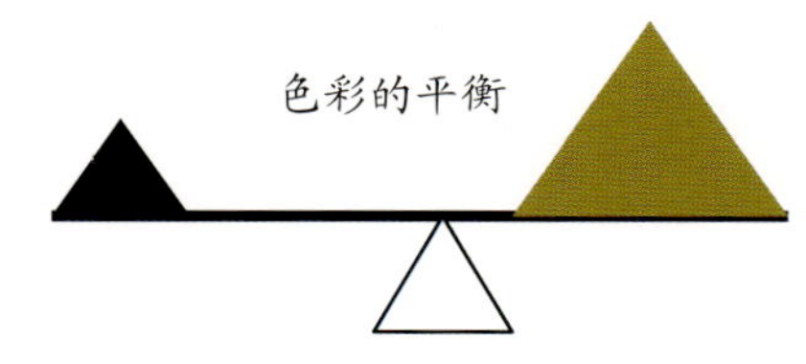

问：如何判断色彩的明暗？

答：色彩的明度会影响到画面的均衡，影响到画面影调的变化，还会影响到拍摄者的测光。我们用反光率表示色彩的明度，反光率高的色彩明度高。将色彩明度由高到低排列如下：白、黄、橙、绿、红、青、蓝、紫、黑。

色彩饱和度将影响到画面的风格，高饱和度的色彩搭配形成重彩色调，给人以明快、鲜明的感觉；低饱和度的色彩搭配形成淡彩色调，给人以清新、淡雅、素净的感觉。

低饱和度突出淡雅

右图中拍摄者选择阴天黄昏拍摄荷花，此时空气能见度较差，荷叶色彩饱和度降低，拍摄时使画面欠曝光0.5挡，进一步降低色彩饱和度。低饱和度的色彩组合展现出荷花淡雅、清新的感觉。NIKON D70s、70-300mm、F4.0-5.6、F5.6、1/250s、ISO：200、300mm、0EV、点测光

高饱和度展现绚丽

左图中拍摄者准确曝光使烟花呈现出饱和度很高的红色，纯红色与纯黑色的搭配使画面展现出热烈、绚丽的效果，突出节日气氛。取景时将地面灯饰纳入画面使画面层次更加丰富。NIKON D80、28-100mm、F3.5-5.6、F22.0、4s、ISO：100、28mm、0EV、点测光

曝光影响色彩

右图中拍摄者用差异一挡的曝光方式拍摄同一朵花朵，准确曝光的画面色彩饱和度较高，增加曝光的画面色彩亮度提升、饱和度降低。

NIKON D70s、18-200mm、F3.5-6.3、F6.3、1/500s、ISO：200、200mm、0EV、加权测光

NIKON D70s、18-200mm、F3.5-6.3、F6.3、1/250s、ISO：200、200mm、1EV、加权测光

不同色系的色彩

色系是指一系列具有共性、比较相近的色彩，冷色系、暖色系都是常见的色系。色系以不同色相的不同含义为基础衍生出更为丰富的含义，利用这些色彩组合方式可使画面更加美观、更具感染力。

蓝色系是大海和天空的颜色，给人以壮美、和谐、开阔、宁静、气势雄伟等感觉。人们常用蓝色系表现海洋、湖泊、宁静的夜色、清新的清晨。

开阔的蓝色系

大面积的蓝色展现出湖泊辽阔的感觉，色彩的深浅变化展现出画面丰富的层次。NIKON D70、24-85mm、F3.5-4.5、F9.0、1/320s、ISO：200、24mm、0EV、加权测光

拍摄要诀：

拍摄蓝天应选择清晨或下午利用顺光位置拍摄，利用偏振镜可使天空色彩更蓝。

粉色系是在色彩中添加白色形成的，粉色系色彩饱和度较低、亮度较高，给人以柔美、甜蜜、温馨、浪漫等感觉，粉色系常用于表现可爱的少女、女性用品等。

可爱的粉色系

粉红色代表可爱、稚嫩，利用乳白色背景衬托突出产品淡雅、可爱的感觉。NIKON D70、28-70mm、F2.8、F9.0、1/125s、ISO：100、28mm、0.3EV、点测光

拍摄要诀：

拍摄时适当增加曝光可增加色彩亮度、降低色彩饱和度，使画面色彩显得更轻盈。

紫色由热烈的红色和沉静的蓝色融合而成，给人以妩媚、神秘等感觉，紫色系可用于表现成熟的女性、女性用品、充满神秘感的环境等。

充满神秘感的紫色

夕阳西下后天空的色彩开始发生微妙的变化，常呈现出让人意想不到的色彩。拍摄者利用水面倒影使画面产生对称的形式之美，天空色彩由暗淡的紫色到温暖的橙黄色的细腻过渡配合水岸的剪影营造出神秘寂静的氛围。NIKON D70s、18-135mm、F3.5-5.6、F4.5、1/100s、ISO：200、35mm、-0.3EV、点测光

黄色系属于暖色系，给人以温暖、热烈的感觉。黄色象征着收获、富足、光明、欢快。可用黄色系营造温馨或愉悦的氛围，展现诱人的食物、金秋绚丽的色彩。

象征着收获的黄色

秋天的原野呈现出金黄色，选择正午时分光照充足的时候拍摄可使黄色显得更加鲜亮。NIKON D70、24-85mm、F3.5-4.5、F7.1、1/200s、ISO：200、24mm、0EV、加权测光

构图解析：

当画面中同时出现天空和地面时，采用三分法构图可使画面空间感更加舒适。

色系种类丰富，具有共同特征的色彩组合使画面显得协调、含义表达更加准确。

给人以香郁之感的色系搭配

给人以酸涩之感的色系搭配

7.2 光线的分类

不同类型的光线有着其各自的共性，我们将用于摄影的光线进行分类，了解它们各自的特性以便更好地为拍摄服务。

不同类型的自然光

用于摄影的自然光主要指日光，日光照射范围广，强度高，会因时间和天气不同而产生丰富的变化。根据光质可将自然光分为两类：硬光和软光，硬光来自直射阳光，即晴天的光线，它可使画面产生浓重的影子；软光来自被云层等遮挡物过滤的阳光，如阴天的光线，它照射均匀，画面阴影较少。硬光使画面层次分明，给人爽朗、明快的感觉；软光可突出画面色彩，给人以细腻、柔美的感觉。

用光解析：

下午的阳光光质开始变得柔和，可避免画面产生过大的明暗反差。选择阳光将画面完全照亮的角度拍摄可避免画面产生过多阴影。

直射阳光突出建筑的层次感

直射阳光可强调被摄体的轮廓，利用直射阳光拍摄结构复杂的建筑群可使画面线条明晰，展现出建筑层次分明的感觉。NIKON D70、24-85mm、F3.5-4.5、F9.0、1/320s、ISO：400、24mm、0EV、加权测光

阴天的光线突出画面色彩

柔光会弱化被摄体的边缘，突出被摄体色彩，使画面色彩显得浓重、细腻。右图利用阴天的光线拍摄使画面变得柔和，避免无序生长的树叶使画面显得杂乱，浓郁的色彩使画面显得更加美观。NIKON D70s、18-135mm、F3.5-5.6、F5.6、1/60s、ISO：200、75mm、0EV、点测光

装备选择：

拍摄树叶时使用偏振镜可过滤叶面的反光，使树叶颜色更加纯净、细腻、饱和度更高。在使用偏振镜时，轻轻旋转偏振镜外侧的镜片，并观察取景器中叶面的反光情况，其中某个角度下偏振镜过滤反光的效果最明显。

太阳光不仅有软硬之分，不同的天气、不同的时间段、不同的地理位置的阳光的色彩、照射角度都有所不同。例如清晨的阳光偏黄红色，照射角度低，光质很柔和；正午的光线呈白色，照射角度接近90°，光质很硬。利用自然光拍摄，需提前了解拍摄地的日光变化情况。

日出时的光线

左图中太阳刚露出地平线，此时光线强度弱，照射角度低，仅天空中较小面积开始泛黄，由于大面积地面未能受到光线照射，所以画面轻微泛冷色，给人以冷清的感觉。拍摄者借助此时光线的柔和、偏冷色的特点拍摄清新、淡雅的雾景。NIKON D70s、18-200mm、F3.5-6.3、F11.0、1/500s、ISO：200、25mm、0EV、加权测光

正午的光线

正午的光线照射角度接近直角，且光线强度很高，画面容易出现过大的亮暗反差，通常不用于摄影。拍摄者借助此时的光线拍摄平坦、开阔的草原，巧妙地避免了大量阴影遮挡被摄体的问题，并获得正午充足、均匀的光照。NIKON D70s、18-135mm、F3.5-5.6、F10.0、1/640s、ISO：100、95mm、0EV、加权测光

黄昏的光线

黄昏时光线由白色逐渐变为黄色、黄红色、红色，拍摄者利用此时的光线拍摄出黄红色的天空，借助较多的剪影突出黄昏暗淡、神秘、色彩绚丽的感觉。NIKON D200、70-200mm、F2.8、F2.8、1/6400s、ISO：100、70mm、-0.7EV、加权测光

不同光源下的人造光

人造光种类丰富，家用的白炽灯、节能灯、荧光灯、户外照明的路灯、用于装饰的各色霓虹灯、烛光、闪光灯等都可能成为用于摄影的照明光源。与自然光相比，人造光照射范围较窄，强度较低，不过它们不会受时间、天气等条件的制约，拍摄者使用起来更加方便，而且拍摄者还可通过附件改变光质和光线的色彩。

暖色调的灯光

左图中室内暖色调的灯光营造出温馨、柔和的居家氛围。利用暖色调的光线照射使花卉被涂抹成温暖的黄色，与环境协调。Canon EOS 5D Mark Ⅱ、24-105mm、F3.5-4.5、F4.5、1/60s、ISO：400、60mm、0EV、点测光

照射面积窄的烛光

烛光照射面积窄，光线呈黄红色，利用烛光照明可营造出温馨、浪漫的氛围。拍摄者可使用多支蜡烛照明，这样可提高其亮度与照射范围。NIKON D70s、18-135mm、F3.5-5.6、F5.0、1/20s、ISO：200、82mm、1.0EV、中央测光

装备选择：

人造光中除了摄影棚用的闪光灯、外拍灯以外，其他光源强度都比较低，当被摄对象距离光源较远时光照条件更差，所以利用人造光拍摄时，拍摄者最好准备三脚架、大光圈镜头或降噪功能强大的相机以应对弱光环境。

造型有趣的装饰灯

游乐园造型别致的灯饰不仅可用作照明还可作为拍摄对象，拍摄时应使用点测光模式对准受灯光照射的物体测光。NIKON D80、18-55mm、F3.5-5.6、F9.0、3s、ISO：100、35mm、0EV、点测光

光源丰富的混合光

混合光是不同种类、不同属性的光线混合而成的光线。不同的光线融合可补充单一光源的照射效果，使画面光照效果更加完整、协调。混合光种类很多，例如自然光与闪光灯的混合、不同色彩的灯光的混合、闪光灯与连续光源的混合、不同位置的光线的混合等。混合光照明下需要拍摄者小心把握照射被摄体的每个光源，每个光源就像摄影的一支画笔，它们共同协作完成照明。

日光与闪光灯的混合

阴天拍摄的照片影调容易显得平淡，拍摄者利用闪光灯勾勒人物轮廓使人物与环境分离，并增加画面的硬度，避免画面显得柔软乏力。拍摄时首先测量日光的强弱，让闪光灯所补的光线亮度略高于日光，这样轮廓光的效果非常明显。NIKON D80、85mm、F1.8、F7.1、1/200s、ISO：100、85mm、0EV、点测光

拍摄要诀：

控制闪光灯强弱的方法有三种：调节闪光灯输出、调节闪光灯与被摄体的距离、更改曝光参数。

灯光与闪光灯的混合

室内灯光较暗，拍摄者利用闪光灯在人物左前方补光拍摄，为了避免闪光灯破坏室内灯光的照射效果，拍摄者设置小光圈降慢快门速度拍摄，这样提高了人物的亮度，并冲淡了闪光灯痕迹。Canon EOS 1Ds Mark Ⅱ、24-105mm、F4.0、F7.1、1/6s、ISO：100、70mm、0EV、点测光

7.3 光线的方向

光线的方向是塑造景物造型的外在条件。一天之中，不同的时间段，光线的强度与来源方向都不同，最为常见的光线方向包括侧光、顺光、逆光、顶光等。在拍摄的过程中，我们也可以根据光线的来源方向选择不同的取景角度，获取不同的光线照射效果，使画面更符合自己的创作要求。

侧光——表现强烈明暗反差

侧光是指光线来自被摄物体的左侧或右侧。通常在侧光的照射下，被摄对象能产生强烈的明暗对比，因此立体感较强，常用来塑造被摄体的形象。在人物摄影中，也常常会运用侧光来表现人物，突出画面中的某个局部或细部。

侧光照射平面意示图

用光解析：

光线从右侧照向被摄体，在主体花朵与花枝上形成阴影，明暗对比强烈，区别于平铺直述的画面感受。

巧妙地运用光线结合画面线条

左图使用特写的表现手法，拉近远处的花朵取景拍摄，借助侧光的照射，更突出了花朵的立体感，同时花枝的造型打破了画面的呆板，不规则的线条使画面看起来更加丰富生动。SONY A100、F5.6、1/500s、ISO：100、100mm、-1.0EV、加权测光

问：如何在阴天的光线条件下营造出强烈的侧光照射效果？

答：阴天光线属于柔和的自然光线，它没有明显的方向感，光照强度较弱，因此也不会带来强烈的明暗对比，此时如果想要营造出强烈的明暗对比，可以借助其他的人造光源。例如手电筒、外置闪光灯、外拍灯等，都可以应用于光线的塑造。但需要注意的是，不同的人造光源其光照强度与效果也不同，在使用的过程中需要加以选择。一般来说，如果是拍摄小型对象，如花朵、静物商品等，借助于小型的台灯、手电筒即可。

侧光的应用十分广泛，适用于各类不同的被摄对象，巧妙地运用光线，可以塑造出不同的造型效果，同时结合对画面的不同测光手法，使画面更富有创作性。

用光解析：

光线从左侧照向玩偶，画面中除侧光光源外，没有其他的光线来源，借助这一条件拍摄，使远处背景呈深黑色效果，主体对象在光线的照射下显得更加突出。

突出侧光投射的阴影

右图拍摄者将主体置于画面偏左侧，故意纳入更多的环境背景，以突出光线照射下形成的投影，强调光线所营造的画面意境及光影效果，同时采用高色温的闪光灯白平衡模式，使整个画面呈现暖色调效果，与玩偶的色彩相互呼应，给整个画面赋予温馨气息，同时也突出了玩偶的可爱造型。NIKON D80、18-55mm、F3.5-5.6、F5.6、1/500s、ISO：100、100mm、-1.0EV、加权测光

面部轮廓增强人物性格

下图光线从人物右侧照射，在面部形成阴影，突出了面部的轮廓线条，同时使用横画幅取景，视线前方留取大量的空白，突出了人物凝思的神态。使用F5.6的光圈，将远处的背景虚化处理，结合1/200s的快门速度，保证了画面的正常曝光。

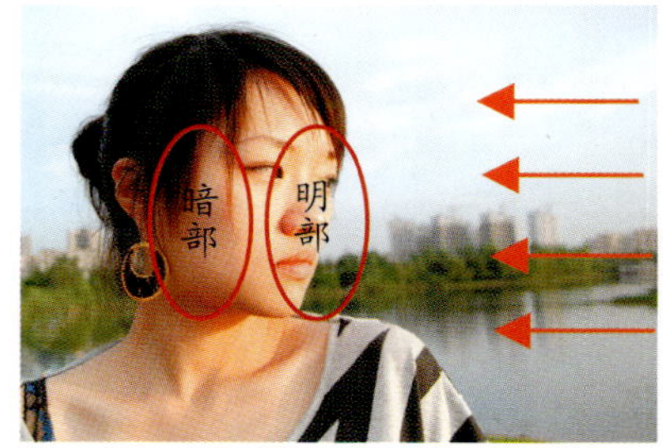

NIKON D80、F5.6、1/200s、ISO：320、26mm、0.3EV、加权测光

顺光——均匀地感受光线

顺光是指光线与相机相同方向照射，顺光所照射到的地方物体都非常清晰，但由于顺光光线差别不大，因此立体的景物容易被压缩在一个平面内给人以视觉上的错觉，产生平面的效果。顺光光线平淡，画面减少了立体的层次感，画面较朴实，但色彩的饱和度与透明度则较好。

顺光呈现春日暖阳

右下图展示宽阔的高原风景，纳入地面的大量花朵，结合水平线构图，将天空、山脉等对象一同纳入，顺光的照射使画面色彩更加明亮、通透，突出春日暖阳的温暖气氛。NIKON D70s、18-200mm、F3.5-5.6、F10、1/400s、ISO：100、18mm、-1.0EV、加权测光

顺光照射平面示意图

用光解析：

光线与相机方向一致，采用正午时分的太阳光线，使眼前所呈现的整个场景得到均匀照射，同时使画面色彩更显艳丽。

拍摄要诀：

在使用长焦镜头进行拍摄时，如果手持并采用最长焦段取景，则很容易由于手持不稳而导致机身晃动，画面则会模糊不清，此时有效的方法是使用三脚架，或是尽可能地调整到大光圈，获取更多的进光量，来缩短曝光的时间，使画面更加稳定清晰。

顺光照射下特写花朵

左图使用竖画幅取景，拍摄纵向生长的荷花，使画面更加紧凑，同时使用长焦段取景，拉近远处的对象，结合使用大光圈使画面背景虚化，主体更突出。在顺光照射下，可以看到花朵清晰明亮，色彩艳丽。NIKON D200、70-200mm、F2.8、F2.8、1/400s、ISO：100、200mm、0EV、中央测光

逆光——制造剪影的画面效果

逆光是指被拍对象处于相机和光线之间的情况，这种情况下极易造成使被摄主体曝光不充分。在通常情况下拍摄者会尽量避免在逆光环境下拍摄物体，但是由于逆光产生的特殊效果也是一种艺术摄影的技法，会营造独特的画面效果。

逆光照射平面意示图

用光解析：

太阳光线从景物的后方照射，拍摄主体影调较暗，背景在阳光照射下较为明亮，暗部轮廓被清晰勾画出来。

逆光勾画轮廓

上图为迷人的日落景色。拍摄者利用日落时分光线的变化，捕捉呈暖色调的画面，给人温暖感。同时，将快要落山的太阳纳入画面，增加画面的视觉凝聚点，天空黄色的云朵增加了画面的动感，逆光作用下，景物轮廓被清晰地勾勒出来。NIKON D200、70-200mm、F2.8、F2.8、1/2500s、ISO：100、70mm、-0.7EV、加权测光

侧逆光突出形态

右图拍摄者将拍摄主体放置在画面偏右位置，并纳入背景。选择F2.8的较大光圈，让复杂的背景被强烈地虚化，主体更加突出。由于在侧逆光环境下拍摄，黄色的阳光将主体的特点清晰地呈现出来，并结合点测光对主体准确测光并曝光。NIKON D70s、70-200mm、F2.8、1/1000s、ISO：200、200mm、-1.0EV、点测光

装备选择：

拍摄逆光画面，三脚架是必要的装备，可用于长时间曝光稳定相机。遮光罩的使用，则可以有效地避免由于光线正对相机而产生的眩光现象。但是如果想要表现一些特殊的画面效果，则可以适当地纳入画面的眩光，增强视觉渲染力。

逆光是一种特殊的光线，无论是摄影爱好者还是专业人士，通常都会运用逆光来表现物体的轮廓，并借此来获取别具一格的画面效果。

用光解析：

除使用正逆光线外，还可以借助侧逆光效果来表现被摄体，侧逆光的照射可以为画面带来更强的明暗对比，主体上方还会留有阴影，同时增强了景物对象的立体视觉感。

侧逆光表现半透明效果的花瓣

左图光线从左后侧照入，使用点测光模式对准花朵亮部进行测光，使背景呈暗调效果，花朵曝光正常。逆光的照射使花朵明暗对比强烈，同时呈现半透明的效果，更突出了花朵的娇艳。Canon 450D、18-200mm、F2.8、1/1000s、ISO：200、60mm、0EV、点测光

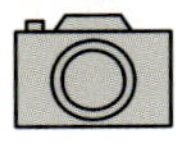

拍摄要诀：

我们在拍摄花朵、树叶题材类的照片时，使用逆光照射，可以使其呈现半透明的效果，透过光线的花瓣、叶片会更加通透。同时结合点测光的测光手法，保证主体正确曝光，周围环境及背景呈暗调及虚化效果，可以使主体更加明确突出。

问：如何使用逆光光线表现人物？

答：逆光可以营造出迷人的轮廓线条，在使用逆光光线拍摄人物时，可以借助这一特点来进行画面表达。通常我们使用顺光，可以获取清晰的人物面部与身体服饰，使用侧光可以增加画面的阴影，突出人物的立体感。而逆光的使用，则可以使人物完全处于背光的情况，人物细节将被忽略，仅呈现人物的外部轮廓线条。使用逆光营造的画面将更加具有意境。如右图拍摄男性人物，借助日落时分的光线照射，忽略人物细节，而简单的蓝天天空作为背景画面明暗对比更加强烈。Canon 450D、F8.0、1/2000s、ISO：200、25mm、0EV、加权测光

顶光——表现相对平坦的景物

顶光是来自被摄体上方与相机拍摄方向呈90°左右夹角的光线，当受顶光照射时被摄体的阴影位于其下部，此时被摄体立体感较强。顶光常被用作塑造被摄体的立体感，此外由于生活中光源照射角度普遍较高，所以采用顶光拍摄的画面容易给人以自然、亲切的感觉。

顶光使画面光照均匀

由于画面比较平坦，所以顶光照射下画面的光照非常均匀，阴影和影子较少，画面细节丰富。NIKON D70、24-85mm、F3.5-4.5、F8.0、1/250s、ISO：200、24mm、0EV、加权测光

拍摄要诀：

拍摄时适当提高相机高度可避免画面拍摄到过多的影子和阴影，这样细节更丰富、影调显得更轻盈。

顶光突出被摄体形态

利用顶光可突出鞋子的造型与结构，突出其立体感，并确保被摄体受光均匀。NIKON D80、28-70mm、F2.8、F9.0、1/125s、ISO：100、28mm、0EV、点测光

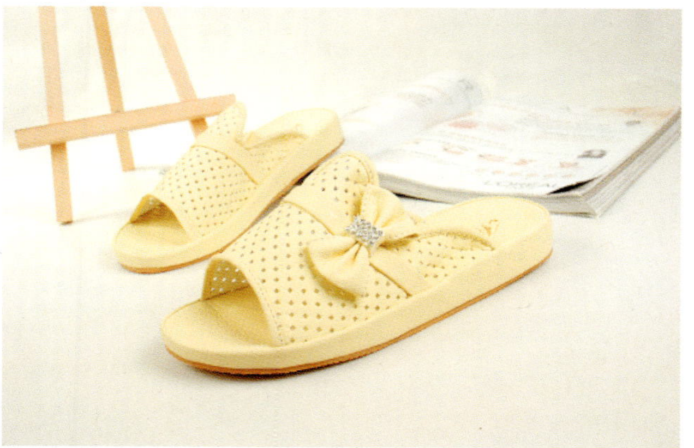

用光解析：

使用柔和的顶光拍摄可避免被摄体的某些部位隐藏在阴影中，使被摄体立体感增强并且细节丰富。

问：运用户外顶光如何做到扬长避短？

答：户外的顶光出现在正午，此时阳光强、光质硬，通常不用于拍摄。如果在正午拍摄可利用闪光灯作主光拍摄，这样可冲淡顶光留下的生硬的影子。如右图所示，利用闪光灯照射花卉可避免花卉细节被影子遮挡。NIKON D60、18-135mm、F3.5-5.6、F4.8、1/200s、ISO：100、38mm、0EV、加权测光

7.4 营造不同的画面色调

色调即画面的色彩倾向，我们可将色彩分为对比色调与和谐色调、冷色调与暖色调、淡彩色调与重彩色调等，不同的色彩将使画面给人不同的视觉感受，准确运用色调将使画面主题鲜明。

相邻色——和谐稳定感

相邻色即邻近色，是指色环上临近的色彩，例如黄色与橙色、橙色与红色，邻近色搭配的画面给人以和谐、稳定、细腻、柔美之感。

如右下图所示，在色环上抽取邻近色搭配，由于色彩属性接近而又有所差异，所以该色彩搭配方式在统一中呈现出轻微的变化，协调且不显呆板。

和谐的邻近色搭配

左图中的画面由黄绿色、绿色和青色组成，给人以协调之感。拍摄时利用侧光照射使画面形成色彩明度的变化，采用三分法构图将画面平均分为三个色条，突出画面独特的色彩搭配。NIKON D60、18-55mm、F3.5-5.6、F5.6、1/125s、ISO：100、45mm、-0.7EV、中央测光

利用光线形成和谐色调

左图中黄昏时的橙黄色的光线将整幅画面染成橙黄色，使画面色彩协调、统一。向远处延伸的栅栏使画面展现出良好的空间感并使画面的色彩于统一中产生轻微的变化，避免画面因色彩较为单一而显得乏味。NIKON D70s、18-70mm、F3.5-4.5、F10.0、1/640s、ISO：200、52mm、-1.3EV、加权测光

互补色——对比更明确

如果两种色光相加得到白色光则这两种色彩互为补色，例如黄色与蓝色、绿色与品红色、红色与青色。互补色搭配是对比色调中对比非常强烈的搭配方式，给人以明快、跳跃、粗犷、有力的感觉。利用互补色搭配可突出画面的色彩，展现被摄体鲜明的风格。

如右图所示，从色环上抽取互为补色的黄色与蓝色搭配形成三种搭配方式，通过对比可见：当两种色彩面积差异大时，面积大的色彩占据主导地位，色彩饱和度降低，色彩的对比会被削弱；两种色彩面积相当时，饱和度高，色彩对比最强烈。

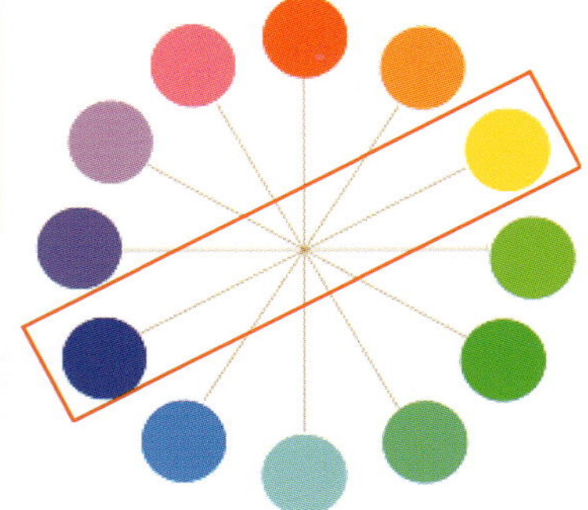

明快的补色搭配

左图为秋天的草地，拍摄者利用侧光照射使草地呈现出饱和度较高的黄色，而侧光位置天空不易曝光过度，准确曝光使其色彩饱和度较高，强烈的对比使画面展现出明快、爽朗的金秋感觉。NIKON D70、24-85mm、F3.5-4.5、F5.6、1/100s、ISO：200、24mm、0EV、加权测光

拍摄要诀：

当被摄体被虚化时其饱和度会降低，确保画面有较大景深会使画面色彩对比更强。此法多用于表现绚丽的风光。此外利用柔光也可突出被摄体的色彩，拍摄者可用柔光表现色彩鲜艳的花卉。

对比色搭配制造生机

右图中拍摄者通过选择取景角度得到暗绿色背景，画面形成鲜明的色彩对比。利用阴天柔和的光线使花卉色彩细腻、饱满，强烈的色彩对比展现出花卉充满生机的感觉。NIKON D80、18-135mm、F3.5-5.6、F5.6、1/250s、ISO：500、135mm、0EV、中央测光

暖色调——温暖热烈感

暖色调由橙色、红色、黄色、橙黄色等偏暖的色彩构成，暖色调搭配给人温暖、热烈、充满激情、欢快等感觉，可用暖色调表现室内居家装饰、人像、食物、风光等。

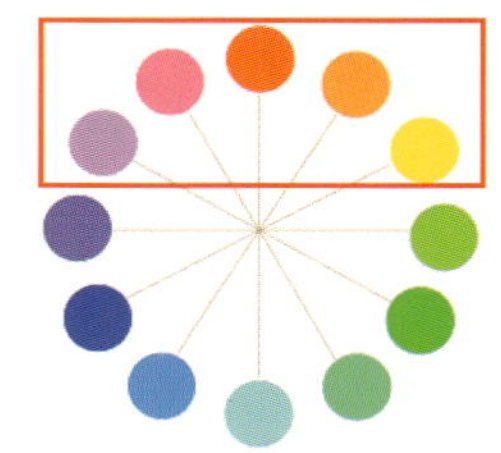

展现温馨的室内装潢

左图中拍摄者借助暖色光线使画面形成暖色调。截取室内居家一角展现出室内装潢精致、讲究、温馨的感觉。故意让灯饰曝光过度可增加画面亮度，使画面展现出暖洋洋的感觉。NIKON D80、18-135mm、F3.5-5.6、F4.5、1/15s、ISO：200、55mm、0EV、点测光

展现温暖的夕阳

黄昏时日光变成黄红色，左图中拍摄者利用此时的光线使用长焦距截取天空中靠近夕阳的位置拍摄，使画面形成暖色调。画面展现出日落时天空温暖的感觉。NIKON D80、70-300mm、F4.0-5.6、F9.0、1/320s、ISO：200、220mm、0EV、加权测光

暖色调表达怀旧的情感

左图中拍摄者利用白平衡设置使画面偏暖色调，泛黄的照片让人联想到过去，给人以怀旧的感觉。NIKON D70s、18-55mm、F3.5-5.6、F5.6、1/60s、ISO：200、50mm、0EV、点测光

拍摄要诀：

拍摄者可选择人物发呆、哭泣、微笑等情感非常饱满的画面用暖色调表现，这样画面感染力会非常强。

冷色调——宁静平和感

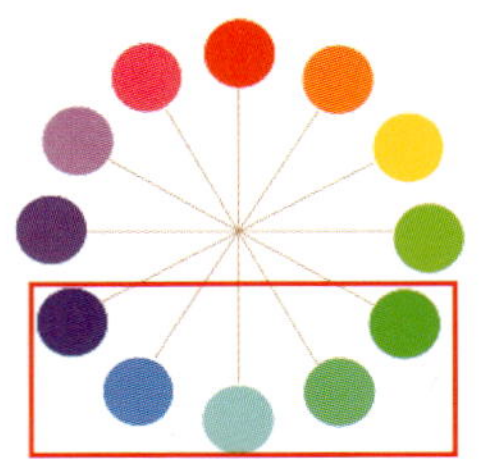

冷色调由蓝色、蓝紫色、青色、黑色等偏冷色彩构成，其中黑色是最冷的色彩。冷色调的画面给人以寂静、开阔、雄伟、神秘、有力等感觉。拍摄者可用冷色调表现自然风光、冰凉的饮料，展现人物孤独的状态或另类的感觉。

展现开阔的水面

左图中冷色调的运用展现出水面澄净、开阔的感觉。采用横构图配合使用短焦距可使水面有更为宽广的延伸空间，增加画面的开阔感。NIKON D70、24-85mm、F3.5-4.5、F7.1、1/200s、ISO：200、24mm、0EV、加权测光

冷色调突出山峰雄伟的气势

下图中淡蓝色的天空、浅青蓝色和青蓝色的山峰构成了冷色调画面，展现出山峰冷峻、气势雄伟的感觉。选择多座山峰交叠的位置拍摄，可使画面层次丰富。拍摄时设置较小光圈以便远处的雪山被清晰再现，使画面色彩饱和度较高、细节丰富。NIKON D70、24-85mm、F3.5-4.5、F9.0、1/320s、ISO：200、85mm、0EV、加权测光

构图解析：

拍摄时将位于背光位置的山峰纳入画面，使画面呈现出色彩近浓远淡的丰富层次，使画面影调丰富、空间感强。

7.5 色温、白平衡与色调

画面色彩的再现不仅与被摄体的色彩有关，还与相机设置的白平衡模式有关，两者共同作用决定着画面的色调。同样，拍摄者可利用色温、白平衡与色调的关系重新设置画面的色调，使其更符合画面主题与主体的表现。

色温与色调的关系

色温是计量光线色彩成分的标准，不同的色温表示不同色彩的光线，色温单位为开尔文，用字母K表示。

如下图色温条所示，不同的色温呈现出不同的色彩，高色温呈现出蓝紫色，偏冷，低色温呈现出红色，偏暖。

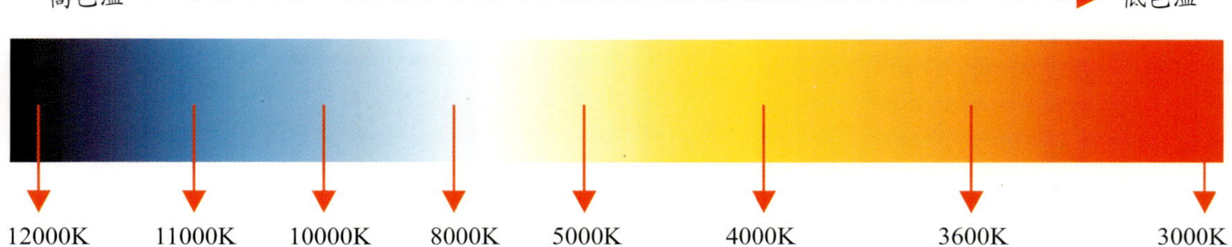

当受色温为5500K左右的白光照射时，画面的色调不会发生变化，当受高色温或低色温的光线照射时，被摄体的色彩会呈现出其固有色与色光混合而成的新的色彩，画面的色调也会发生相应的变化。

低色温加强画面的色调对比

下图中拍摄者利用对比色调表现秋天原野绚丽的色彩，黄昏时分光线色温很低，它可使草地的黄色饱和度更高，这样蓝色的天空与黄色的草地形成了鲜明的色彩对比。NIKON D70、24-85mm、F3.5-4.5、F6.3、1/250s、ISO：200、24mm、0EV、加权测光

拍摄要诀：

在拍摄自然风光时，拍摄者需提前准确了解拍摄地不同天气、不同时间段的光线情况，这样才能抓住时机利用合适的色温、合适的光照角度拍摄精彩的画面。

闪光灯准确还原画面色彩

左图是利用闪光灯作主光，在下午两点半左右拍摄的，此时日光色温为6000K、闪光灯色温为5500K，它们的颜色接近白色，利用白光照射可使画面色彩还原真实。NIKON D80、18-70mm、F3.5-4.5、F4.5、1/500s、ISO：100、70mm、0EV、加权测光

夕照形成偏暖色调画面

左图是下午六点利用日光拍摄的，此时的光线色温较低，呈黄红色，受夕阳照射，画面轻微偏暖，人物肤色有些泛黄，草地的绿色也不够纯正，有些泛黄绿色。NIKON D80、18-70mm、F3.5-4.5、F4.0、1/320s、ISO：100、22mm、0EV、加权测光

问：常见光源的色温是多少？

答：光源的色温影响着被摄体呈现的色彩，了解光线的色温以便拍摄者更好地把握画面的色调。常见光源色温如下表所示。

晴空蓝天的光线	10000~20000K
阴天天空的光线	7500~8500K
阴天的光线	6800~7000K
正午晴空的光线	6500K
上午与下午的光线	6000K
正午日光	5400K
闪光灯的光线	5500K
冷色的白荧光灯	4500K
钨丝灯	3000K
家用白炽灯	2500~3000K
火焰	1500K

下图是下午拍摄的，天空色温为10000K，而地面色温为6000K左右，根据地面色温设置白平衡，天空呈现出深蓝色而地面色彩还原准确。NIKON D70s、18-70mm、F3.5-4.5、F5.6、1/1000s、ISO：200、24mm、-0.3EV、加权测光

色温与白平衡的关系

白平衡是针对不同色温的色彩纠正功能，通过白平衡设置可改变画面呈现出的色调。白平衡与光线色温共同决定着画面呈现出的色温，继而影响画面的色调。光源的色温和拍摄者需要的效果决定了相机的白平衡设置，当相机所设置的白平衡模式与拍摄环境的色温一致时，相机将准确还原画面色调，反之画面会出现偏色。根据常见光源的色温，相机提供了多种白平衡模式，拍摄者根据光源设置白平衡模式即可避免画面偏色。

设置匹配的白平衡模式

左图是利用专业摄影灯拍摄的，其色温为5500K左右，设置与其色温匹配的白平衡模式可使画面色彩还原准确，如实展现产品特点。浅色物体反光较多，拍摄应增加曝光或曝光补偿。NIKON D80、28-70mm、F2.8、F9.0、1/200s、ISO：100、28mm、0EV、点测光

利用白平衡设置突出画面色彩

右图拍摄的是日落后多彩的晚霞，拍摄者利用白平衡设置故意使画面偏暖，这样晚霞色彩变得更加饱满。适当减少曝光可使画面色彩浓郁，突出晚霞特点。NIKON D60、18-55mm、F3.5-5.6、F5.6、1/125s、ISO：400、55mm、-0.7EV、中央测光

问：更改光源呈现出的色温的常见方法有哪些？

答：拍摄者可通过三种方法改变画面的色温，一是利用色片改变光源的色温，此法适用于人造光源；二是使用白平衡模式改变画面色温；三是使用校正色温滤镜改变进入镜头的光线的色温。

右图所示为两款校正色温滤镜。其中80A可将色温由3200K升至5500K，80C可将色温由3800K升至5500K，不过它们会阻挡一定的光线，使用时应增加曝光补偿。

80A

80C

借助白平衡改变画面色调

准确还原画面色彩是多数情况下对照片的要求，不过拍摄者也可通过白平衡设置改变画面的色调，运用不同色彩包含的不同含义使画面的主题更鲜明、更具视觉冲击力。将相机常见的白平衡模式按色温由高到低排列如下：阴影白平衡模式、阴天白平衡模式、闪光灯模式、直射阳光白平衡模式、荧光灯白平衡模式、白炽灯白平衡模式，此外部分相机还支持手动选择色温数值，这样拍摄者设置白平衡更加方便、准确。当拍摄者使用高于拍摄环境实际色温的白平衡模式拍摄时，可使画面偏暖，例如呈偏黄色、黄红色、橙色等；同理当使用低于拍摄环境实际色温的白平衡模式拍摄时，画面会偏冷，例如呈偏蓝、偏青、偏蓝紫色。

利用白平衡制造冷色调

左图中拍摄者使用低于拍摄环境色温的白平衡模式拍摄，画面形成冷色调。玩具熊、被虚化的背影营造出冷清的气氛，展现出人物孤独的感觉。NIKON D80、85mm、F1.8、F1.8、1/1250s、ISO：100、85mm、0EV、点测光

拍摄要诀：

拍摄者利用白平衡设置使画面形成冷色调时应充分考虑画面的接受度，例如拍摄冷色调人像时应注意避免展现大面积泛蓝色的肤色，通常许多人不能接受这样的变化。

NIKON D200、17-55mm、F2.8、F9.0、1/100s、ISO：100、55mm、1EV、加权测光

利用白平衡增加色彩饱和度

左图与上图拍摄的是同一场景，左图中拍摄者故意使画面偏暖，这样树叶的颜色显得更鲜艳，而呈现出深棕色的树干也不会给人怪异的感觉。NIKON D200、17-55mm、F2.8、F9.0、1/100s、ISO：100、34mm、1EV、加权测光

Chapter 08 掌握更多控制光线的方法

学习重点

- 控制光线的重要意义
- 闪光灯对光线的补充
- 其他附件的灵活使用
- 遮光罩的使用

8.1 控制光线的重要意义

控制光线的重要意义就是用光来记录被摄对象，光线不仅可以塑造被摄对象，还能烘托渲染画面气氛。不同的光线能营造不同的影像效果。因此，需要了解和掌握光线的特性，并且学会运用和控制光线，对于创作成功的摄影作品是至关重要的。

在拍摄一幅好的作品时需要确定不同的光位，所以拍摄者要根据自己的拍摄意图和所要表达的画面气氛进行正确的布光，通常需要考虑的有主光和辅助光。

主光：

主光被称为塑性光，是指在画面中占主导地位的光线。主光具有方向性，是刻画人物和表现环境的主要光线，在室外摄影中多以日光作为主光。主光会直接影响被摄对象的立体形态和轮廓特征的表现，也会影响画面的基调、光影结构和风格，所以，主光是拍摄者需要认真考虑的光线。如右图所示为在日光下拍摄的小花。

借助日光作为主光

右图以日光为主光，采用了侧逆光拍摄。勾勒出了紫色小花的轮廓形状，使花朵明暗反差增大，也增强了其立体感，给人一种更好的画面造型感。Nikon D200、 F5.6、1/320s、ISO：100、200mm、-0.3EV、点测光

用光解析：

主光的位置要根据光源亮度的强弱、距离的远近、位置的高低、被摄对象的特点和环境特征，以及拍摄者的创作意图等具体要求来确定。在主光位置的确定上，还应注意光线投射的角度不同，被摄物体的受光面、阴影面及投影也会不同。

辅助光：

辅助光又称为副光，是指摄影中用来辅助主光照明的光线。辅助光用来减弱因强烈的主光照明而产生的生硬粗糙的阴影，缩小画面的明暗反差，调整画面的影调。此外，辅助光还可以提高影响暗部的造型表现力，有利于被摄物体立体感和质感的表现。

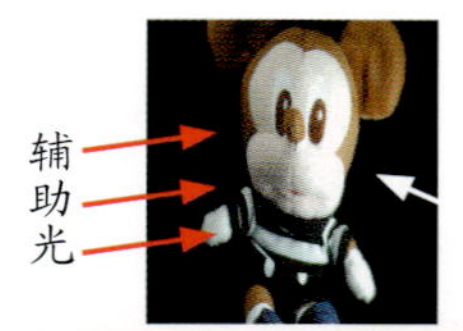

利用辅助光平衡画面影调

左图利用辅助光对画面中的主体进行补光，缩小了被摄物体的明暗反差，提高景物暗部的细节表现力，使影调达到平衡。Nikon D80、F3.5、1/80s、ISO：100、85mm、0EV、点测光

8.2 闪光灯对光线的补充

闪光灯的英文学名为Flash Light，主要分为内置机顶闪光灯和外置闪光灯两类。无论是哪种闪光灯，其作用都是在光线昏暗的环境中拍摄时，为了使得被拍摄主体清晰明亮，借助闪光灯进行补光。下面我们分别来了解不同类型闪光灯的重要作用，以及闪光灯强度的计算方法。

内置机顶闪光灯的使用

内置机顶闪光灯的使用较为简单，在拍摄过程中如果拍摄者觉得光线太暗，无法捕捉清晰明亮的画面或者是在逆光下拍摄时，为了给被拍摄主体正面进行补光拍摄，那么就可以开启相机的内置机顶闪光灯。

以尼康单反相机为例，按下右图中红色框内的闪光灯开启按钮，内置机顶闪光灯便会自动弹起，拍摄者可根据拍摄需要调整闪光强度进行拍摄，得到满意的画面效果。

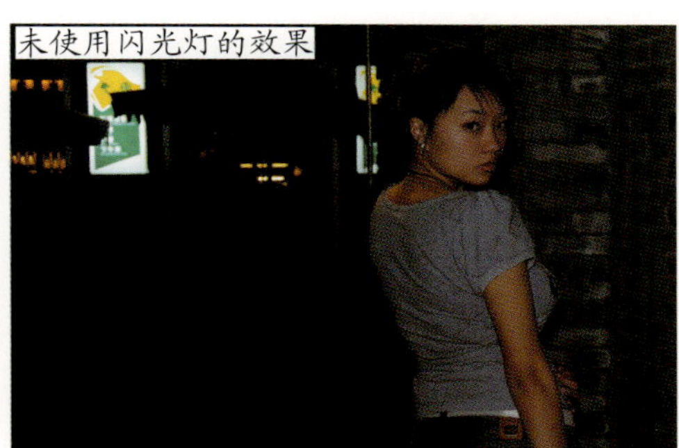

逆光下补光拍摄

如左图所示，拍摄者在环境光线不足的情况拍摄，且未使用闪光灯，照片中人物偏暗。为了使得人物正面明亮，这时开启闪光灯拍摄即可，这样照片中人物主体能够获得更充足的补光，如左下图所示。

NIKON D80、F5.6、1/60s、ISO：400 焦距：55mm、0EV、点测光

NIKON D80、F5.6、1/160s、ISO：100 焦距：55mm、0EV、点测光

拍摄夜景人像补光

右上图是在傍晚时分拍摄的，光线太暗，这时使用闪光灯进行补光拍摄可以达到很明亮的效果。NIKON D80、F2.8、1/125s、ISO：100、200mm、0EV、点测光

不同类型的外置闪光灯

与内置闪光灯不同，外置闪光灯最大的特点就是可以调整灯头的角度，可以让闪光灯发射出的光线对着墙壁或天花板，利用反射光线对拍摄的人物对象进行间接补光。

利用反射的光线拍摄出的照片，光线更加均匀柔和，可以生动地表现出拍摄对象的质感和空间感。常见的外置闪光灯有普通外置闪光灯和环形外置闪光灯这两种类型，如右图所示。普通外置闪光灯可用于人像的拍摄，环形外置闪光灯则多用于微距静物的拍摄。

普通外置闪光灯

环形外置闪光灯

外置闪光灯的使用

普通外置闪光灯也是机顶外置闪光灯，是数码单反相机中使用最多的辅助照明装备之一，能够在大多数时候给拍摄者提供大部分的辅助照明。下面来说明如何安装机顶外置闪光灯，具体操作步骤如下面的步骤图。

① 首先取出外置闪光灯。

② 把外置闪光灯安装到下图红框标示的相机热靴上。

③ 安装完毕之后可通过拍摄来调整闪光灯的照明强度。

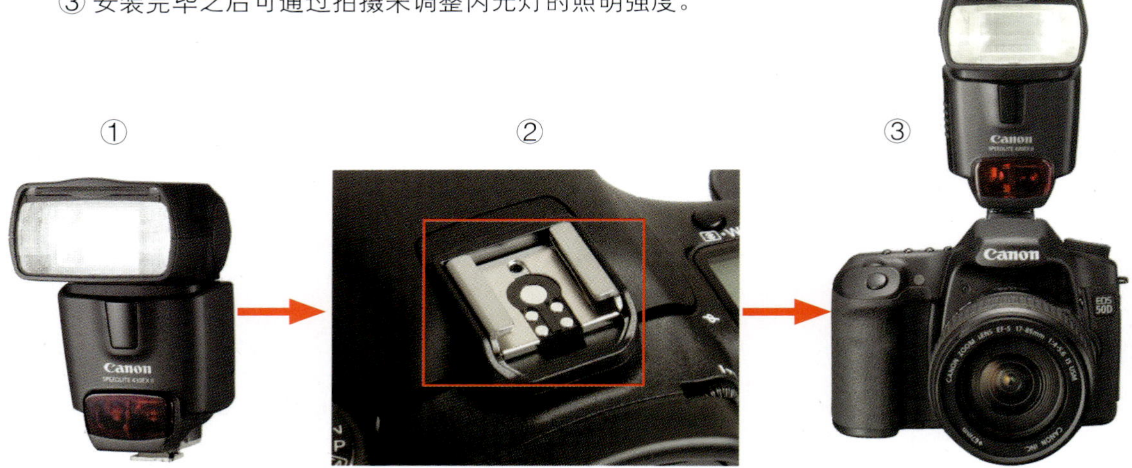

摄影知识解析：

闪光灯强度可以通过闪光灯指数来体现。闪光灯指数是反映闪光灯功率大小的指数之一，通常有两种作用：一是可鉴别闪光灯功率的大小，指数数值越大，表示功率越大；二是在采用手动方式闪光灯拍摄时进行计算，可确定闪光曝光的光圈大小。闪光强度指数通常用GN来表示，其计算方法为：光圈系数乘以照相机与被摄体的距离。例如开启F8的光圈，在3m的距离进行拍摄，那么要求闪光灯的指数为8×3=24。通常我们在了解闪光指数的情况下，还可以选择使用的光圈大小或调整拍摄的距离。

外置闪光灯对人物进行补光

如下图所示，机顶外置闪光灯可以在夜晚拍摄时对人物主体提供大部分的辅助照明，并且能最小程度减少环境光线的丢失，如果没有外置机顶闪光灯，拍摄者将无法对准所拍摄对象获取清晰焦点，也将无法按下快门。

人物补光部分

NIKON D80、F5.6、1/60s、ISO：100 焦距：55mm、0EV、点测光

问：使用外置闪光灯如何改变光线的角度？

为了在拍摄时获取不同方向的光源，可以将外置闪光灯安装在触发器底座上，通过引闪器来实现同步拍摄，这样在拍摄时就可以自由安排闪光灯的位置，如右图所示分别为触发器底座和引闪器。

环形闪光灯

环形闪光灯也属于外置闪光灯的一种，环形闪光灯是直接安装在相机镜头上，发光管呈环形的一种照明灯，功率较小，多配有效果灯，光线均匀没有阴影，非常适合微距摄影，可避免在近距离拍摄产生阴影，起到无影灯的作用。

如左图所示，环形闪光灯位于相机镜头前方，由于几乎和镜头是同方向，在镜头的周围发光，所以按下快门拍摄同时开启照明，被摄物体可以被均匀照亮。

摄影知识解析：

环形闪光灯安装固定于镜头前方，所以需要使用相同口径大小的接环，目前大多数微距镜头的口径都在58mm以内，因此在购买环形闪光灯时也需要注意搭配相同的口径尺寸接环。

使用环形闪光灯拍摄微距画面

下图为花朵局部细节，使用俯角度拍摄，拍摄者以正面呈现花蕊，同时又使用环形闪光灯，使花朵内部也获取足够的照明，我们可以从截取的局部图上看出，花蕊细节更加突出，没有明显的阴影。另外画质比不用环形闪光灯的更为柔和。

NIKON D70s、F4.5、1/80s、ISO：200 焦距：70mm、0EV、平均测光

8.3 其他附件的灵活使用

除了之前所讲的内置闪光灯、机顶外置闪光灯、环形闪光灯以外，还有一些附件可以帮助拍摄者在拍摄得过程中完成辅助照明。下面首先来了解柔光罩是如何让光线变得更加柔和的。

使用柔光罩柔化光线

柔光罩也叫闪光灯散射罩，它可以将闪光灯的光线变得柔和，使照片看起来更加自然，是安装在闪光灯上的一种对强烈光线起到柔化作用的装置。

右上图为可旋转式乳白色圆筒形柔光罩。这种通过柔光罩发射出来的光线很柔和，可降低阴影对比及柔化边缘，该柔光罩特别适用于拍摄人像和静物，使用中不限厂牌型号，并且携带方便。

柔光罩的外观样式有很多种，如左下图所示为简易柔光罩，是一块半透明的板形柔光罩。其安装方法也不一样，如右下图所示将其安装在内置闪光灯上即可。

简易柔光罩　　将柔光罩安装到相机上

柔光罩可以把僵硬的闪光灯直射光线通过耐高温的半透明塑料，转化为柔和的漫射光，消去人像或其他拍摄物体上讨厌的高光斑，使你的照片如同影楼里拍出来的一样美丽自然。

拍摄要诀：

在拍摄人物的时候，还可以让模特离背景稍微远一些，这样可以避免模特阴影投射到背景上影响拍摄效果，拍摄者可以在实际拍摄过程中体验这一拍摄技巧。

使用柔光罩使人物肌肤更自然

左图为室内人物，由于需要开启闪光灯来增加人物的照明效果，拍摄时将柔光罩安装于闪光灯前，使人物获取充足光线的同时，避免了过于生硬的光线，使人物肤质更显柔美，明暗对比削弱，人物肌肤显得更自然。Canon EOS 50D、F4.0、1/160s、ISO：100、200mm、0EV、点测光

特写表现静物

右图为特写的拍摄静物，在白色的背景下，主体与背景色彩相近，使用柔光罩柔化光线，使主体得到充分均匀的光照，同时避免了背景中产生过强过多的阴影，使整个画面简洁清爽。NIKON D80、F1.8、1/60s、ISO：100、85mm、1.0EV、点测光

摄影知识解析：

一般来说，所有柔光罩的设计无外乎遵循两个光线特征：1．光源的面积越大，光质越柔。2．在小空间中，光源扩散的角度越大，阴影的对比就越淡。

在使用柔光罩拍摄照片的时候，还要注意在以下四种情况下使用柔光罩，没有较大意义，并不能达到柔化光线的效果。

1．与被拍摄者距离太近时。因为光源和被摄者的距离越近（约3～5m），对比就会越高，那么柔光罩降低对比的效果也就不明显了。

2．与被拍摄者距离太远时。由于使用柔光罩会降低闪光指数，因此远距离（约10m）的拍摄会曝光不足。

3．环境太暗时。闪光灯扩散光线被环境吸收，也就无法发挥其效果了。

4．户外及大空间。如礼堂中、昏暗的室内等环境中，这种大空间周围没有反射物，闪光指数将严重减弱，此时柔光罩则会成为浪费光能的物件。

使用反光板辅助照明

反光板是我们在拍摄人像时经常会运用到的一种补光设备。通常反光板的作用有两个：一是减少反差，二是控制亮度适当的补光。如右图所示为常见的反光板。人像摄影中使用反光板可以借助反射光线为人物暗部补光，以减少反差，获得较好的拍摄效果。

反光板使人物面部受光更均匀

下面两张照片同样拍摄人物，右下图拍摄时对人物的正面使用反光板进行补光，使被摄对象面部更明亮，画面更富有表现力。同时反光板补光不但可以保持画面的整体效果，还能控制光亮度，使人物面部细节的刻画细腻生动，缩小了被摄主体的明暗反差，使过渡更加自然，同时也较好地展现了女性的柔美。Canon EOS 450D、F4.5、1/160s、ISO：200、210mm、0EV、点测光

未使用反光板

使用反光板

问：如何在人像拍摄时更好地安排反光板的位置？

使用反光板时，首先要注意的是光线的来源，如果太阳光线照射在被摄者右边，此时反光板应在被摄者左边，总之反光板必须放置在与光源照射相反方向的位置，而且光线反射到反光板上是有一定角度的，称为入射角度，如下面的示意图所示。我们需要遵循入射与反射的原理，将光线反射到光线较暗的一面。使用反光板其实也十分简单，只要懂得入射角等于反射角的原理即可。

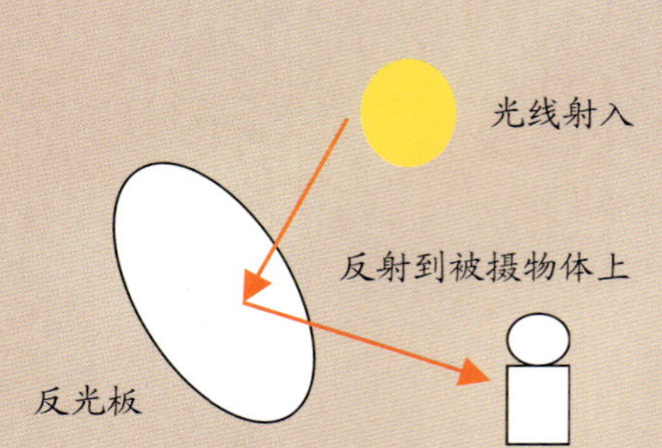

如右上图在拍摄人物时，将反光板置于人物左前侧，通过反射天空的光线，对逆光的人物正面进行补光，反光板一定要尽量靠近被摄者，效果才会明显。

除反光板外，针对外置闪光灯，拍摄者还可以尝试使用反光片。反光片相对于反光板来说更加小巧，适合在微距静物拍摄时应用，可以做正面的补光，如右图所示，将其套在外置闪光灯上方即可使用。

表现静物对象

左图为静物玩具，开启外置闪光灯，避免在近距离拍摄时光线过强阴影过于明显，使用反光板将闪光灯反射的光线投向主体对象，画面受光更均匀。NIKON D80、F2.8、1/125s、ISO：100、50mm、0EV、点测光

借助吸光板吸收强光

吸光板是为了减少环境引起的漫反射，让暗部的光线更干净的摄影附件。用于吸光板的材料很多，最常见的是黑色天鹅绒，反光率只有2%，光线打在上面能被很好地吸收。还有就是黑色卡纸等，只要是黑色的材料，基本上都可以用作吸光板。

NIKON D80、F4.0、1/160s、ISO：200、55mm、0EV、点测光

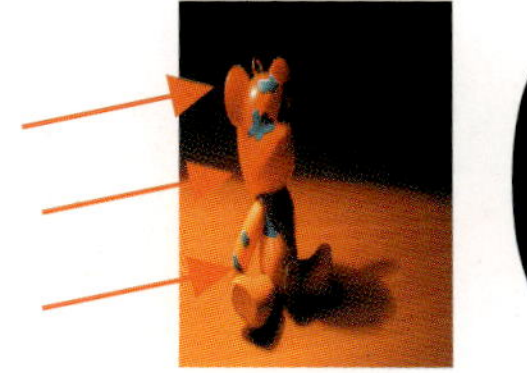

借助吸光板净化光线

拍摄左图，光线从左侧照射，在静物熊右侧使用吸光板，画面光线简单干净。借助吸光板来控制环境的漫反射，起到净化光线的作用。

将黑色绒布作为拍摄背景

右图为静物玩具，拍摄者将黑色的绒布作为背景，将主体置于黑色绒布上方，光线从右前侧照射向主体。从画面可以看出，即使是强烈的光线照射，在画面中仍不会产生强烈的阴影，此时使用点测光模式，保证主体对象曝光正确即可获取清晰的画面，同时主体也显得更加突出。NIKON D80、F2.8、1/200s、ISO：200、85mm、0EV、点测光

拍摄要诀：

使用吸光板拍摄黑色背景下的对象时可遵循以下三点：

1．当主体与背景反差比较明显时背景比较暗，主体有光直接照射，可用吸光板吸收部分光线。

2．通常使用光圈优先模式，对主体光照部分进行点测光。

3．可视情况对曝光补偿减1～2挡EV值，使主体更加明确突出。

8.4 遮光罩的使用

遮光罩顾名思义就是用来遮挡光线的，避免过多过杂的光线影响到成像的质量，一般多使用在室外拍摄时。下面我们来了解遮光罩的功能及使用方法，以及常见的不同类型的遮光罩。

遮光罩的功能与使用方法

遮光罩是套在照相机镜头前的常用摄影附件，避免相机在拍摄中直射光进入太多，同时也防止眩光产生。通过遮光罩可以有效地控制并遮挡进入镜头的杂乱光线，确保影像呈现镜头最佳的清晰度、对比及色彩，尤其在逆光拍摄时，可减少晕光及避免产生眩光。

很多时候，遮光罩还扮演保护镜头的功能，由于处于镜头的最前端，常常可以为镜头遮挡一些轻微的碰撞、摩擦和雨水。

未使用遮光罩

使用遮光罩

使用遮光罩去除眩光

对比左侧两张照片，当拍摄者与太阳光线呈45°拍摄时，左上图由于没有使用遮光罩，进入镜头的光线过多，在画面的左上角产生了眩光现象。而右下图的照片为使用遮光罩后拍摄的效果，画面中的眩光消失，画面更加清爽通透，视觉效果更好。NIKON D70s、F4.0、1/400s、ISO：200、150mm、0EV、平均测光

通常我们在拍摄完成后，会看到画面中存在晕光、眩光的现象，下面来分析这两种现象的成因。

晕光是由于光线照射到镜片上的灰尘或刮痕形成光点，而这些光点不在镜头的焦距内，因此光线会散开呈现似灰雾般的现象，造成影像的色彩饱和度、对比度和清晰度下降。镜片上有指纹、斑污灰尘都会加重此现象。因此除了使用合适的遮光罩外，也要经常保持镜头的清洁。

眩光则是因为强烈的光线从镜头的前方射入镜头的镜片群，在每一个镜片的表面产生反光，这样的反光经过多片镜片的折射而成像于底片或CCD/CMOS上，形成重复光点形状的光斑，这些光斑有时会出现于光源的相对位置，有些会出现于光源的方向，渐次排列，大小不一。

光斑的多角形大多跟镜头内部的光圈叶片数及形状相同

一些顶级镜头在购买的时候就配备了遮光罩，例如佳能的L系列的所有镜头都配有遮光罩。如果购买的镜头没有配备遮光罩，在另外购买遮光罩的时候就要注意镜头的口径、焦段等一系列问题。下面我们以适马70~300mm这只镜头为例，来看看遮光罩是如何安装到镜头上的。

① 首先取出镜头，如左下图所示。

② 将遮光罩装入到镜头上，然后向左旋转，当感觉遮光罩突然被吸住时，说明遮光罩已经安装好了，如右下图所示。

问：如果在逆光下拍摄没有遮光罩该怎么办？

答：如果没有遮光罩，在逆光下拍摄时为了使得照片中不产生眩光，我们就需要采用手遮或者是其他物品来遮住直射过来的光线。如右图所示，我们可以在镜头前20cm的位置用手或者书之类不透光的物品遮在镜头前拍摄。

不同类型的遮光罩

不同类型的遮光罩需要安装在不同类型的镜头上。通常根据镜头的口径、遮光罩的材质以及造型来进行选择。镜头焦距越短，视角越大，遮光罩也就越短；镜头焦距越长，视角越小，那么遮光罩也应越长。

常见遮光罩有三种类型：圆筒形、莲花形以及方形，其中圆筒形和莲花形遮光罩是最常见和常用的，如左下图和右下图所示。圆筒形遮光罩一般使用于长焦镜头或者超长焦镜头上，目的就是为了避免眩光。而莲花形遮光罩多用在中长焦段的镜头上，除了避免眩光之外，还可以减少暗角的产生。但是距离光源过近，仍有可能发生眩光现象。不同的镜头所配的遮光罩也是不同的，并且许多产品之间是不能相互换用的。

圆筒形遮光罩

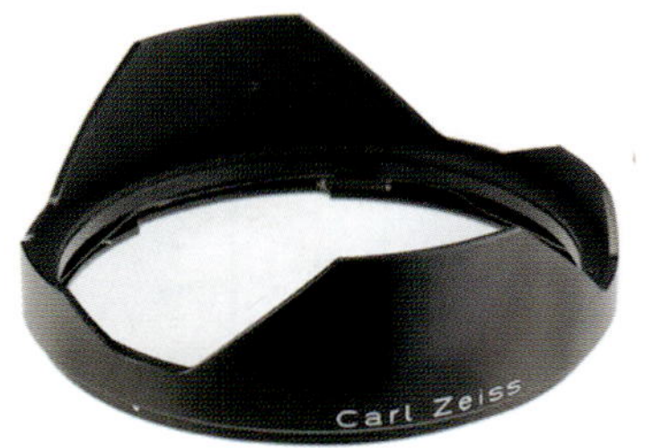

莲花形遮光罩

如右图所示为方形遮光罩，这种类型的遮光罩现在已经不常用了，早期时候多用在标准定焦镜头、广角镜头或者短变焦镜头上。

方形遮光罩

问：为什么安装遮光罩之后拍摄的照片会产生暗角？

答：在使用广角镜头或者标准镜头拍摄时，如果采用了较长的圆筒形遮光罩拍摄，由于镜头视角范围大，有可能会因为遮光罩较长阻挡住拍摄时的取景范围，使拍摄出来的照片在四个角上产生暗角，如左下图所示。

为了避免暗角情况的产生，可以将遮光罩换成较短的莲花形遮光罩，莲花形遮光罩除了可以有效地避免眩光外，还可以解决因镜头视角大、遮光罩过长而产生暗角的情况，如右下图所示。

采用较长圆筒形遮光罩拍摄

采用较短莲花形遮光罩拍摄

Part 05　实拍技法篇

Chapter 09 掌握室外人像拍摄技法

学习重点

- 室外人像拍摄的几大误区
- 不同镜头下的人物表现
- 借助自然光线表现人物
- 改变取景与构图方式
- 人物的抓拍与摆拍
- 不同场景下的人物表现

9.1 室外人像拍摄的几大误区

室外拍摄人像时，拍摄者可充分利用室外充足的光照和多种拍摄环境来进行拍摄。在开始了解室外人像拍摄的技巧之前，拍摄者需了解室外人像拍摄常见的误区，避开这些误区，拍摄者可做得更好。

光线越强越好

充足的光照有利于拍摄者灵活控制画面效果，使拍摄者不必为确保曝光准确而只能设置大光圈、慢速快门或使用闪光灯补光。但光线并非越强越好，室外最强的光线出现在正午，此时画面会出现过大的反差，拍摄者难以兼顾画面的亮暗两级。室外人像拍摄的最佳时间是上午八点至十一点以及下午四点以后，此时光线照射高度、强度、色温都比较适宜。

NIKON D80、85mm、F1.8、F4.0、1/100s、ISO：100、85mm、0EV、点测光

NIKON D70s、70-200mm、F2.8、F5.0、1/250s、ISO：200、70mm、0EV、点测光

过强的光线

左侧两张照片都是在强光照射下拍摄的，第一张照片中位于人物左侧后方的闪光灯使人物白色的衣服部分曝光过度。第二张照片是利用下午三点的阳光拍摄的，强烈的光照使人物受直射阳光照射的一侧出现大面积曝光过度，而人物背光的位置刚好曝光准确。

利用下午的光线拍摄

右图利用黄昏的光线拍摄，此时光线强度弱、光质柔和，使用慢速快门拍摄使画面细节还原丰富。NIKON D80、18-50mm、F3.5-5.6、F5.6、1/20s、ISO：100、40mm、0EV、加权测光

构图解析：

在人物视线方向多留空间可避免人物视线受阻碍，使画面显得拥堵。

构图越饱满越好

室外人像拍摄时应注意避免照片构图饱满，这样无法体现室外人像的特色，使画面显得单调。利用室外环境可营造出温馨、清爽、寂静等多种氛围，让人物充分融入环境，使画面的情感表达更加准确，画面的意境更加悠远。

拍摄要诀：

草地常被用作表现淡淡的忧伤，拍摄者可利用怀旧的黄色调、低饱和度、低锐度、和谐色调的方式突出画面抑郁的情感，增加画面的表现力。

留白为画面增加想象空间

右图中拍摄者将人物视作画面的关键点置于黄金分割点上，利用更大的画面来展现清新的田园环境，空旷的环境和大面积的留白为画面留下丰富的想象空间。通过色调的运用，使画面的情感表达更加深刻。NIKON D70s、50mm、F1.8、F1.8、1/5000s、ISO：200、50mm、0EV、点测光

饱满的构图

左图的构图比较饱满，画面对环境的展现比较少，拍摄环境仅仅充当了画面的背景，无法发挥更大的作用。NIKON D70s、18-55mm、F3.5-5.6、F5.6、1/125s、ISO：400、50mm、0.3EV、点测光

问：室外人像拍摄时如何协调人物与环境？

答：合理的环境处理方式不仅不会影响到人物的表现，还可使画面更加美观。通常应使画面保留环境的基本特征，例如秋天的室外人像可保留草地、黄叶等象征秋天的环境元素，如果环境简洁则可保留更多的环境。室外的环境不仅仅是画面的背景，也起着营造气氛的作用，所以拍摄者应让人物与环境保持紧密的联系，例如在运动场拍摄穿着运动装的人物，可使人物与环境协调、统一。如右图所示，留1/3画面表现环境，既可突出环境特点，又可避免使人物的主体地位受到影响，让人物做出观赏树叶的样子可将人物与环境联系起来。

NIKON D70s、18-55mm、F3.5-5.6、F5.6、1/200s、ISO：200、33mm、0 EV、加权测光25mm、0EV、加权测光

在任何情况下都不使用闪光灯

虽然室外光线充足，但是闪光灯对于人像摄影的用途依然不可忽视。闪光灯不仅起着补光的作用，还在小范围内起着平衡画面的反差、协调画面色彩、补充画面立体感与空间感以及丰富画面效果等作用。闪光灯应用非常广泛，如果拍摄者善用闪光灯，那么一定能拍摄出非常精彩的人像照。

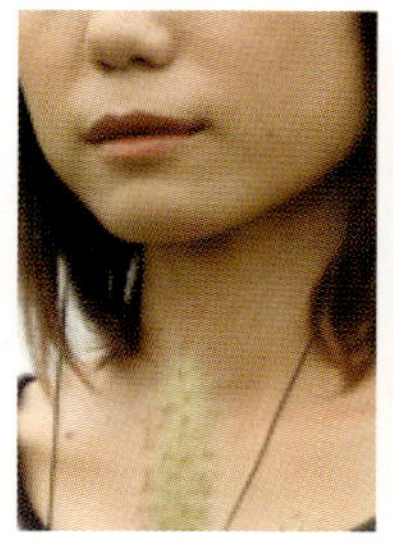

NIKON D70s、50mm、F1.8、F1.8、1/1000s、ISO：200、50mm、0EV、点测光

闪光灯丰富画面效果

上图与右图拍摄条件一致，对比两张照片的效果可见上图显得比较生活化，给人平淡的感觉。放大上图中人物受光较差的位置可见人物肤色有些泛绿，而右图色彩还原准确。NIKON D70s、50mm、F1.8、F9.0、1/200s、ISO：200、50mm、0EV、点测光

闪光灯平衡画面反差

下图是正午拍摄的，此时树荫下的光线依然非常柔和，但亮度较低，使用闪光灯补光可提高人物面部的亮度，缩小人物面部与背景的亮度差异。Canon 40D、18-200mm、F3.5-5.6、F5.6、1/100s、ISO：160、85mm、0EV、点测光

用光解析：

正午时光线强、光质硬，白色的衣服反光较多容易曝光过度，硬光质使画面容易产生生硬的影子。到树荫里拍摄可得到柔和的光线，按背景的亮度补光可平衡背景与人物面部的反差，避免画面曝光不准确。

仅选择评价测光模式

拍摄者应根据室外光线的分布情况选择测光模式，这样才可使画面曝光准确并保持丰富的层次。评价测光模式适用于在光线分布均匀的环境中拍摄，当在光线分布不均匀的环境中拍摄时，使用评价测光模式将使画面明暗差异缩小、影调变得平淡。

在光线柔和的环境中拍摄

左图光线柔和、分布均匀，评价测光模式将测量整幅画面的亮度并经过计算给出曝光数据，由于画面亮暗差异不大，所以采用评价测光模式可如实记录画面的明暗情况，使画面曝光准确。Canon EOS 5D Mark Ⅱ、24-105mm、F3.5-4.5、F4.0、1/100s、ISO：125、58mm、0EV、加权测光

在光线不均匀的环境中拍摄

NIKON D80、18-135mm、F3.5-5.6、F8.0、1/250s、ISO：200、38mm、0EV、加权测光

在光线分布不均匀的环境中拍摄时，使用评价测光模式测光可导致人物面部曝光不足。下图使用中央重点测光模式对准人物面部测光，使画面曝光准确。NIKON D80、18-135mm、F3.5-5.6、F5.6、1/250s、ISO：200、38mm、0EV、中央测光

拍摄剪影

上图中拍摄者使用点测光模式对准背景中中灰位置测光使背景曝光准确，而未受到光照的人物曝光不足形成剪影效果。此时若使用评价测光模式为照顾暗部增加曝光，则会使整幅画面偏灰。NIKON D80、18-135mm、F3.5-5.6、F5.6、1/250s、ISO：250、48mm、0EV、点测光

9.2 不同镜头下的人物表现

不同焦距的镜头视角不同，展现出的画面空间感、虚实层次也有所差异，不同的镜头适合拍摄不同的人像题材。

中焦镜头还原最真实效果

中焦镜头具有良好的背景虚化效果，且影像畸变较小，是拍摄人像的理想焦距。中焦镜头适合拍摄人物肖像，拍摄时距离人物两三米的位置，可使人物的细节与画面空间感被真实还原，画面给人以舒适、自然的感觉。

装备选择：

拍摄人像适合使用35~135mm焦距的镜头，其中85mm镜头是拍摄肖像的理想焦距。

中焦镜头准确再现人物

右图是使用85mm焦距拍摄的，画面畸变较少，人物五官、身体比例还原准确，将街道的行人虚化使人物更加突出。NIKON D80、18-135mm、F3.5-5.6、F5.6、1/250s、ISO：250、85mm、0EV、中央测光

长焦镜头获取强虚化效果

长焦镜头景深小、视角小，会削弱近大远小的透视效果，压缩画面的空间，利于制造虚实结合的效果，并且镜头畸变较小。长焦镜头适用于虚化背景突出人物，例如拍摄肖像。此外长焦镜头可实现远距离拍摄，这样拍摄者不会干扰到被摄体对象的活动，适用于拍摄纪实人像、抓拍、偷拍等。

长焦镜头虚化背景

左图使用长焦距拍摄人物特写，这样可将杂乱的草丛虚化，使画面变简洁，人物在画面中更加突出。由于画面景深很浅，拍摄者设置了高速快门，对准人物靠近相机一侧的眼睛对焦，使画面对焦准确、清晰。NIKON D70s、18-200mm、F3.5-6.3、F6.3、1/320s、ISO：200、200mm、0EV、点测光

广角镜头表现环境人像

广角镜头视角大、景深大，适用于拍摄需要展现人物所处环境的人像，例如拍摄纪实人像。广角镜头容易出现影像畸变，且越靠近画面边缘变形越明显，拍摄者可利用广角变形修饰人物身材、增加画面的新鲜感。

短焦距展现开阔的海景

下图中拍摄者使用镜头的短焦端拍摄人像，广阔的视角展现出海景开阔的感觉。人物放松的姿势配合辽阔的海景，展现出情侣在海边嬉戏开心的状态。Canon 40D、18-200mm、F3.5-5.6、F8.0、1/125s、ISO：100、17mm、0EV、点测光

用光解析：

用闪光灯照射人物可起到在晦暗的环境中突出人物的作用，明快的硬光打破了画面沉闷的气氛。

利用广角变形

左图中拍摄者使用镜头的短焦端俯拍，画面产生近大远小的变形——人物的头变大腿变小，配合人物搞怪的表情，给人生动有趣的感觉。NIKON D80、18-55mm、F3.5-5.6、F5.6、1/50s、ISO：100、18mm、0.3EV、加权测光

拍摄要诀：

使用广角镜头仰拍可使人物的腿显得更长、身体显得更加修长；反之，使用广角镜头俯拍可使人物显得矮小，且人物距离相机越近、焦距越短，变形越明显。如果要减少画面变形，拍摄者可缩小取景范围或裁切画面。

9.3 借助自然光线表现人物

阳光是最大的光源，在不同的时间段它的色温、光质、照射角度、强度各有差异，拍摄者可利用不同属性的自然光表现不同的人像题材。

阴天柔和光线下拍摄

阴天柔和的光线是拍摄人像的理想光线，柔光照射下画面不会产生生硬的影子，可突出人物皮肤细腻、光滑的感觉，柔光特别适合表现女性、儿童。阴天光线柔和，拍摄者掌控起来更加容易，不过同样应注意拍摄时间的选择。需要注意的是，阴天的画面锐度较差，拍摄者可借助闪光灯提高人物的清晰度，使画面层次更加分明。

柔和的光线赋予画面细腻的感觉

下图是阴天上午九点半左右拍摄的，此时光线非常柔和，少了影子的遮挡使人物的细节更加丰富。此时光线从高处照射，人物戴帽子会遮挡光线，使用反光板补光可使面部受光充足。NIKON D80、18-135mm、F3.5-5.6、F5.6、1/160s、ISO：250、95mm、0EV、中央测光

用光解析：

在柔光照射下人物面部从明到暗的过渡区域较广，使用反光板可冲淡阴影，使脸部更干净。

装备选择：

在户外拍摄人像时，除了可以使用闪光灯，还可使用反光板对人物补光，反光板可提升人物背光位置的亮度，缩小画面反差，提升暗部细节，还可在人物眼中形成光斑，使眼睛显得更加有神。此外，反光板还可冲淡画面的杂色，使画面色彩更加纯净。

在阴天使用闪光灯拍摄

阴天给人灰蒙蒙的感觉，画面的层次感比较差。上图拍摄者使用闪光灯照射人物，使其头发、服饰的细节更加清晰。拍摄时闪光灯亮度应与环境光亮度基本一致，这样可避免人物与环境分离。NIKON D80、85mm、F1.8、F5.6、1/125s、ISO：100、85mm、0EV、点测光

强烈太阳光下拍摄

在强烈的直射阳光照射下拍摄，画面给人以明快、分明的感觉，拍摄者可利用这样的光线展现人物充满个性的感觉。拍摄时应注意直射阳光照射下物体反光更多，画面的亮暗差异会比较大。

制造特殊的明暗关系

左图是下午两点左右拍摄的，选择较暗的背景衬托可使人物更加突出，并可避免直射阳光照射导致的背景曝光不准。前侧光照射使人物面部立体感很强，并避免了人物面部细节大量隐藏在阴影之中。画面被光线分割为亮暗两部分，粗犷的影调可展现出人物充满个性的感觉。NIKON D80、18-135mm、F3.5-5.6、F5.6、1/160s、ISO：400、95mm、0EV、中央测光

问：强光照射下如何缩小画面反差？

答：一般情况下，较少使用强烈的光线拍摄人像，若无法避免这样的拍摄情况，则可使用闪光灯来缩小画面反差，拍摄时按背景的亮度曝光和补光即可。此外拍摄者还可到强光产生的影子里拍摄，此处光线强度较低、光质柔和。在影子里拍摄时要注意背景的选择，避免选择水面等较亮、反光较多的背景，使人物与背景的反差更大。如右图所示，到树荫里拍摄可使人物面部的光照变柔和，不过光斑位置依然曝光过度，拍摄者应避开这些光斑或使用反光板遮挡光斑。NIKON D80、18-135mm、F3.5-5.6、F5.3、1/100s、ISO：400、58mm、0 EV、中央测光

清晨或黄昏逆光下拍摄

清晨和黄昏时光线照射角度降低，呈黄红色，光质柔和，拍摄者可利用此时的逆光拍摄，利用晕光或眩光使画面呈现出绚丽的效果。由于光线方向性不强，人物背光面将受到柔和的弱光照射，拍摄者还可利用反光板提高背光面的亮度。

拍摄要诀：

逆光拍摄时，如果不需要晕光或眩光效果，应使用遮光罩或将手遮挡在遮光罩上前方，以避免直射阳光进入镜头。

利用黄昏的逆光拍摄

左图使用逆光拍摄，适当增加曝光可提高人物正面亮度。故意让直射阳光进入镜头使画面形成晕光效果，增加画面诗意。NIKON D80、18-135mm、F3.5-5.6、F5.3、1/200s、ISO：400、62mm、0EV、点测光

9.4 改变取景与构图方式

取景构图是拍摄者组织画面语言的方式，好的构图方式可增加画面的表现力与美感，使画面主题鲜明，整体更加协调。

将人物置于画面视觉中心

画面的视觉中心通常位于画面的黄金分割点位置或画面中央，如右图所示，将人物放在画面的视觉中心位置可起到突出人物、均衡画面的作用。三分法构图、黄金分割构图、中央构图都是将人物放在画面视觉中心的构图方法。同时拍摄者应确保画面只有一个趣味中心，避免将陪体等元素置于画面的视觉中心位置附近。

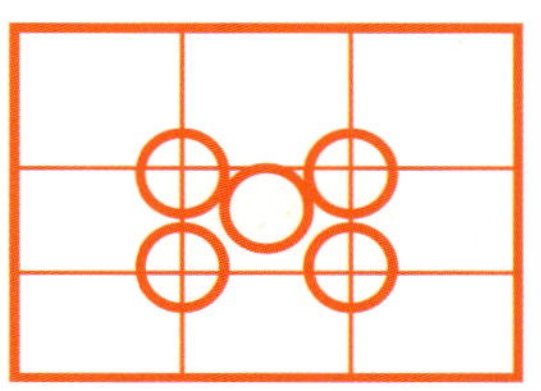

三分法构图

左图中将人物置于三分线上，画面均匀且不显得呆板，并能充分展现环境特点。NIKON D80、85mm、F1.8、F7.1、1/125s、ISO：100、85mm、0EV、点测光

中央构图

右图采用中央构图法拍摄，几乎呈对称分布的画面给人均衡协调的感觉。中央构图法比较稳重，但有时稍显呆板，适用于表现正式、工整的婚纱照。Canon 40D、18-200mm、F3.5-5.6、F10.0、1/160s、ISO：100、41mm、0EV、点测光

构图解析：

右图是将上图裁切得到的两种黄金分割图法。第一张照片画面均衡协调，但海景不够开阔；第二张照片人物视线方向受阻，画面显得拥堵。

S形表现少女的身体曲线

柔美流畅的身体曲线可突出少女曼妙的身材，可让人物穿着贴身的衣服，这样身体的线条会非常清晰。从侧面拍摄站姿、卧姿可重点表现人物身体轮廓，突出人物身材。姿势的安排是展现人物S形身姿的关键，应让人物将重心放在身体一侧，扭动腰部可使身体的线条变得更加婀娜。

NIKON D70s、18-50mm、F3.5-5.6、F5.6、1/60s、ISO：200、29mm、0EV、点测光

NIKON D70s、18-50mm、F3.5-5.6、F5.6、1/50s、ISO：200、25mm、0EV、点测光

突出身体线条

左侧两张照片中，第一张照片人物身体线条展现较好，整齐放置的手使画面线条简洁、明晰。第二张照片中人物左手刚好遮挡住腰部线条，不利于突出人物身材，且人物手脚形成不同方向的四条线条，使画面显得杂乱。

利用暗色背景突出人物身材

左图中拍摄者利用暗色的背景与白色的贴身衣服搭配突出人物身体曲线，让人物背靠门框作出遐想的样子，从侧面拍摄可使人物身体的曲线更加流畅、明晰。照片裁切到人物腿部上方，可起到突出腰部线条的作用。NIKON D70s、18-50mm、F3.5-5.6、F4.0、1/60s、ISO：200、45mm、0EV、点测光

用光解析：

室内灯光与户外日光的强度差异很大，拍摄者让人物靠在门框位置靠近日光以获得更多的光照，使用点测光模式对人物右脸颊测光使人物面部及服饰曝光准确，而背景因灯光强度较弱而严重曝光不足，这样不仅可突出人物身材，还使画面更加简洁。

利用前景与背景营造空间感

舒适的空间感不仅可以使画面中的人物看起来更加自然、生动，还可使画面避免二维空间的平面感，使画面更逼真。拍摄者可借助前景和背景增加画面的空间感，选择近大远小透视效果明显的拍摄对象作背景，例如以道路作背景可增加画面的空间感；同理，在构图时将位于人物前方的被摄体纳入画面，通过大小对比、虚实对比、色彩的深浅对比也可增加画面空间感。

消失点

构图解析：

通过调整取景角度使背景中的树木在画面中整齐排列，近大远小的有序变化使画面显得简洁、节奏感强。保留透视线条的消失点可使画面更完整。

利用背景增加空间感

左图中拍摄者选择呈近大远小规律变化的树木作背景营造空间感，让人物坐在靠近相机的位置可增加人物所占画面面积，这样既可充分展现秋天户外环境的特点，又可突出人物。NIKON D70s、50mm、F1.8、F2.0、1/200s、ISO：200、50mm、0EV、点测光

裁切画面得到的新图

纳入前景增加空间感

右图中拍摄者使用短焦距拍摄，这样人物前方的草地与背景中的草地大小差异增加，画面近大远小的透视效果非常明显，空间感很强。而上图中去掉前景的画面空间感较差，难以展现草地开阔的感觉。NIKON D80、18-135mm、F3.5-5.6、F4.5、1/400s、ISO：200、18mm、0EV、中央测光

留取适当空白增加意境

画面中的空白是指画面中白色的、亮色的、黑色的、暗色的等没有清晰影像的部位，也叫留白。通常要在人物视线方向、运动方向多留空白，这样人物在画面中才可“自由活动”。留白没有实际的影像信息，却能达到无形胜有形的效果，可为画面的情感表达、意境营造蓄势，从而增强画面表现力。

留白突出画面氛围

右图中拍摄者选择田野为拍摄环境展现人物放松的状态，采用三分法构图布局人物并保留大面积的天空，可突出环境空旷的感觉和人物自由自在的状态。大面积的留白简化了画面，使画面显得更加轻盈。NIKON D80、85mm、F1.8、F5.6、1/125s、ISO：100、85mm、0EV、点测光

留白展现宁静的环境

左图从俯拍角度展现人物静坐在水边的样子，大面积的留白营造出宁静的氛围。NIKON D80、18-135mm、F3.5-5.6、F5.0、1/400s、ISO：200、26mm、0EV、中央测光

构图解析：

画面中留白较多时，将人放在画面黄金分割点位置可起到平衡画面的作用。

问：留白适用于哪些情况？

答：留白的应用应与人物情绪、画面主题搭配，给人以含蓄、后退、低调的感觉。在表现静态人像时，例如坐着发呆的人，留白会给人意境悠远的感觉。在表现热烈的场面时，例如欢闹的人群，留白反其道而行之闹中取静，能起到制造悬念的作用。如右图所示，拍摄者将人物放在画面的左下角，在其视线方向和头顶留白，这样可激发观看者的好奇心，让人去猜想画面之外发生的有趣的事。NIKON D70s、70-200mm、F2.8、F4.0、1/320s、ISO：400、160mm、0 EV、点测光

9.5 人物的抓拍与摆拍

抓拍与摆拍是拍摄人像的两种方式，抓拍容易拍到人物自然的表情和状态；而摆拍的画面更加精致，画面的布光、构图更加讲究。

抓拍运动中的人

抓拍运动中的人物可捕捉到人物非常自然的表情，还可使画面动感强烈。抓拍快速运动中的人要注意对焦准确，连续对焦模式、动态区域模式更适合拍摄运动物体，而采用连拍模式更易捕捉到人物运动中的丰富姿态。

拍摄要诀：

拍摄者可采用陷阱对焦法拍摄运动中的人物，拍摄前在人物即将经过的位置对焦，等人物到达对焦位置再按下快门。这种方法对焦非常准确，不过采用这种对焦方式应提前对人测光，并锁定曝光。

抓拍运动中的人

右图中拍摄者让人物快速行走并回头看镜头，这样可为画面增添动感。拍摄时设置高速快门可避免人物模糊，在运动方向多留空间使画面动感更强。NIKON D80、18-135mm、F3.5-5.6、F4.0、1/640s、ISO：250、26mm、0EV、中央测光

抓拍儿童的表情

可爱的儿童表情变化非常丰富，使用高速快门抓拍不易错过精彩的瞬间。拍摄时要注意引导儿童的视线方向，当儿童直视镜头时会显得非常精神、可爱。利用玩具、零食，让儿童亲近的人引逗，他们的表情会更加丰富、生动。

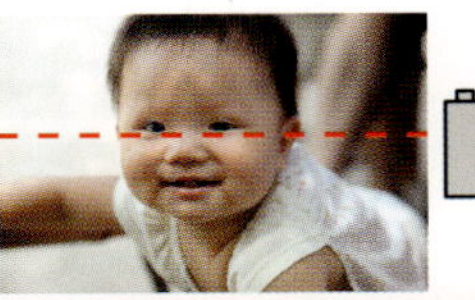

突出表情

左图中拍摄者从他眼睛的高度拍摄以便捕捉儿童的眼神，长焦距配合大光圈虚化背景使小孩表情更突出。Canon EOS 5D Mark Ⅱ、24-105mm、F4.0、F5.0、1/160s、ISO：100、105mm、0EV、加权测光

用光解析：

利用阴天柔和的光线拍摄可突出儿童皮肤光滑、白皙的感觉。柔光赋予画面饱满的色彩和细腻的影调，符合小孩子温和、可爱、单纯的感觉。

特写表情

右图中拍摄者使用长焦距裁切画面，去掉头顶空间可突出小孩的五官和表情。拍摄时小孩可由母亲抱着，这样可给小孩以安全感，让其表情更加自然。让小孩穿着色彩鲜亮的衣服，可以展现儿童天真、快乐的感觉。Canon EOS 5D Mark Ⅱ、24-105mm、F4.0、F5.0、1/200s、ISO：100、105mm、0EV、加权测光

拍摄要诀：

拍摄小孩时完全靠摆拍几乎是不可能的，拍摄者应选择小孩喜欢的拍摄环境，例如滑梯，这样拍摄者可在小孩玩耍的过程中抓拍精彩瞬间。

捕捉老人的神态

表现老人的关键在于对他们柔和目光的把握，让人物眼中出现眼神光会使老人看起来精神饱满、慈祥，从老人眼睛的高度拍摄也可增加亲切感并不失老人特有的庄重感，仰拍则可使老人显得更威严。利用顺光可减少老人面部的皱纹，而侧光则可强调老人面部的纹理。老人给人的感觉是沧桑、稳重的，所以增加画面的阴影面积形成低调影像更适合老人的气质。

借助道具突出老人表情

左图第一张照片中拍摄者使用短焦距仰拍少数民族老人，第二张照片是将第一张照片裁切得到的，裁切乐器使画面显得不够完整。第一张照片中富有特色的乐器配合短焦距展现出夸张的效果，让人感受到老人演奏时激情澎湃的状态。NIKON D80、18-135mm、F3.5-5.6、F3.5、1/1000s、ISO：100、18mm、0EV、加权测光

构图解析：

由于拍摄现场人很多，所以拍摄者使用仰拍的手法拍摄，阴郁的天空可增加老人沧桑、厚重的感觉，营造出肃穆、庄重的氛围。

让少女姿势更自然

少女优美的姿势体现在匀称、舒适的动作上，将重心放在一条腿上、利用腰部力量支持上半身可使人物显得轻盈、精神。准确把握人物肢体细节是增加优美感的关键，放松的头部、不等高的双肩、轻盈而自然的手部动作可突出人物姿势的优美感。

让头微微倾斜

左下图中人物双腿交叉身体微微倾斜，不对称的姿势可避免人物显得呆板。微微倾斜头部可增加人物自然、亲切的感觉。右上图人物头部、身体、腿几乎在一条直线上，则显得有些生硬。NIKON D80、85mm、F1.8、F1.8、1/50s、ISO：200、85mm、0EV、点测光

NIKON D70s、70-200mm、F2.8、F2.8、1/30s、ISO：400、70mm、0EV、点测光

自然舒适的姿势

右图中人物靠近相机的腿低、远离相机的腿高，这样可避免遮挡。将手肘靠在膝盖上形成稳定的三角形，这样的姿势人物可长时间保持而不会觉得累。将头枕在手腕位置视线往高处看，展现了人物静坐遐想的感觉，使画面亲切、自然。NIKON D80、70-200mm、F2.8、F2.8、1/160s、ISO：200、95mm、0EV、点测光

9.6 不同场景下的人物表现

拍摄场景形成画面的背景与前景，它决定着人物的服饰、画面的主题，在不同的拍摄环境中拍摄者可拍摄出风格各异的人像照。

暗光环境中的补光拍摄

在暗光环境中拍摄的方便之处在于人物受环境光的干扰较小，拍摄者可按自己的意图布光。在暗光环境中拍摄应准备大光圈镜头、三脚架、闪光灯，当环境光线较亮时拍摄者可使用大光圈借助三脚架拍摄，在环境光弱的环境中可利用闪光灯补光拍摄。补光应根据光位、光质的造型效果灵活安排，若要避免人物与环境分离，则补光亮度应与背景一致；闪光灯强度高于环境光强度时可制造出夸张的视觉效果，给人以紧张、神秘等感觉。

NIKON D80、70-200mm、F2.8、F2.8、1/50s、ISO：400、170mm、0EV、点测光

NIKON D80、70-200mm、F2.8、F2.8、1/40s、ISO：400、160mm、0EV、点测光

补光拍摄

左侧两张照片所示为两种补光方式，第一张照片中使用照射角度较高的顺光补光，人物面部的暖色与冷色的背景形成鲜明对比。第二张照片在第一张照片布光的基础上增加侧逆光勾勒人物轮廓，增加了人物的立体感。

问：拍摄夜景人像宜选择什么时间与地点？

答：拍摄夜景人像应从太阳完全落下时开始，此时天空呈现出蓝色，配合暖色调的灯光形成明快、绚丽的对比色调，而深夜时天空变为深蓝色，灯光也减少了，夜景失去了华丽的感觉。拍摄地点应选择灯光较多的地方，街道、靠近水源的位置灯光效果较好，拍摄者可充分利用环境光。如右图所示，夜幕降临时受灯光照射与未受灯光照射的位置形成巨大的色温差异，色彩非常绚丽。NIKON D80、18-135mm、F3.5-5.6、F5.0、1/8s、ISO：400、18mm、0 EV、中央测光

公园里人景结合的画面

公园环境整洁，是拍摄人像的好去处，草地、长椅、树林、花丛、弯曲的道路都是公园中常见的拍摄场地。公园给人的感觉是清晰的，所以适合表现柔美的人像题材，此外，一些古色古香的公园还特别适合拍摄古装人像。拍摄者可表现人物在公园玩耍的状态，配合气球、雨伞等道具可增加人物的表现力，使画面充满愉悦、放松的感觉。

展现亲近自然的感觉

下图中让人物躺在草地上可展现出人物放松的状态，降低相机高度从人物头部高度位置拍摄可展现出新鲜的视角，增加画面的新鲜感。NIKON D80、18-70mm、F3.5-4.5、F4.5、1/160s、ISO：100、55mm、0EV、加权测光

拍摄要诀：

当草地受直射阳光照射时会反射较多绿色的光线，当人物靠近草地时其受光较差的位置，例如脖子、脸颊下侧容易泛绿，此时可使用反光板对暗部补光以减少绿光。此外也可使用闪光灯照射人物以减少绿光，闪光灯亮度与环境光亮度一致或略高均可。

捕捉季节特色

右图中金秋的树林呈现出鲜亮的黄色，从较高位置拍摄可展现铺满黄叶的草地，突出季节特色。人物在树林中散步的样子给人以闲适的感觉，画面营造出温馨、恬静的氛围。适当增加曝光可增加色彩亮度，使黄叶显得更加鲜亮。NIKON D70s、50mm、F1.8、F1.8、1/60s、ISO：200、50mm、0.7EV、点测光

构图解析：

纳入银杏叶作前景可突出金秋的色彩，并能通过虚实对比增加画面空间感。将人物放在画面左下角与右上角前景平衡，画面协调。

校园内的人物系列

校园适合表现青春、简单的人像题材，校服与校园环境非常协调，同时还可准备书本、背包等道具。校园内的小花园、林荫小道、阶梯、图书馆、教室、运动场是常见的拍摄场地。校园内的人像主题通常与学生的身份联系紧密，学习生活、体育运动、纯洁的爱情是常见的人像主题。

剧情演绎

右侧的两张照片讲述着画面中人物相识的过程，通过多张照片演绎剧情、讲述故事。

NIKON D80、18-135mm、F3.5-5.6、F5.6、1/100s、ISO：100、55mm、0EV、点测光

NIKON D80、85mm、F1.8、F3.2、1/100s、ISO：100、85mm、0EV、点测光

用光解析：

使用闪光灯照射人物可使人物在画面中更加突出，闪光灯改变了画面原本平淡的影调，增加了画面的观赏性。

善用环境

左图以旺盛生长的草丛为拍摄环境，设置较大光圈配合中焦距虚化前景与背景，被虚化的草丛呈现出细碎的斑点，营造出温馨、浪漫的氛围。人物手拿野花与环境协调。NIKON D80、85mm、F1.8、F4.5、1/125s、ISO：100、85mm、0EV、点测光

结合道具表现少女

当采用摆拍的方式拍摄少女时，拍摄者也就成了画面的导演，准备道具可使人物的演绎更加传神，画面更具表现力。有时道具还会成为成就一张照片的重要因素，道具不仅仅是人物手中的玩物，也象征着一种生活方式、一种观念，从侧面揭示了人物的性格、身份、活动等。道具的种类非常丰富，拍摄者可按照道具在日常生活中的用途来使用它们，也可反其道而行之，挖掘道具令人意想不到的功能。

道具增加画面意境

纸飞机道具是儿时的玩具，也是成年人寄托梦想、心愿的工具，左图中拍摄者借助纸飞机道具表现怀旧、淡淡的伤感。在空旷的野外，独自放飞纸飞机的女孩给人留下深刻的印象。配合偏黄色调、阴郁的天气，使画面气氛更浓。NIKON D70s、50mm、F1.8、F1.8、1/4000s、ISO：200、50mm、0EV、点测光

道具让人物表现自如

右图以手机为道具拍摄人物打电话聊天的样子，简单、生活化的动作让人物表现得从容、自然。拍摄时使用外拍灯从侧逆光位置照射模拟夕照效果，偏暖白平衡设置、适当增加曝光营造出黄昏时温暖的感觉。去掉遮光罩让少量外拍灯光线进入镜头形成晕光效果，增加了画面暖意。NIKON D70s、50mm、F1.8、F2.0、1/60s、ISO：200、50mm、0EV、点测光

构图解析：

利用树干和树叶前景形成L形构图，将人物置于框架中间可突出人物、突出画面的形式感。由于部分树叶靠镜头很近，被虚化的树叶有些遮挡背景。

建筑物前的独特视角

建筑分明的线条和大胆的色块赋予画面简洁、硬朗、现代、新潮的感觉，适用于表现时尚、个性的人物。在拍摄时不妨大胆打破传统视角，使画面更加张扬、独特。使用短焦距、采用非水平高度拍摄可改变人们熟悉的透视关系，展现出新鲜视角。

制造夸张的大小对比

左图中拍摄者使用短焦距仰拍，让人物靠近相机，借助广角变形使画面形成鲜明的大小对比，突出人物。仰拍取景保留小面积的天空可避免画面显得拥挤，增加画面的空间感。NIKON D80、18-135mm、F3.5-5.6、F7.1、1/400s、ISO：250、35mm、0EV、中央测光

拍摄要诀：

为了突出街头热闹的感觉，拍摄者可设置较小光圈来保留更多的环境描述，丰富的色彩和人群可突出街头氛围，通过短焦距利用大小对比突出主体。此外街头人较多，所以拍摄者宜选择摄影的黄金时间拍摄，以便充分运用现场光，少用反光板或闪光灯。

使用短焦距仰拍

右侧第一张照片使用较短焦距仰拍，第二张照片使用稍长焦距平拍。通过对比可以看出，使用短焦距仰拍可拉长人物的腿，使人物身材显得更加修长。NIKON D70s、18-70mm、F3.5-4.5、F5.6、1/100s、ISO：200、20mm、0EV、点测光

拍摄要诀：

使用短焦距拍摄时，通常将人物的腿、裙摆放在画面的边角位置，以夸大其长度或大小。

NIKON D70s、18-70mm、F3.5-4.5、F5.6、1/100s、ISO：200、50mm、0EV、点测光

海岸边唯美浪漫的婚纱照

海边有蓝天、白云、绿树、碧海，是拍摄唯美浪漫风格婚纱的理想场所。拍摄时间宜安排在日出时至上午八九点或下午三点至日落，新娘应穿着雪纺、薄纱等质地轻柔的服装，这样在海风的吹拂下会给人以飘逸、灵动的感觉。使用短焦距拍摄可展现开阔的海景，使用大光圈镜头拍摄则可突出人物，拍摄者应多使用摆拍与抓拍相结合的方式拍摄，抓拍情侣海边嬉戏的样子。

展现新人开心的样子

左图中让情侣坐在礁石上戏水，拍摄者采用抓拍的方式记录他们开心的样子。从高处俯拍可拍摄到广阔的海景，突出海景特色。适当倾斜相机打破了画面均衡，展现出画面欢乐、放松的氛围。Canon 40D、18-200mm、F3.5-5.6、F10.0、1/160s、ISO：100、41mm、0EV、点测光

用光解析：

水面反光较多，与人物面部的反差较大，使用外拍灯对人物补光，既可保留湛蓝的海水背景，又可避免人物曝光不足。从高顺光位置照射模拟日光效果，使画面的光线更自然。

使用长焦距拍摄

右图使用长焦距拍摄沙滩上的情侣，长焦距可压缩画面空间感，将远处的海洋拉近，突出人物的同时保留了海景特色。让人物头部靠近形成三角形构图，赋予画面稳定感。Canon 40D、18-200mm、F3.5-5.6、F10.0、1/100s、ISO：125、85mm、0EV、点测光

拍摄海景婚纱时，在人物的动作、画面的情节设计方面要注意充分展现海景特色，蓝天、碧海、海岸线、礁石、椰林、渔船、沙滩等景物都可体现出海景特色。人物在沙滩上奔跑、在海边戏水、躺在太阳伞下晒太阳等动作符合海边环境，此外，在夕阳西下时拍摄者可拍摄静态的人像，例如坐在沙滩上看日落。拍摄海景还应注意天气对画面效果的影响，晴天给人以明快的感觉，阴天画面空间感较差，拍摄者可通过闪光灯、色彩近深远浅的搭配等方式增加画面空间感。

人物动作与海景搭配

左图是使用短焦距俯拍的，短焦距可展现出开阔的海景，人物深呼吸的动作、飘逸的头纱暗示了海边令人舒畅、陶醉的感觉。让人物头部处于靠近画面中央的位置，可避免人物面部变形。Canon 40D、18-200mm、F3.5-5.6、F10.0、1/160s、ISO：100、17mm、0EV、点测光

构图解析：

使用短焦距拍摄可使礁石近大远小的对比更强烈，画面空间感更强。在人物上方和前方保留较多留白，既可突出画面空间感，又可为人物的活动留下广阔的空间。

轻盈的高调影像

左图中拍摄者利用水平线构图的方式布局背景，使背景形成整齐的色块分布。适当增加曝光使画面影调轻盈，形成高调影像，配合婚纱给人以圣洁、淡雅的感觉。Canon 40D、18-200mm、F3.5-5.6、F10.0、1/100s、ISO：100、50mm、0EV、点测光

Chapter 10 室内人物的拍摄

学习重点

- 室内人像拍摄的经典POSE
- 简易室内摄影棚的创建
- 室内人像拍摄的常见布光方式
- 选取不同的人物拍摄角度
- 高调与低调效果的人像照
- 室内环境下不同人物的表现

10.1 室内人像拍摄的经典POSE

室内人像的POSE比室外人像复杂，在没有明确环境信息的背景上，拍摄者可让人物演绎多种不同的状态，当人物的姿势配合夸张的妆面和服装时，可展现出远远高于生活的夸张、艺术的效果。人物POSE的设计有两个依据：故事情节和人物的自身条件。服装、妆面、道具、陪体等与画面主题相统一，也决定了人物的活动，例如穿着唐装时应让人物表现出静美、含蓄的状态，此时奔跑、跳跃等动作都不适宜。此外，扬长避短也是POSE的重要功能，恰当的POSE可起到修饰人物身材、脸型的作用，使镜头展现人物最美的一面。

展现女性身姿的站姿

左图所示为一个标准的女性站姿，人物将重心置于左腿，腰部往左扭动可突出女性的身体曲线；双肩不等高、头部微偏可避免人物显得呆板；用身体前侧面面向镜头可使身体显得轻盈。Canon EOS 5D Mark Ⅱ、24-105mm、F4.0、F18.0、1/200s、ISO：100、82mm、0EV、点测光

突出个性的坐姿

左图中人物的坐姿显得张扬、有序，远离身体的手部姿势展现出人物个性张扬、有力的感觉，这与人物的细脚高跟鞋、长筒袜相协调。NIKON D70s、18-200mm、F3.5-6.3、F16.0、1/500s、ISO：200、31mm、0EV、点测光

舒适的坐姿

让人感觉舒适的姿势可使人物放松，流露出自然的表情。右图中人物的右手起到支撑身体的作用，手与腿形成稳定的三角形结构，这种贴近生活的姿势不仅可让人物放松自如，也充分发挥了沙发的作用。NIKON D70s、18-200mm、F3.5-6.3、F11.0、1/320s、ISO：200、31mm、0EV、点测光

拍摄要诀：

由于近大远小的透视原理和景深的约束，应让人物的肢体至相机的距离与对焦点至相机的距离接近，这样可避免肢体变形和被虚化。

10.2 简易室内摄影棚的创建

利用室内的灯光设备拍摄人像时，拍摄者可不受天气、时间的限制，灵活安排光位、光质、色温等，使拍摄更加方便。如果拍摄者热衷于人像摄影，那么不妨自制摄影棚拍摄。人像摄影棚应选择长、宽、高分别为5米、6米、3.5米的采光较差的房间，如果房间更大，则灯光照射效果更加通透。此外还需准备背景，白色、黑色和灰色的无纺布作背景效果较好且非常耐用。最后是灯光的选择，下文将根据价格由低到高的顺序向拍摄者介绍几种创建摄影棚的方案。

方案一：家用白炽灯配合反光伞或透光伞使用。白炽灯功率应超过100瓦，2～3只灯即可。此外还需准备摄影灯支架或三脚架固定灯光设备。

右图所示为利用家用白炽灯创建的摄影棚，它成本低，拍摄者制作起来比较容易，不过其照射范围很窄、亮度较低。拍摄时应让人物靠近背景、让光源靠近人物，以便得到更多的光照。白炽灯前加上反光伞形成柔光与硬光的混合光，反光伞分为银色和金色两种，银色反光伞反射白光，金色反光伞反射黄光。若需要柔光则应使用透光伞，使用硬光则直接使用裸灯，不必加附件。

银色反光伞

金色反光伞

透光伞（柔光伞）

方案二：外置闪光灯配合反光伞或透光伞使用。此外还需准备能同时引闪多只闪光灯的引闪器。

左图所示为使用外置闪光灯配合反光伞搭建的摄影棚，使用背景卷轴将背景挂起来，使用时打开卷轴即可。该摄影棚光源强度较高，成本较低。

外置闪光灯摄影棚光照效果

右图为使用两只闪光灯配合银色反光伞作光源拍摄的，闪光灯强度较高，利于拍摄者手持相机拍摄。闪光灯照射面积较窄，人物腿部受光弱于人物脸部。使用闪光灯搭建的摄影棚拍摄全身人像，容易出现光照不均的问题。NIKON D80、18-135mm、F3.5-5.6、F5.6、1/125s、ISO：100、38mm、0EV、点测光方案三：使用外拍灯作光源，需准备反光伞、透光伞、柔光箱、闪光灯支架等附件。如果要获得良好的光照效果，应准备两只或更多外拍灯，也可使用闪光灯与外拍灯搭配使用。

如右图所示，外拍灯配上反光伞可作室内光源使用，外拍灯强度高、照射面积广，搭配柔光罩、反光伞可制造出柔和、均匀的光照。不仅如此，它还携带方便，无论在室内拍摄还是室外拍摄都可使用。

方案四：使用影室灯搭建摄影棚。拍摄者应准备3只或更多影室灯，丰富的影室灯附件可使拍摄者操控光线的权利更大。

左下图所示，简易摄影棚使用影室灯搭配四角形柔光箱作光源，3只影室灯分别照射背景和人物，使画面光照均匀。右下图所示为影室灯丰富的附件，专业的附件可使光线效果更丰富。

影室灯摄影棚光照效果

左下图是使用影室灯作光源拍摄的，均匀的光照使背景呈现出纯白色，使用八角形柔光箱（如右下图所示）作主光照射人物可减少画面阴影，使画面影调轻盈。Canon EOS 5D Mark Ⅱ、24-105mm、F4.0、F18.0、1/200s、ISO：100、58mm、0EV、点测光

装备选择：

室内拍摄还需准备反光板、吸光板等装备，它们可用于调整光照效果，使用光更准确、画面细节更趋完美。

10.3 室内人像拍摄的常见布光方式

在室内拍摄人像时，拍摄者对光线的掌控更加灵活，拍摄者应掌握常见的布光方式，了解用光的基本规则，再根据规则创意发挥。拍摄者需明确，光线不仅要起到照明的作用，还要起到塑性、控制画面效果的功能。光线可突出画面的立体感、空间感，展现人物皮肤和服饰的质感，还可赋予画面独特的风格，暗示人物性格和情绪等。这些因素都是拍摄者布光的依据。

平面光

平面光是拍摄女性、婚纱照常用的布光方式，该布光方式光照均匀、柔和、画面阴影极少，给人以轻盈、淡雅、和谐的感觉，但它的不足之处是不擅长表现立体感。左图所示为平面光照射效果，下图所示为其光位俯视图。Canon EOS 5D Mark Ⅱ、24-105mm、F4.0、F18.0、1/125s、ISO：100、24mm、0EV、点测光

用光解析：

平面光布光要点：1.照射人物的光线位于顺光位置附近，人物左右两侧亮度一致；2.用两只背景灯均匀照亮背景；3.背景亮度与人物面部亮度基本一致。

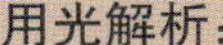

用光解析：

伦勃朗光以人物鼻子为界使人物面部分为明暗两部分，通常让光源位于人物面部的前侧位置，即可形成三角形光斑。

伦勃朗光

伦勃朗光来自绘画大师伦勃朗的用光方式，其特点是在人物面部会形成三角形的光斑。伦勃朗光可清楚有力地再现人物面部骨骼结构和鼻子的形态，展示出人物坚强、充满力量的性格特征，特别适合表现男性。

NIKON D70s、18-200mm、F3.5-6.3、F16.0、1/200s、ISO：200、22mm、0EV、点测光

低位光照增加人物魅力

照射角度较低的光线通常不用作主光，因为当画面的影子往上时容易给人以恐怖、邪恶、怪异等感觉。左图中拍摄者利用低位光照拍摄，形成一种逼人的感觉，这样的光线可突出女性的性感。Canon EOS 5D Mark Ⅱ、24-105mm、F4.0、F8.0、1/200s、ISO：400、50mm、0EV、点测光

用光解析：

在运用地灯突出人物性格时要注意对其强度的把握，左图中拍摄者用前侧光作主光，地灯的亮度略强于主光，这样地灯的夸张效果被适当削弱，恰到好处地突出了人物性格。

用光解析：

室内陈设展现出书房的感觉，拍摄者可使用两种光位：模拟天花板灯光或台灯的光照角度。使用照射角度高的前侧光照射，可突出画面立体感并且符合环境特征。

Canon EOS 1Ds Mark Ⅱ、24-105mm、F4.0、F9.0、1/125s、ISO：100、53mm、0EV、点测光

模拟居家室内光照效果

当拍摄环境中出现带有鲜明环境特征的陈设时，主题、服装、动作、用光都应与环境协调。上图中拍摄者使用照射角度较高的光线模拟室内光线的照射效果，使闪光灯效果更自然。

问：使用闪光灯拍摄如何测光？

答：使用闪光灯、外拍灯、影室灯等光源拍摄时，灯光发出的光线持续时间很短，拍摄者无法使用相机的测光系统测光，此时要了解光线的强弱有三种方法。方法一，使用测光表测光（如右图所示），不过测光表价格偏高。方法二，计算光线强弱，根据“光圈=指数/距离”的公式可计算出光线的强度，例如指数为64的影室灯照射距离它两米的人物，则人物面部光线强度为64/2，即F32、ISO：100。方法三，试拍，根据准确曝光的参数了解光线强度。

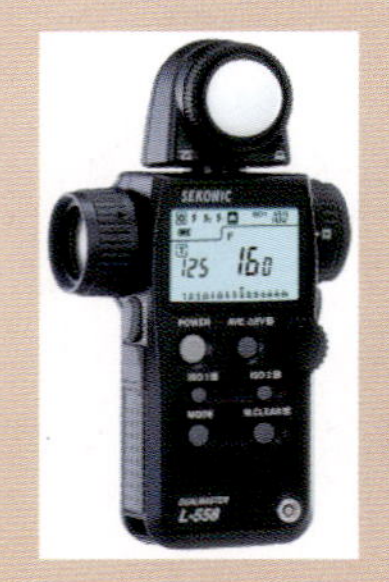

10.4 选取不同的人物拍摄角度

选择拍摄角度是人像拍摄构图的第一步，拍摄角度的选择决定了画面将展现并强调人物哪方面的特征，也能起到暗示人物性格、修饰人物身材的作用。

正面角度拍摄

正面角度是最常用的角度，能展现人物的面部特征、突出人物表情、展现服饰的主要特征。不足的是正面拍摄不易突出人物的立体感，容易给人呆板的感觉。拍摄者可安排非对称的人物POSE增加画面动感，如让人物的手高低错位放置、双肩不等高、偏头等。此外还可借助道具、用光等增加画面立体感、空间感。

正面展现人物特征

右图选择正面角度拍摄展现人物服饰、表情，给人以亲切感。人物的手呈高低放置可起到平衡半身取景的作用，避免画面呆板。NIKON D70s、18-200mm、F3.5-6.3、F22.0、1/500s、ISO：200、50mm、0EV、点测光

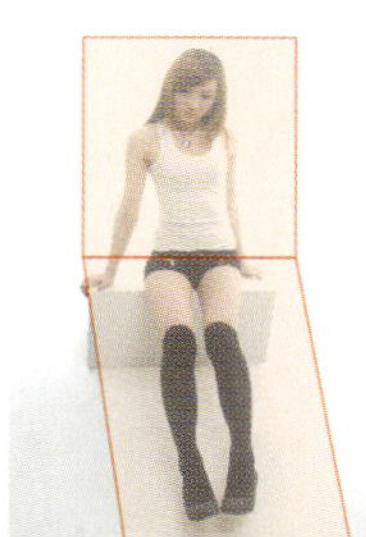

人物姿势增加画面空间感

与上图相比右图的空间感更强，因为人物的双腿向镜头方向弯曲与上半身形成两个平面，简单的姿势展现出人物安静的感觉。NIKON D70s、18-200mm、F3.5-6.3、F16.0、1/500s、ISO：200、18mm、0EV、点测光

拍摄要诀：

正面适合拍摄标准脸型，拍摄偏瘦脸型可使脸型更饱满，也比较适合。不过正面拍摄不适合脸型偏胖、偏圆的人，这个角度会使人物脸型显得更加圆润。同理，正面也不适合拍摄身材偏胖的人，容易使人显得臃肿。

前侧面角度呈现立体感

与正面角度相比前侧面同样可展现出人物的基本特点，前侧面拍摄可避免画面出现“平”的感觉，使画面立体感强，人物在画面中显得更灵活。前侧面使人物在画面中的面积减小，能起到修饰人物脸型和身材的作用。不过当拍摄身材较瘦的人物前侧面时，人物在画面中会显得单薄、瘦弱。

展现人物灵动、自然的状态

下图从人物右前侧方拍摄，这个拍摄角度可突出人物面部和身体的立体感，让人物倾斜肩部使人物看起来更加放松、自如。Canon EOS 5D Mark Ⅱ、24-105mm、F4.0、F16.0、1/200s、ISO：100、46mm、0EV、点测光

Canon EOS 5D Mark Ⅱ、24-105mm、F4.0、F18.0、1/125s、ISO：100、58mm、0EV、点测光

构图解析：

对比左图与上图可以看出拍摄角度的选择对人物脸型以及画面效果的影响。左图从人物前侧方较高位置拍摄，使人物脸型更好看，人显得更加灵动。上图采用正面仰拍，人物的脸型偏圆并且显得有些不自然。

用光解析：

人物的服饰给人以性感的感觉，制造少量的阴影可增加人物的神秘感，也与服饰色彩相协调。采用伦勃朗光强调人物精致的五官，进一步增加了人物魅力。

拍摄要诀：

拍摄人像照应根据人物性格、五官特点等确定主题，再根据主题确定服饰、妆面，人物的姿势、构图、用光都应与主题协调，这样画面的表现力会非常强，表达的含义也会非常准确。这要求拍摄者对人像摄影的各个环节都有较多的认识，不仅要把握好摄影技巧，更要充分理解服饰、妆面、沟通艺术等。

全侧面突出轮廓线条

全侧面能突出人物的身体线条和面部轮廓，配合轮廓光或简单背景的衬托，人物的轮廓线条会更加鲜明。当人物没有直视镜头时，全侧面给人以含蓄的感觉，擅长营造意境，能激起观看者的好奇心去猜测人物情绪等。

深入刻画人物轮廓

下图借助被虚化的背景衬托人物面部轮廓，人物看着远方出神并流露出淡淡的微笑，让人去猜测画面之外的故事。大面积被虚化的背景形成画面留白，为画面增加想象空间。NIKON D80、18-135mm、F3.5-5.6、F5.6、1/200s、ISO：400、80mm、0EV、中央测光

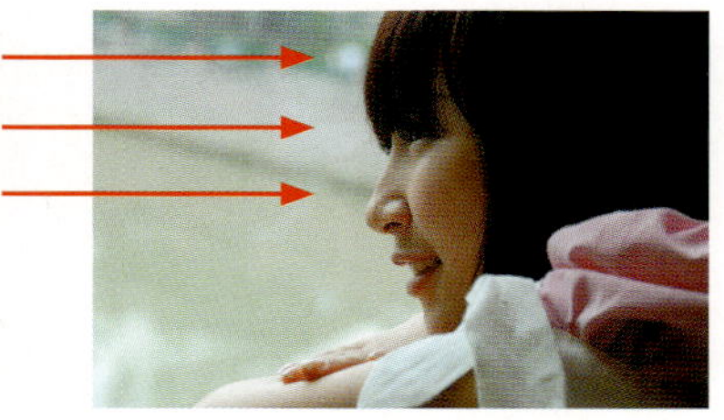

用光解析：

左图中拍摄者利用从人物前方的窗户透进的柔光拍摄，光线在画面中形成侧光，可突出人物面部的立体感和衣服的质感。

展现人物陶醉的状态

侧面人像给人以含蓄的感觉，左图中拍摄者让人物表现出闭目陶醉的状态，选择全侧面拍摄配合人物情绪。为了充分展现环境特点，营造出精致的拍摄环境，拍摄者设置小光圈、使用慢速快门以便提高环境亮度。此外稳定的人物姿势也利于人物长时间保持不动，避免人物被虚化。Canon EOS 1Ds Mark Ⅱ、24-105mm、F4.0、F10.0、1/2s、ISO：100、68mm、0EV、点测光

拍摄要诀：

在使用慢闪光同步的方式拍摄室内人像时，应注意协调闪光灯与环境光的亮度。拍摄者应首先测量环境光的亮度，该读数即是画面的最大曝光数据，如果曝光量在此基础上增加，将导致环境曝光过度。闪光灯亮度应与环境光一致或略高于环境光，这样既可增加人物亮度又可避免人物与环境分离。此外，使用慢闪光同步时应注意提醒拍摄对象保持不动，直到曝光结束。

俯拍突出人物面部

俯拍即从较高位置拍摄，可用于展现人物富有亲和力的一面，常用于表现年轻的女性。俯拍时人物的面部距离相机最近，处于最显眼的位置，能突出人物面部。当使用短焦距俯拍时人物的头部会变大、腿部会变小，相机距离人物越近变形越厉害，拍摄者应注意把握好变形的度。

构图解析：

左侧照片的构图方式能很好地突出人物五官并使画面均衡。倾斜相机使人物头部沿画面对角线分布，手部姿势沿另一条对角线分布，两条线的交叉位置即人物面部容易吸引人们的注意力。从人物眼睛的布局来看，画面属于善于制造均衡感的黄金分割构图法。

俯拍强调人物五官

左图采用俯拍的方式，人物抬头面向镜头，五官尤其是眼睛特别引人注目。为了突出五官精致的感觉，拍摄者使用前侧光，眼神光将眼睛点亮使眼睛炯炯有神。Canon EOS 5D Mark Ⅱ、24-105mm、F4.0、F18.0、1/160s、ISO：100、105mm、0EV、点测光

俯拍展现新鲜视角

右图使用短焦距俯拍，画面近大远小的透视变形非常明显，打破常规的拍摄角度和变形可增加画面新鲜感。配合电视机道具、个性鲜明的橙色背景，给人以新潮、个性的感觉。NIKON D70s、18-55mm、F3.5-5.6、F16.0、1/400s、ISO：200、24mm、0EV、点测光

拍摄要诀：

俯拍应注意相机高度的控制，如果相机过高，画面中人物的五官会重叠起来，例如鼻子与嘴唇重叠，这样的取景角度会给人怪异的感觉。当人物瞳仁较小而眼白较多时，不可让人物仰视镜头，这样人物的眼睛容易给人奇怪的感觉，也容易使眼神变得凶狠。

平角度取景构图更平稳

平角度是与人们的视角最接近的角度，平角度取景的画面给人平稳、自然、亲切的感觉，它不易使画面变形，使人物比例还原真实。平角度取景最容易捕捉到人物的目光，使画面产生交流感，使人物的情感表达更直接。由于平角度是人们习惯的视角，所以平角度取景容易给人平淡的感觉，给人的视觉冲击力不大。

构图解析：

平角度是最客观的视角，采用平角度表现男性可展现出人物稳重、低调的感觉。

平角度拍摄男性

左图从人物眼睛的高度拍摄，属于平角度取景，平角度可捕捉到人物神采奕奕的目光，突出人物精神饱满的感觉。Canon EOS 1Ds Mark Ⅱ、24-105mm、F4.0、F5.0、1/125s、ISO：100、70mm、0EV、点测光

构图解析：

平角度取景可展现出生活化的感觉，画面真实、自然，同时还可防止室内陈设变形。使用短焦距增大取景范围，可充分展现环境特点。

平角度使画面更加亲切

右图使用平角度拍摄居家环境中的人像，比例还原真实的画面给人以亲切、自然的感觉，符合环境特点。Canon EOS 1Ds Mark Ⅱ、24-105mm、F4.0、F7.1、1/8s、ISO：100、44mm、0EV、点测光

仰拍表现高大修长的身材

仰拍从较低位置拍摄，画面容易发生变形，焦距越短，距离被摄体越近，变形越明显。利用这种变形可增加人物腿的长度，使身材显得修长、高大。同样拍摄者也可利用仰拍视角增加画面的新鲜感，使画面呈现出独特的效果。此外仰拍还可展现出人物端庄、高贵的感觉。

仰拍修饰人物身材

左图使用短焦距仰拍，与右图俯拍的画面相比，人物腿的长度增加，身材显得更加修长、舒展。Canon EOS 5D Mark Ⅱ、24-105mm、F4.0、F18.0、1/200s、ISO：100、32mm、0EV、点测光

NIKON D70s、18-200mm、F3.5-6.3、F18.0、1/500s、ISO：200、26mm、0EV、点测光

仰拍展现人物高贵的感觉

右图中人物穿着紫色的礼服，给人以高贵的感觉，使用仰拍可与人物服饰、拍摄环境协调，突出人物端庄、高贵的感觉。使用较长焦距仰拍可避免画面出现夸张的变形，使人物与环境协调。Canon EOS 1Ds Mark Ⅱ、24-105mm、F4.0、F11.0、1/2s、ISO：100、70mm、0EV、点测光

拍摄要诀：

仰拍时人物的头部会变小，脖子、下巴等位置会暴露在镜头中，使人物脸型变得方正，此时让人物低头可修饰人物脸型，也可充分展现人物情绪。人物低头时要使用反光板对面部补光。

10.5 高调与低调效果的人像照

影调是指画面色彩再现的深浅，分为高调、中间调和低调。不同的影调使画面展现出不同的感觉，适用于不同题材的人像。

高调人像画面明亮

高调影像由大面积亮度高、饱和度低的色彩构成，给人以轻盈、淡雅、纯洁、静美、清秀等感觉，所以高调人像常用于表现儿童和女性。高调影像惜黑如金，在画面中除了人物的头发几乎没有更多深色或暗色的部分。同样拍摄者也不能让画面中没有一点暗色，因为深色在画面中起着稳定画面重心的作用。

用光解析：

高调影像阴影很少，为获得均匀的光照，拍摄者使用柔光照射人物，前侧光位照射角度较高的光线使人物面部被均匀照亮，并可增加眼睛神采。均匀照亮背景使背景变成纯白色。

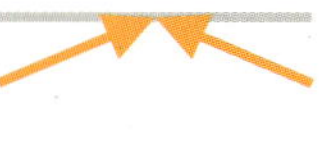

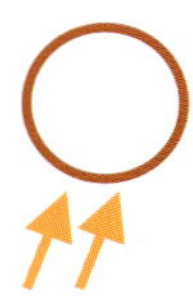

高调影像展现女性柔美的感觉

左图利用白色的衣服与白色的背景搭配形成高调影像，洁白的画面可展现出女性安静、柔美的感觉。NIKON D70s、70-200mm、F2.8、F8.0、1/125s、ISO：200、160mm、0EV、点测光

拍摄要诀：

在拍摄特写时可让人物将手放在肩部、胸口、脖子、脸颊、额头等位置，这样可避免特写变成呆板的证件照。

问：如何拍摄高调人像？

答：高调影像是画面色彩、亮暗分布的一种特殊情况，拍摄高调人像应做到以下几点。首先应选择浅色背景并让人物穿着浅色衣服；应使用软光、顺光光位，尽量减少阴影和影子；拍摄者可在准确曝光的基础上增加1档左右曝光，以提高画面亮度，使画面影调更加轻盈。如右图所示，画面中颜色较深的部位是人物的头发，人物的衣服和背景都是白色的，大面积的白色形成高调影像。拍摄时使用两只硬光影室灯作背景光将背景均匀照亮形成白色背景，人物面部受软光照射，阴影很少。NIKON D70s、18-55mm、F3.5-5.6、F16.0、1/500s、ISO：200、32mm、0EV、点测光

低调突出深沉的人物形象

低调影像与高调影像相对应，画面由大面积亮度低、饱和度高的色彩构成，给人以厚重、庄严、肃穆、另类、坚强、固执、含蓄等感觉。低调影像多用于表现成熟的男性和充满个性的女性。拍摄低调影像时应注意保留较少面积的浅色，这样可避免画面拥堵，使画面空间感更强。

低调影像使人物显得稳重

左图中拍摄环境的陈设颜色偏深，将照片去色可看出画面亮度较低。厚重的颜色可展现人物稳重的性格特点。Canon EOS 1Ds Mark Ⅱ、70-200mm、F2.8、F8.0、1/125s、ISO：100、70mm、0EV、点测光

拍摄要诀：

拍摄低调人像要注意，低调影像深色较多，所以应让人物穿着深色衣服并选择深色背景。低调影像应控制光线的照射面积，前侧光、测光或者逆光可让许多画面元素藏在阴影之中。拍摄者需明确，低调影像不是曝光不足的画面，而是由于特殊的画面色彩与明暗关系而产生的，需要准确曝光。

低调影像突出人物个性

右图是拍摄者利用光线形成的低调影像，照射面积窄的光线使画面出现大面积曝光不足，色彩亮度降低形成低调影像。低调影像配合复古的旗袍使画面显得华丽、低调，彰显人物独特的性格。NIKON D70s、70-200mm、F2.8、F14.0、1/125s、ISO：200、70mm、0EV、点测光

用光解析：

利用照射角度较高的前侧光照射人物，而距离人物较远的背景几乎受不到光照，形成低调影像。暖色调的光线使画面透着怀旧与伤感的感觉。

暖调使气氛柔和温暖

暖色调人像照给人以温暖、柔和、温馨、怀旧等感觉，有时也会用暖色表现日出或日落这样的时间段。拍摄者可通过白平衡设置、光线色温的控制、人物服饰和背景色彩的搭配使画面形成暖色调。

温暖的暖色调

下图利用橙色背景形成暖色调画面，光质较硬的光线模拟出直射阳光的照射效果，增加了画面暖意。在背景反光的作用下人物肤色泛橙色，使人物主体与背景色彩统一。NIKON D70s、18-50mm、F3.5-5.6、F11.0、1s、ISO：200、29mm、0EV、点测光

用光解析：

左图是使用闪光灯与连续光源混合拍摄的，闪光灯将人物和背景照亮，在连续光源的照射下背景持续反光，使人物受光差的位置泛橙色。

营造温馨的室内环境

右图中人物穿着暖色调服饰，暖色调沙发结合偏暖白平衡设置使画面形成暖色调，营造出温馨的室内居家环境，突出人物柔美、放松的感觉。拍摄时适当增加曝光使画面影调更加轻盈，突出环境让人放松的感觉。Canon EOS 1Ds Mark Ⅱ、24-105mm、F4.0、F5.0、1/125s、ISO：100、70mm、0EV、点测光

构图解析：

取景时纳入人物上方的盆栽局部可丰富画面色彩，使画面空间感更强。树枝与沙发形成半包围式的框架，这样可使人物非常突出并且使画面均衡。

冷调画面增加人物魅力

冷色调人像照可展现出人物冷艳、个性、孤独等感觉，也可用冷色调表现黎明或夜晚。冷色调画面中人物的表情通常是冷酷、哀伤的，给人情绪低落的感觉；有时也会出现夸张的表情或动作给人以新鲜感。拍摄者需要注意，冷色调人像的接受度不高，许多人难以接受泛蓝或泛紫的肤色，拍摄者可从服饰和环境等方面体现冷色调。

暖色调效果

构图解析：

从人物侧面拍摄可突出人物婀娜的身体线条，根据服饰特点将人物大面积光洁的皮肤展现在画面中，可进一步增加人物魅力，突出性感、冷艳的感觉。

冷调突出人物冷艳的感觉

左图利用白平衡设置使画面形成冷色调，人物服饰配合严肃的表情可展现出人物冷艳的感觉。为了避免夸张的冷色调让人感觉奇怪，拍摄时注意控制画面偏冷的程度。对比右上图暖色调画面，此时使用冷色调可增加画面表现力。Canon EOS 1Ds Mark Ⅱ、70-200mm、F2.8、F7.1、1/125s、ISO：100、70mm、0EV、点测光

问：如何避免肤色泛冷给人怪异的感觉？

答：冷色调人像容易出现肤色泛冷的情况，拍摄者可利用光线平衡肤色。可利用补色原理，使用黄色光线照射人物皮肤，等量黄色的光线与蓝光叠加形成白光，也可利用高于蓝光一档至两档的白光冲淡蓝光照射效果。用光调整画面颜色时要注意控制光线照射范围，以免画面色调被更改。如右图所示，使用白光照射人物面部可冲淡蓝光效果，使肤色还原准确。不过由于白光照射范围较大，画面冷色调效果不显著。NIKON D70s、18-55mm、F3.5-5.6、F11.0、1/250s、ISO：200、55mm、0EV、点测光

10.6 室内环境下不同人物的表现

在室内拍摄人像时，拍摄者可运用光线、室内摆设表现不同状态下的人物，专业的摄影棚、温馨的居家环境、浪漫的咖啡馆……种类丰富的拍摄环境使人像拍摄的内容更加丰富。

顽皮可爱的儿童

在室内拍摄儿童可缩小其活动范围，方便拍摄。此外，室内温度适宜，利于小孩健康，特别是年龄很小的孩子。室内拍摄应准备大光圈镜头或降噪功能较强的相机，这样拍摄者可在室内光线较弱的情况下尽量提高快门速度，捕捉好动小孩的精彩瞬间。准备丰富的玩具可使小孩保持精神饱满的状态，拍摄者可采用抓拍的方式记录小孩的日常生活，记录小孩的成长点滴。

抓拍表情

左图中小孩在沙发上开心地嬉戏，拍摄者可提高感光度以便尽量提高快门速度，在小孩视线转向镜头的瞬间按下快门，记录下小孩可爱的笑容。Canon EOS 5D Mark Ⅱ、24-105mm、F4.0、F4.0、1/125s、ISO：3200、105mm、0EV、加权测光

拍摄可爱的儿童

右图中小孩的裤子和鞋子很有特色，拍摄小孩站姿可突出特色服饰。拍摄时小孩正出神地看着前方，拍摄者看准时机记录下他可爱的样子。室内暖色调的灯光营造出轻柔的氛围，符合小孩子简单、可亲的感觉。Canon EOS 5D Mark Ⅱ、24-105mm、F4.0、F4.0、1/100s、ISO：2000、105mm、0EV、加权测光

拍摄要诀：

在室内拍摄小孩要注意避免画面出现奇怪的模糊，例如人物五官模糊。拍摄者可选择靠近窗户的位置，这样可获得较多的日光，以便提高快门速度，也可选择拍摄小孩安静的状态，例如熟睡、发呆的样子。不过有时画面局部模糊可增加画面动感，使画面更有趣。

浪漫的情侣合影

在室内拍摄情侣合影时，拍摄对象不会受到路人的干扰，表现更加自然。在摄影棚中拍摄时，可通过背景和服饰的变化拍摄出不同风格的情侣照。在居家环境中拍摄则可充分发挥家的象征意义，展现出温馨、妩媚、甜蜜等多种感觉。情侣照的主题比较单一，拍摄者可通过故事情节的设计使画面形式更加丰富。

卧姿使情侣更亲密

卧姿可让拍摄对象保持放松的状态，也可体现出情侣之间亲密的感觉。让人物呈半卧的姿势可突出人物面部，并能避免重力导致人物面部变形。让人物头部与相机距离一致可确保二人脸部清晰。Canon EOS 1Ds Mark Ⅱ、24-105mm、F4.0、F7.1、1/8s、ISO：100、62mm、0EV、点测光

营造温馨氛围

右图利用沙发代表温馨的居家环境，利用电脑做道具展现情侣的居家生活。人物休闲的服饰与环境协调统一，暖色调的运用营造了温馨的氛围。使用照射角度较高的光线模拟室内光照，使画面显得更自然、真实。Canon EOS 1Ds Mark Ⅱ、24-105mm、F4.0、F7.1、1/6s、ISO：100、70mm、0EV、点测光

拍摄要诀：

拍摄情侣照通常应让男士占的面积大于女士，这样可突出男士的稳重和女士的柔美。两人动作的安排不仅要展现出二人亲密的状态，还要注意修饰人物缺陷，展现人物美点。例如拍摄者可让二人身体轻微重叠以减小画面中女士身体的面积，修饰女士身材。此外画面布光应优先考虑女士，对准女性眼睛对焦。

服饰搭配阳光少女

服饰搭配可充分展现人物性格，也影响画面的色调、影调等。表现阳光少女通常会使用亮度较高、给人以欢快感的色系，例如黄色、橙色、粉色系，互补色搭配可增加人物活力，使画面给人以明快的感觉。此外人物的服饰搭配应注意紧跟时尚，展现人物新潮、前卫的感觉。

服饰展现人物性格

左图中人物穿着条纹粉色衬衣，给人以文静的感觉，短裙可突出人物的腿型，增加人物时尚感。NIKON D70s、18-55mm、F3.5-5.6、F11.0、1/320s、ISO：200、18mm、0EV、点测光

突出可爱的感觉

左图中粉色的衬衣配合百褶裙展现出人物可爱、阳光的感觉。此外直发也可展现出人物清纯的感觉。NIKON D80、18-135mm、F3.5-5.6、F4.5、1/100s、ISO：400、35mm、0EV、中央测光

道具表现女孩性格

借助道具可使女孩的性格更加鲜明，并能使画面内容更加丰富。道具以及被摄人物对待道具的方式可表现出人物性格。例如以捧花为道具，人物手捧鲜花给人以文静的感觉，如果人物将花抛起则显得活泼、性格张扬。

道具展现人物活泼的感觉

右图以场记板为道具，独特的道具展现出人物活泼开朗的感觉。借助场记板形成框架，使画面更加独特。NIKON D70s、18-55mm、F3.5-5.6、F11.0、1/200s、ISO：200、32mm、0EV、中央测光

记录舞台表演的人物

舞台表演呈现出夸张、炫目的效果，给人留下深刻的印象。拍摄舞台人像之前，拍摄者应提前了解表演的内容，这样会更容易把握准表演的高潮部分，抓拍到精彩瞬间。舞台人像拍摄应选择观众席3～8排左右、接近舞台中央的位置。如果人物运动较少可着重表现人物的造型、表情等；如果运动较多则可使用慢速快门记录舞台上流动的光影，增加画面动感与表现力。此外拍摄者还应注意对背景、伴舞演员、光效等的表现，这样舞台效果会更加立体、饱满。拍摄时尽量不要使用闪光灯补光，以免打扰别的观众和演员的表演，可将闪光灯模式设置为强制不闪。

特写精彩表情展现现场氛围

右图使用较长焦距从观众席第三排拍摄，大光圈镜头可方便提高快门速度，避免画面模糊。特写主角突出其造型与表情，展现出京剧表演特有的氛围。京剧舞台的光线照射面积较窄，应使用点测光模式对准人物测光。NIKON D80、85mm、F1.8、F2.8、1/320s、ISO：200、85mm、0EV、点测光

装备选择：

拍摄舞台人像应准备长焦、大光圈镜头，例如70～200mm/F2.8、135mm/F2.0、三脚架或独脚架等装备。长焦镜头可方便拍摄者远距离拍摄，大光圈镜头更适用于舞台暗淡的光线，三脚架或独脚架可避免画面模糊，与三脚架相比独脚架更方便，不会打扰到别的观众。

定格精彩造型

左图使用较短焦距将舞台上的两个人物纳入画面，表现角色冲突。舞台光线照射范围较窄，导致背景曝光不足，这样人物的造型和表演在画面中更加突出。NIKON D70s、50mm、F1.8、F2.8、1/250s、ISO：200、50mm、0EV、点测光

Chapter 11 风光拍摄

学习重点

- 风光拍摄中时间和地点的选择
- 风光拍摄5大要点
- 不同景别下的风光
- 不同季节风景的变化
- 结合构图手法表现风景
- 山景与水景的拍摄
- 原野与广漠的拍摄

11.1 风光拍摄中时间和地点的选择

在风光拍摄时，由于不同时间的光线不同，因此所营造的画面效果也不同。通常来说拍摄风光的最佳时间是日出日落前短暂的一个小时，可称为摄影的黄金时间。此时太阳在天空的位置较低，低角度照射下的光线使景物产生较长的阴影，为平淡无奇的景色添加了质感并增加画面的深度。如果选择在中午太阳较高时拍摄，则产生阴影较短，景色会缺乏深度和层次感，画面也显得较为平淡。因此利用好黄昏光线，借助美丽的金色光芒给风光和其他景物注入更多的生命力。

平视拍摄

左图拍摄者运用平视的拍摄角度，并利用日落时分动人的光线捕捉画面，获取迷人的画面效果。逆光下，植物主体轮廓清晰呈现，并在光线照射下，勾画出明亮的金色边缘。NIKON D70s、F25.0、1/1000s、ISO：200、200mm、-1.0EV、点测光

拍摄风景时所处的地理位置不同，季节时间不同，最佳适宜的拍摄时间和地点也会有所差别。例如平视角度拍摄山脉，需选择在相对山脉的较高地点；如站在较高的拍摄地点，则相应可捕捉大场景画面；反之，站在较低的拍摄地点，可采用仰视角度进行拍摄。

侧面地点拍摄

右图拍摄者站在建筑物侧面较远位置拍摄，并纳入前景经幡布，避免过白的天空影响画面曝光，还让画面的空间感增强，画面层次更加丰富。同时曲线的利用将玛尼石堆砌的形态展现在画面中，将观者视线向画面中心主体汇聚。NIKON D70s、F8.0、1/250s、ISO：200、150mm、-1.0EV、点测光

拍摄要诀：

风光摄影的主要光线来自自然光，此时就需要耐心等候最佳光线的来临，通常需要在拍摄前先对拍摄最佳地点有所了解，才能及时捕捉光线的魅力。同时，结合不同的拍摄角度来展示风光的特色，例如仰视是处在较低位置进行拍摄，平视则是处于与拍摄对象位置相同处，而俯视则是处于拍摄对象位置较高处。

11.2 风光拍摄5大要点

摄影人群中，对风光摄影情有独钟的占据绝大部分。然而背着笨重的器材跋山涉水，有时就为了获取一张美丽的风光照片，所以为了不要让拍摄出来的画面平平淡淡，尽量体现更多完美的风景特征。在拍摄风光照片时，拍摄者应注意以下5个要点，在拍摄时可参考。

不同光线下测光方式的选择

准确曝光是完美风光照片的基础，而正确的测光是准确曝光的前提。因此，在不同的光线环境下，选择正确的测光方式是必须的。通常数码单反相机提供有三种测光方式：点测光、中央重点测光、平均测光。灵活掌握测光是获取完美画面的重要因素之一。

NIKON D70s、F5.6、1/500s、ISO：200、200mm、-0.3EV、点测光

点测光体现细节

左图画面拍摄者利用点测光模式拍摄花朵，主体准确曝光，背景以暗调呈现，突出了主体。

NIKON D70s、18-200mm、F10、1/400s、ISO：200、80mm、0EV、加权测光

评价线展现风光

上图画面光线照射较为均匀，拍摄者运用评价测光模式对画面整体进行测光，并准确曝光。画面影调和谐统一，展现出风光的美丽。

拍摄要诀：

在风光摄影中，拍摄者可根据不同的光照条件以及所需获取的画面效果进行相应的测光模式选择。通常中央重点测光模式是大多数场景所适用的，点测光可利于画面中主体的突出，评价测光则针对光线均匀的画面。

善用白平衡渲染气氛

数码相机所提供的白平衡功能可很好地还原画面的真实色彩，解决偏色现象。正因为如此，我们在拍摄风光照片时，还可利用白平衡的特点呈现不同的画面风格并渲染画面色彩，让风光更加绚丽夺目。

增强夕阳画面色调

右图为夕阳画面，拍摄者运用相机所提供的阴影白平衡模式，降低了画面的色温，获取画面色彩更加鲜艳的效果，让画面气氛和画面色彩更浓重，视觉冲击力更强。SONY A100、F8.0、1/80s、ISO：80、150mm、-0.3EV、点测光

拍摄要诀：

数码相机提供有多种白平衡模式，在实际拍摄过程中，拍摄者可根据白平衡的特点以及所需要的画面效果进行选择并应用。同时，针对特殊的光线条件，拍摄者还可运用自定义白平衡模式，准确还原被拍对象的色彩。

填充前景对象使画面更有层次

大多数的拍摄者对于风光题材有着强烈的兴趣，对大自然的心理感受常常使我们不由自主地按下快门，但往往拍摄的结果却令人失望，特别是一些天高地远的大场景会显得平淡无奇。拍摄时若结合前景拍摄，则让画面空间感增强的同时，还可丰富层次。

展现天空的空间感

左图画面为利用仰视角度拍摄天空，前景的纳入，让单调的天空显得更和谐生动，画面层次更丰富。NIKON D70s、F14.0、1/800s、ISO：200、20mm、-0.3EV、平均测光

纳入最丰富的色彩与形态

画面丰富的色彩和独特的造型也是摄影中吸引观者注意力的因素。不管是风光摄影，还是人像摄影，将拍摄对象最丰富的色彩与形态纳入画面，也是成功的关键所在。

结合倒影表现画面的色彩

右图画面中色彩丰富，吸引观者注意力。拍摄者纳入树木在水中的倒影，增强画面色彩，并与主体相呼应，让画面更加生动。评价测光模式的运用，让画面准确曝光。NIKON D70s、F8.0、1/80s、ISO：200、80mm、0EV、评价测光

使用曝光补偿功能改变画面明暗

曝光补偿也是控制画面曝光的一种方式，目前数码相机都提供有这样的方式。最具有代表的就是运用在“白加黑减”上，拍摄白色的物体和黑色主体，将其色彩准确还原，可利用曝光补偿功能进行曝光调节。

展现云海真实色彩

下图为云海景色。白色的云海填满整个画面，为了将画面准确曝光，可根据“白加黑减”的原理增加曝光量，展示云海的真实色彩。NIKON D70s、F8.0、1/1000s、ISO：100、180mm、+0.3EV、加权测光

NIKON D200、F22、1/500s、ISO：500、20mm、-0.3EV、加权测光

逆光展现轮廓

上图拍摄者利用逆光拍摄，将景物的轮廓展现在画面中，太阳光线照射在水面上，增强了画面的视觉冲击力。

11.3 不同景别下的风光

景别，是由于相机和拍摄对象所处的距离不同，而呈现在画面上的景物范围大小。根据不同的拍摄情况，景别大致可分为5种：远景、全景、中景、近景和特写。风光摄影中根据不同的拍摄对象，选择不同的景别拍摄，可表现出不同的风光特点。

远景表现更大的风光场景

远景是摄影景别中视距最远、表现空间范围最大的一种景别。运用远景景别拍摄风光画面通常用来表现开阔的场面或广阔的空间，因此拍摄出来的画面在视觉感受上更加辽阔深远，画面节奏上也比较舒缓，一般用来表现开阔的场景。

横向构图展现宽阔感

下图画面色彩对比较强，天空和地面色彩形成鲜明对比，水平线构图增强画面视野范围，让观者视线延伸向两边。云朵的纳入，让画面增添一定的升级，动感因素更强。远景拍摄，给人宽广之感，仿佛离天空更近。

构图解析：

选择远景景别拍摄风光，并利用水平线构图，可进一步强调拍摄场景的宽阔。

NIKON D70、18-200mm、F3.5-5.6、F8.0、18mm、0EV、加权测光

问：如何运用全景表现较大场景的风光？

答：全景景别也可展现大场景画面，运用广角镜头能很好地展现画面的全景。同时，还可运用全画幅相机拍摄，可更好地展示风光的魅力。右图画面拍摄风光的全景，整个画面主体在画面上占据较小部分，使画面显得更加大气。

NIKON D70、24-85mm、F3.5-5.6、F8.0、1/200s、ISO：200、24mm、0EV、加权测光

近景突出局部特征

近景景别拍摄风光，能很好地表现拍摄对象的局部特点。在使用近景景别拍摄的画面中，环境空间相对被淡化，处于陪体地位。在特殊的情况下，常常会将画面中的背景虚化，此时背景环境中的各种造型元素都只有模糊的轮廓，这样有利于更好地突出主体。

运用色彩突出主体

下图画面为色彩鲜艳的经幡。拍摄者采用近景拍摄，并利用黄金分割构图方式，将主体放置于画面的黄金分割点位置，并结合经幡本身的色彩强化主体。

NIKON D70、24-85mm、F4-5.6、F8.0、1/250s、ISO：200、30mm、0EV、加权测光

用光解析：

自然光线照射在主体上，运用前侧光的方式，在展现出主体真实色彩的同时，还让画面影调和谐，光照下产生的阴影让画面层次丰富。

结合蓝天表现主体特点

右图画面中，拍摄者运用近景及较低的拍摄角度，将主体纳入画面大部分空间，并以天空作为画面背景，让主体从环境中凸显出来。蓝色的天空和黄色的芦苇在色彩上形成鲜明对比，让画面视觉冲击力更强。NIKON D70s、F6.3、1/160s、ISO：200、60mm、0EV、点测光

特写刻画细节对象

特写常用来从细微之处展示被摄对象的内部特征。特写画面视角最小，视距最近，画面细节最突出，所以能够最好地表现景物的线条、质感、色彩等特征。特写画面除了具体地表现被摄对象的局部细节之外，它还在构图方面显出单一性、直接性，因此还能够突出强化观者对主体的认同感。

用光解析：

自然光线从后侧方照射在花朵上，形成一定的阴影，使画面影调变得丰富。在带有逆光的光照下，花瓣呈半透明状。

展现花瓣在侧逆光下的形态

左图为黄色花朵，运用特写镜头将花朵充满整个画面。亮丽的黄色更加吸引观者的注意力，显得主体更加突出。

NIKON D70s、F9.0、1/1250s、ISO：200、112mm、0EV、点测光

拍摄要诀：

特写拍摄主体，能将主体的造型特点清晰完整地呈现在画面上。要让主体占据画面的大部分空间，此时要合理安排画面元素，背景虚化的方式是较常用的，将主体以外的其他陪体全部隐没。

低角度仰拍特写

右图拍摄者利用天空作为画面背景，拍摄草原上的细节风景画面。蓝色天空下，主体轮廓明显，F5.6的光圈减小了画面景深，让主体从复杂的环境中凸显出来。NIKON D70s、F5.6、1/320s、ISO：100、35mm、0EV、平均测光

11.4 不同季节风景的变化

风景会随着四季的变化而变化。不同的季节风景不同，每个季节都具有各自的风采。春季，万物复苏，枝叶的嫩芽慢慢长出；夏季，烈日炎炎，是拍摄水景的好时机；秋季，秋高气爽，出游采风再好不过；冬季，冰天雪地，是捕捉银装素裹画面的季节。

春季嫩绿的新叶

春天，黄黄的油菜花开满遍地，柳树舒展开了黄绿嫩叶的枝条，树枝长出了嫩嫩的新芽。其中，黄色的油菜花给人华丽、明亮的感觉，拍摄时，要通过不同的拍摄角度和构图方式来表现油菜花的特点。

展现春天的色彩

左图拍摄者采用仰拍的方式拍摄油菜花。以蓝天为画面背景，突出主体。黄色的油菜花展现出春天的气息。画面中黄色和蓝色形成鲜明对比，让主体更明亮。NIKON D70s、F4.5、1/350s、ISO：80、45mm、0EV、加权测光

构图解析：

利用对角线构图的方式拍摄柳枝，展现垂柳的柔顺，在画面中有引导观者视线的作用。

拍摄河岸垂柳

拍摄者采用F2.8的光圈将画面背景进行虚化处理，使主体突出。NIKON D70s、80-200mm、F2.8、1/800s、ISO：400、125mm、0EV、加权测光

夏季繁盛的枝叶

夏季，树林枝繁叶茂，百花争相开放，处处充满了活力与生机，树木和花朵都争相生长，给我们的镜头创造了更多的拍摄时机。

NIKON D70s、18-200mm、F9.0、1/320s、ISO：200、20mm、0EV、加权测光

斜线构图表现树木的茂盛

上图为茂密的树林。拍摄者选择F9.0的小光圈增大画面景深，让画面中的元素都清晰呈现，并结合1/320s的快门速度让画面准确曝光。

构图解析：

利用远近构图法拍摄风景，可让画面空间感更强，运用透视的关系，可使拍摄的画面显得更真实自然。

拍摄要诀：

风光拍摄过程中，同一场景的画面要留心观察，并要通过不同的拍摄方式以及景别的选择来表现不同的画面风格。拍摄角度的不同，获取的画面效果也不同。

竖画幅表现纵深感

上图画面中拍摄者采用竖画幅构图方式拍摄，纳入水景，让画面更具有活力。远近法构图让画面的空间感更强，更真实地展现夏季的风景特色。NIKON D70s、18-200mm、F9.0、1/320s、ISO：100、18mm、0EV、加权测光

秋季迷人的彩林

每到秋分时节，树叶慢慢变黄、变红，迷人的色彩为树林描绘出五彩的盛装。在秋高气爽的时节，不管是外出爬山，还是欣赏那色彩丰富的彩林，都是值得用镜头捕捉的，让美好的风光永远留在画面中。

构图解析：

利用树木色彩的不同，结合三分法构图方式，使画面不同色彩的树木清晰地呈现，增强层次感。

层次分明的树木

左图为秋天的景色。竖画幅拍摄方式将多彩树木的层次清晰地呈现在画面上。选择F9.0的光圈增大画面景深，并结合1/160s的快门速度让画面曝光正常，以获取完美的秋景图。NIKON D70s、18-200mm、F9.0、1/160s、

ISO：200、80mm、0EV、加权测光

结合水面拍摄

拍摄下图时，拍摄者运用较低的拍摄角度将色彩鲜艳的主体纳入画面，通过平均测光对画面整体进行测光，使画面准确曝光。NIKON D70s、18-200mm、F9.0、1/125s、ISO：100、150mm、0EV、加权测光

构图解析：

曲线给人柔美的感觉，利用曲线的构图方式拍摄秋景，可引导观者的视线，并凝聚观者的视线集中点。

冬季银妆素裹的世界

寒冷的冬季，大雪铺满整个世界，银白的色彩，给人纯洁、干净、安宁的视觉感受。在拍摄雪景时，要将白色准确还原，可利用相机提供的曝光补偿将画面准确曝光，展现出真实的色彩。

曲线引导视线

下图为冬季雪景。白色的雪景在色彩鲜艳的经幡衬托下，显得更加雪白。拍摄者利用F16的光圈增大画面的景深，让远处的雪山清晰地呈现在画面上，更加烘托出景色的迷人，展现冬季的特点。此外还增加曝光补偿，让白雪色彩真实地呈现。

NIKON D70s、18-70mm、F16、1/500s、ISO：200、18mm、+0.7EV、加权测光

用光解析：

自然光线从景物的顶部照射，前景屋檐下形成较强的阴影，让画面的影调变得更丰富，背景和远景也更有层次。

拍摄雪后景色

下图拍摄者运用广角镜头展现较大场景的雪景画面。F13的小光圈增大画面景深，让远景山脉清晰呈现，由于在顶光照射下，所以没有增加曝光补偿量，画面也准确曝光。利用前景，增强了画面空间感。NIKON D70s、24-85mm、F13、1/640s、ISO：200、24mm、0EV、加权测光

11.5 结合构图手法表现风景

展现风光的美丽不能是漫无目的的拍摄，还需要通过不同的构图、用光和拍摄角度来表现想要拍摄的对象，以及表达拍摄者的创作意图，从而展现画面的意境。在风光拍摄中，需结合构图的手法来表现风景，将其最美的一面捕捉在镜头中。

放射线构图拍摄天空云层

放射线构图是以一个点为中心向四周散发的构图方式，能很好地将观者视线集中在这个发散点之上，同时，发散的线条还能引导观者的目光，延伸向远处。利用放射线拍摄云层，可将云朵流动方向准确捕捉在画面上。

仰拍天空云层

下图拍摄者选择F10的光圈，增大画面景深。放射状的光线从云层发散出来，云层在画面中呈剪影效果，光线为云层勾画出明亮的边缘。NIKON D70s、F11.0、1/500s、ISO：100、112mm、0EV、加权测光

构图解析：

放射线构图方式将视线凝聚在一点上，发散出的光线增强了画面视觉冲击力，可更有效地渲染画面。

问：使用风景模式拍摄风景，照片会更漂亮吗？

答：初学者适合使用“风景模式”拍摄风光。通常在数码相机的拨盘上，风景模式的图标是一座小山，选择此模式，数码相机会自动设置适合拍摄风景画面的参数。虽然不同的数码相机之间的设置稍有差距，但是总的来说，相对于自动模式，风景模式的光圈变小，画面景深增大。右图画面采用风景模式拍摄，小光圈增大画面景深，获取了清晰的画面。NIKON D70、24-85mm、F9.0、1/640s、ISO：200、24mm、0EV、加权测光

水平线构图突出宁静感

对线条的灵活运用，也是对构图的准确掌握。水平线为直线，运用水平线构图方式拍摄的画面能给人宁静之感。同时，拍摄广阔的场景，水平线构图是最佳的选择。水平线构图方式也是拍摄风景照片最基本的构图方式。在拍摄中，拍摄者可根据不同的场景对象来选择这样的构图方式来表现，能使拍的画面更加平稳，突出水平方向的延伸感。

纳入树木增加画面因素

下图画面拍摄者结合蓝天拍摄广阔的草原，展现出宁静的感觉。绿色的草地和蓝色的天空形成鲜明对比。晴朗天气下，光线照射柔和，整个画面影调和谐，没有明显的阴影，进一步突出了拍摄环境的宁静。NIKON D70s、18-200mm、F3.5-6.3、F11、1/400s、ISO：200、25mm、0EV、加权测光

构图解析：

水平线构图展现了辽阔的草原风光，位于黄金分割处的树木增添了画面视觉亮点。

合理布局展现风光

左图同样是拍摄广阔的草原风光。三分法构图将天空和草原和谐地纳入画面之中，水平的线条展示出宁静和谐的画面，同时表达出拍摄者的心情。NIKON D70s、18-200mm、F3.5-6.3、F13、1/160s、ISO：100、18mm、0EV、加权测光

拍摄要诀：

水平线构图容易造成画面倾斜。在拍摄风景时，可将取景框边线和画面中的水平线或地平线进行比较，进而调节。此外还可以开启相机中的网格线功能，运用此方式来防止拍摄时画面的倾斜。

垂直线构图表现树木生长感

垂直线是具有上下方向特点的线条。如果拍摄的画面中只有一条垂直线条，那么画面会营造出紧张且有力之感；如果运用多条垂直线，让画面充满更多的节奏，那么可表现上下方向的延伸感。因此，用于垂直线构图表现树木的生长感是很好的构图方式。

垂直线表现树木

右图画面为树木。拍摄者采用竖画幅的拍摄方式，将树木的高大形态捕捉在画面上，并借助树木的线条来引导观者的视线，突出树木的生长感，且同时让画面更加有节奏感和韵律感。NIKON D70s、18-200mm、F3.5-6.3、F10、1/400s、ISO：200、20mm、0EV、中央测光

装备选择：

在带有迷雾的环境中拍摄风光时，想要在画面中减少雾的存在，可运用去雾滤光镜，这对我们在雾中拍摄有极大的帮助。

NIKON D70s、18-200mm、F3.5-6.3、F9.0、1/320s、ISO：200、60mm、0EV、中央测光

运用对比展现树木生长

上图画面中，前景清晰的树木吸引观者的目光，垂直的线条展现出树木的生长方向，并引导观者的视线。背景薄薄的迷雾增强了画面的梦幻感，让画面更吸引人。

远近法构图结合前景与背景

远近法构图是利用绘画中透视的关系，将真实的风景纳入画面，并让其具有三维的立体感和空间感。在摄影上，我们利用画面的前景和背景来展现出空间效果，并将主体的立体感真实地呈现在画面上。

丰富的色彩突出视觉感

下图画面为自然风光，拍摄者采用中央测光模式，对画面大部分进行准确测光并曝光。同时，在前侧光的照射下，画面形成一定的阴影，让画面影调更加和谐统一。NIKON D70、24-85mm、F3.5-6.3、F7.0、1/100s、ISO：200、25mm、0EV、中央测光

构图解析：

远近法构图是利用近大远小的原则对画面进行构图，可展现画面的透视关系，并将画面的空间感真实地呈现出来。

问：风光摄影中，只有结合前景才能体现画面空间感吗？

答：无论是风光摄影还是人物摄影，不一定只有纳入前景，才能展现画面的空间感。光影是摄影的灵魂，可利用光影效果来展现画面的空间感和立体感，让画面更加真实自然地呈现。通常情况，在侧光的照射下，拍摄对象的立体效果能最佳地表现，同时将其立体感真实地呈现，由此画面的空间效果显得更加真实。右图画面在阳光侧面照射下，沙漠质感真实呈现。NIKON D70、24-85mm、F3.5-6.3、F9.0、1/200s、ISO：200、45mm、0EV、中央测光

11.6 山景与水景的拍摄

山景和水景作为风景拍摄题材之一，被广大摄影专业人士以及摄影爱好者所喜爱。要将不同姿态的山和不同效果的水完美地呈现在画面上，需要拍摄者根据实际的拍摄情况，采取适当的拍摄角度、拍摄距离、现场光线进行完美构图，以便获取好的风光画面。

多角度表现高耸的山脉

不同的山脉，其造型不同，通过我们的镜头可将山脉的真实形象展现在画面上。要想能准确地表现山脉，就需要通过不同的拍摄角度来体现，才能完整地将山脉的姿态完美地呈现在画面上。

捕捉云雾环绕的山脉

左图为山脉风光。站在山脉的对面进行平视角度拍摄，可获取更加真实的画面效果。同时由于云雾的环绕，让画面显得更加生动和谐。NIKON D70、24-85mm、F3.5-6.3、F9.0、1/250s、ISO：200、25mm、0EV、中央测光

较大场景展现山脉

下图拍摄者利用仰视的拍摄角度展现山脉的高度感，给人雄伟的感觉。此外利用中央测光模式，对画面主体山脉进行准确测光并曝光，画面显得更真实自然。

构图解析：

纳入天空作为画面背景，可让主体更突出。利用三角形构图拍摄山脉，让画面主体显得更加稳定。

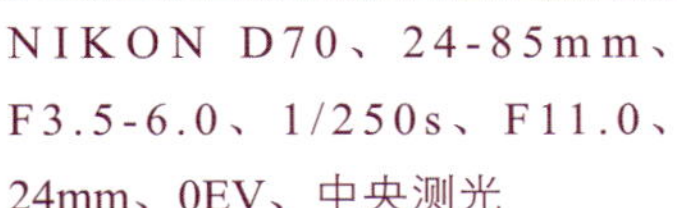

NIKON D70、24-85mm、F3.5-6.0、1/250s、F11.0、24mm、0EV、中央测光

三角形构图表现山脉的稳定

三角形给人稳定之感。利用三角形构图拍摄山脉，不但可将山脉的形态造型准确地捕捉在画面上，还能展现山脉的稳定感，以此来获取真实自然的画面效果。

蓝天突出山脉形状

下图画面拍摄者采用横拍方式，并结合三角形构图，将山脉展现在画面上，在干净的背景映衬下，山脉的轮廓清晰呈现。三角形构图让主体显得更加稳定。

NIKON D70、24-85mm、F3.5-6.3、F9.0、1/750s、ISO：100、50mm、0EV、中央测光

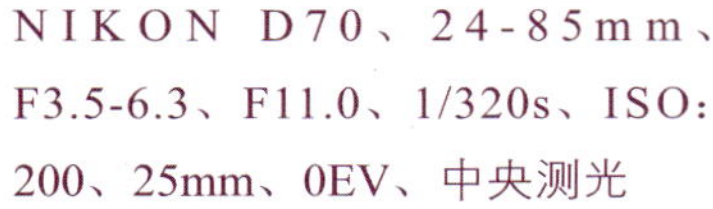
NIKON D70、24-85mm、F3.5-6.3、F11.0、1/320s、ISO：200、25mm、0EV、中央测光

拍摄要诀：

三角形构图通常是以三个相同性质的物、人或景构成画面的三角形整体。由于三角形的三条边是由不同方向的直线合拢而成，而不同的线条组成不同形式的三角形，产生不同的趋势和变化，给人以不同的感受。正三角形构图在力学上是最稳定的，在心理上给人以安定、坚实、不可动摇的稳定感。用正三角形构图拍摄山脉更能体现山脉的稳定。

平视的拍摄角度展现真实感

上图画面拍摄者采用正三角形构图拍摄山脉，展现山脉的稳定。选择F11的光圈将画面景深增大，山间的云层清晰呈现，突出山脉的高大。

广角纳入更多连绵的山峦

连绵的山峦从远处观看给人更多美感，曲线能更好地展现山峦的节奏和韵律。拍摄这样的画面，通常纳入较广的场景。由于广角镜头的拍摄范围较广，因此在拍摄连绵的山峦时，通常会用广角镜头来表现。

横画幅展现山峦的连绵

下图画面为连绵的山峦。曲线的构图方式展现出山脉的起伏感，测光照射下，山峦的立体效果明显。NIKON D70、24-85mm、F3.5-6.3、F5.0、1/100s、ISO：200、30mm、0EV、加权测光

竖画幅展现山脉的连绵

右图为云海环绕的山脉。画面主体山脉在天空和白色云朵的映衬下，显得更突出。加权测光下，画面测光准确，由于云海的纳入，并且没有光线照射，因此拍摄者没有增加曝光量。NIKON D70、24-85mm、F3.5-6.3、F8.0、1/1000s、ISO：200、24mm、0EV、加权测光

构图解析：

采用竖画幅拍摄山脉，利用云海的白色和山体的黑色，营造层次分明的画面效果，展现出山脉的连绵之感。

避免雪山曝光过度

雪山被白雪所覆盖。在拍摄雪山时，相机不会像人眼一样自动调节对白色的认知，因此，拍摄的画面易曝光过度。为了保证画面准确曝光，在拍摄中要进行准确地测光，并结合环境光线进行拍摄角度的选择，同时准确地取景构图。

三角形构图拍摄雪山

下图画面为雪山。拍摄者利用长焦拉近雪山，展现雪山顶部的细节画面。由于画面中主体占大部分，因此拍摄者利用加权测光模式对主体准确测光。为了避免天空反光影响画面的曝光，拍摄者还结合利用偏振镜，以避免影响画面效果。

NIKON D70、70-300mm、F3.5-6.3、F6.3、1/640s、ISO：200、70mm、0EV、加权测光

纳入更多天空展现雪山轮廓

下图拍摄者纳入了较多的天空作为背景。干净的背景下，雪山的轮廓更加清晰地呈现，和谐的影调让画面显得更加自然，隐约的眩光让画面显得更加生动。

用光解析：

太阳光线从山体的侧面照射，在右侧形成明显的阴影，画面影调变得更丰富，雪山的层次感增强。

NIKON D70s、18-50mm、F3.5-6.3、F8.0、1/640s、ISO：200、45mm、0EV、加权测光

拍摄要诀：

在拍摄雪山这一类场景时，想要获取更准确的曝光画面，可利用相机提供的包围曝光模式进行拍摄。在此模式下，可拍摄三张不同曝光量的画面，从而选出效果最佳的画面。

S形线条表现蜿蜒的河流

不管是宽广的大海，还是缠绵的小河，都能展现出水流源远流长的视觉感受。在拍摄河流时，可借助S形构图来展现河流的蜿蜒，通过河水的动感表现拍摄者的意图以及感受。同时，S形构图还能将水流方向清晰地呈现。

大场景表现河流的蜿蜒

下图画面为弯曲的河流。拍摄者利用较大场景画面展示河流的曲线形，同时还展示出画面的宽广辽阔。画面中的光线照射较为均匀，拍摄者利用加权测光模式对画面整体进行测光，并用F9.0的光圈结合1/320s的快门速度让画面准确曝光，以获取理想的画面效果。

NIKON D70、24-85mm、F3.5-6.3、F9.0、1/320s、ISO：400、50mm、0EV、加权测光

构图解析：

S形构图拍摄河流，可展现出河流的姿态造型，同时还可将观者的视线引向河流流动的方向，让画面延伸感增强。

拍摄要诀：

大场景拍摄河流，可纳入周围的环境，利用宽阔的视野将河流的形态以及流动方向清晰地捕捉在画面上。还可用近景的景别将河流纳入整个画面，展现河流流水的运动感，还能增强画面视觉感。但是如果有阳光照射，那么要避免水面的反光影响画面效果，此时可借助偏振镜来避免这一情况的发生。

拍摄湖面表现宁静的湖泊

湖面比起大海、河流显得更加平静，运用手中的镜头可将湖泊的平静呈现出来，还可借助湖岸的树木以及湖水中的倒影来表现湖泊的宁静。让拍摄的画面充满不同的色彩，可丰富画面的层次，协调画面气氛，将湖面景色完美地表现。

清澈见底的湖泊展现湖面的宁静

下图为湖泊，拍摄者利用三分法构图表现画面的平静。F6.0的光圈结合1/200s的快门速度，展示出湖底清澈的画面，进一步突出了湖面的宁静。NIKON D70、24-85mm、F3.5-6.3、F6.0、1/200、ISO：200、45mm、0EV、加权测光

装备选择：

拍摄水面、天空、镜面等光滑的物体时，通常可利用偏振镜防止水面的反光，避免影响画面效果。

利用倒影突出湖面

下图画面拍摄者展示平静的湖泊，并利用岸边景色的倒影来突出湖面的宁静。画面中水面的色彩丰富，在湖底景物的映衬下，层次增强。

构图解析：

三分法构图，利用水平直线展现湖泊的宁静，结合倒影突出湖面的宁静效果。

NIKON D70、24-85mm、F3.5-6.3、F6.0、1/160s、ISO：200、70mm、0EV、加权测光

高速快门下倾泻的瀑布

瀑布是拍摄者常常拍摄的对象之一，倾泻而下的瀑布给人畅快的感觉。瀑布通常从较高处倾斜流下，水流速度较快，拍摄时，要将瀑布的水流以动态的效果准确捕捉在画面上，可结合高速快门进行拍摄。

竖画幅展现瀑布的动感

左图为瀑布。拍摄者采用1/250s的快门速度将瀑布水流落下的瞬间捕捉在画面上，展现出动感的因素。NIKON D70、18-200mm、F3.5-6.3、F6.0、1/250、ISO：200、45mm、0EV、加权测光

拍摄要诀：

利用较快的快门速度能准确地展现瀑布落下时的动感画面，而结合较慢的快门速度则能捕捉幕帘一般的瀑布画面效果，展现出瀑布的流动感。

较大场景展现瀑布的动感

下图画面拍摄者利用横画幅表现瀑布的宽广感。较快的快门速度准确捕捉了水流的动感，让画面增加活力，显得更加生动。

NIKON D70、18-200mm、F3.5-6.3、F6.0、1/250、ISO：200、35mm、0EV、加权测光

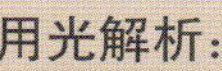

用光解析：

阳光透过森林照射在瀑布上依稀的光线，让水流更加明亮，展现出更加动感的效果。

竖画幅纳入流淌的小溪

小溪从山谷之间奔流而出，同时，会因为山间地形的不同而千姿百态。拍摄过程中，可利用竖画幅的拍摄方式，并结合周围的环境因素，将小溪奔流的速度感捕捉在画面上，展现出自然界水的灵动和清新的色彩。

结合周围环境表现小溪的动感

左图画面拍摄者利用竖画幅的拍摄方式，将小溪的运动方向准确地表现出来，并结合F10的光圈增大画面景深，让纳入的环境因素清晰呈现。色调较暗的石头与明亮的水流形成鲜明的对比，更加突出水流的动感。Canon EOS 50D、F11.0、1/125、ISO：100、20mm、0EV、加权测光

构图解析：

利用竖画幅拍摄，并结合曲线型构图方式，展现小溪的流动方向，曲线条引导观者的视线，并引向主体。

拍摄要诀：

即使是在同一地点拍摄溪流，拍摄者也可通过不同的拍摄角度以及拍摄位置来获取不同的画面效果。同时，竖画幅拍摄小溪时，要注意取景构图，避免小溪的流动起点太过靠近画面下部。

11.7 原野与广漠的拍摄

宽阔的原野和广阔的沙漠是摄影人士喜爱拍摄的题材。高原、草原和沙漠有着共同特点，它们都具有宽广的视野，即使如此，每一风景都有不同的特点。在拍摄这些美丽的风景时，拍摄者要根据所需表达的意境进行拍摄。

突出高原的广阔

高原上，由于日照强烈，紫外线较强，通常在相机的镜头前装上滤镜，这样可以让拍摄出的照片远景更加清晰，更能表现出高原的宽阔。同时遮光罩也是必不可少的，可防止强烈的光线直射镜头，从而防止眩光的产生。

利用影调对比突出画面

下图画面拍摄者选择F11的小光圈进行拍摄，画面中的景色清晰呈现，并结合1/200s的快门速度，让画面准确曝光。此外，三分法构图展现出高原的宽广感。NIKON D70s、F11、1/200、ISO：200、24mm、0EV、加权测光

用光解析：

高原上空的云朵在光线的照射下，在高原山丘上形成明显的阴影，让画面活力增强。

结合前景和背景展示空间感

右图拍摄者用较低的拍摄角度纳入地面和天空，突出高原的宽广视野。F10的光圈让画面景深增大，景色都清晰呈现。前景石头和背景彩虹的纳入，增强了画面的空间感，同时色彩丰富的彩虹让画面更生动。NIKON D70s、F10、1/200、ISO：200、30mm、0EV、加权测光

辽阔宽广的草原

草原、沙漠、高原都是充满诱惑力的大自然景观，并吸引着无数摄影爱好者的目光，都想用手中的相机把这些自然景观捕捉在画面上。草原的视野开阔，在拍摄中，想要将其宽广的特点捕捉下来，需用广角镜头进行表现。

全景画面展示草原辽阔

水平线构图拍摄草原，能展现出草原的宽阔感。下图画面拍摄者采用广角镜头拍摄，将辽阔的草原纳入画面，并将草原上的牛群纳入，增强了画面的动感因素。在阳光照射下，画面明暗对比强烈，视觉效果突出。

NIKON D70s、18-200mm、F3.5-6.3、F9.0、1/1600、ISO：100、30mm、0EV、加权测光

曲线引导观者视线

下图拍摄者运用较广的场景展现草原的宽阔。纳入途中的路面，将观者的视线带向远处，画面的延伸感增强。同时，结合天空，画面空间感增强，显得更加真实自然。NIKON D70s、18-200mm、F3.5-6.3、F11.0、1/1000、ISO：100、20mm、0EV、加权测光

构图解析：

曲线构图让画面具有延展性张力，使平淡的画面具有节奏感。

表现茂密的森林

森林是一个高密度树木的区域。森林植物群落覆盖着全球，是构成地球生物圈的一个最重要方面。在拍摄森林时，通常要将森林的特点展现在画面上，或茂密，或整齐，或种类繁多，等等。

放射线构图凝聚视线

拍摄者运用仰拍的方式拍摄森林树木，以天空作为背景，树木在逆光的照射下，拍摄者采用F3.5的大光圈增大进光量。NIKON D70s、18-200mm、F3.5-6.3、F3.5、1/170、ISO：200、20mm、0EV、点测光

构图解析：

放射线构图仰拍森林茂密的树木，运用线条将观者的视线引导在一个点。

无限宽广的沙漠

拍摄沙漠时，只有大场景画面才能体现出它那难以言传的气势，因此，要采用相机镜头中的广角端来获取大气的画面效果。沙漠中的光线比较平均，色调比较一致，因此在日出日落时分拍摄的画面影调更加明显，画面效果更好。

斜线构图表现沙漠

左图画面为宽广的沙漠，拍摄者利用较低的角度展现沙漠的质感，F9.0的光圈将远处景色清晰呈现在画面上。NIKON D70s、18-200mm、F3.5-6.3、F9.0、1/250、ISO：200、35mm、0EV、加权测光

用光解析：

自然光线从沙漠右侧照射，在侧光照射下，主体的立体感更强，画面有明显的阴影，明暗对比强烈，同时增强了画面的层次感。

侧光下展示沙漠质感

右图拍摄者利用较低的角度展现沙漠的质感，F9.0的光圈将远处景色清晰呈现在画面上。NIKON D70s、18-200mm、F3.5-6.3、F9.0、1/250、ISO：200、35mm、0EV、加权测光

广袤的戈壁风景

戈壁地面因细砂已被风刮走，剩下砾石铺盖，因而有砾质荒漠和石质荒漠的区别。这种地区尽是沙子和石块，地面上缺水，植物稀少。戈壁是荒漠的一个类型，即地势起伏平缓、地面覆盖大片砾石的荒漠。

斜线构图表现戈壁

下图画面为宽广的戈壁，拍摄者利用较低的角度展现戈壁的质感，F9.0的光圈将远处景色清晰呈现在画面上。NIKON D70s、18-200mm、F3.5-6.3、F9.0、1/250、ISO：200、35mm、0EV、加权测光

用光解析：

日落时分，太阳光线角度较低，光线从画面右侧照射，画面阴影明显，层次丰富。

Chapter 12 动植物拍摄

学习重点

- 动植物拍摄方法与技巧
- 拍摄树木、树叶
- 拍摄花卉
- 拍摄家养宠物
- 动物园与野生动物的拍摄

12.1 动植物拍摄方法与技巧

动植物拍摄与风光和人像拍摄有着一定的差异。不管是动物园的动物、野生动物，还是家庭饲养的宠物，都属于活动性比较大的拍摄对象，通常要采用抓拍的方式。而植物是静止的拍摄对象，我们只需选择适当的拍摄角度和构图，并结合光线的运用，以获取理想的画面。

拍摄花草时选择合适的时间

拍摄花草时，较合适的时间是在有云的阴天。云把太阳遮住后，阴影比较柔和，花朵鲜明的颜色不会被刺目的直射阳光给冲淡。其次是下雨后拍摄，天空仍有云朵，花朵上带着雨珠可获取惊艳的效果。如果在阳光灿烂的日子拍摄，那么尽量选择早晨和黄昏，这样就可利用丰富的光线进行拍摄。

NIKON D70、28-100mm、F3.5-5.6、F5.6、1/60s、ISO：200、120mm、0EV、点测光

雨后拍摄花卉

左图画面为雨后的花卉。花朵上残留的露珠让花朵充满了生气，显得更加灵动。同时画面色彩鲜艳，可吸引观者目光。

阴天下拍摄花朵

右图画面影调和谐统一，拍摄者利用阴天柔和的光线进行拍摄。在F5.6的光圈下，画面景深变小，主体更突出。NIKON D70、18-135mm、F3.5-5.6、F5.6、1/250s、ISO：500、135mm、0EV、点测光

拍摄野生动物时考虑安全性

拍摄野生动物不像在动物园中，可由我们接近拍摄。野生动物生性凶猛，为了安全，通常采用长焦镜头在远处进行拉近拍摄。同时，还要进行细心的观察，通过不同光线的选择，展现出真实的动物特征。拍摄野生动物应注意以下几点。

- 像所有有计划的旅行一样，对于拍摄地点的情况了解越多，越能减少意外情况的发生。
- 采用焦段长的镜头，因为在拍摄很多野生动物时，我们都不能靠得太近，防止出现危险。
- 寻找隐蔽的地点，不但可对动物进行观察拍摄，还能保护自身安全。

选择最合适的装备器材

拍摄动植物时，选好地点后，装备器材也是重要的因素。通常拍摄野生动物易用长焦镜头或变焦镜头，而三脚架也是必不可少的；拍摄普通的家养宠物时，一只变焦镜头就足以应付；对于植物花草的拍摄，如果想要展现微距世界的画面，那么微距镜头当为首选。这样我们就需根据所要拍摄的对象进行装备器材的选择。

上图为佳能EF 70-300mm f/4-5.6 IS USM长焦镜头，对于野生动物的拍摄比较适合，但拍摄时需要寻找隐蔽的地方。

微距镜头拍摄

右图画面采用腾龙SP AF 60mm f/2 Di II Macro 1:1佳能卡口的微距镜头（如上图所示）进行拍摄，将主体的局部细节清晰地展现在画面上。NIKON D80、F2.8、1/400s、ISO：500、60mm、0EV、点测光

充分结合环境表现对象

一张照片中除了纳入主体、陪体外，环境也是重要元素。我们可通过环境来表现主体，还可根据环境来烘托主体，让主体更加醒目突出，也能更好地表达拍摄者的意图，让画面的意境更加深远。

运用倒影突出主体

下图拍摄者结合环境表现主体。整个画面以绿色为主色调，白色的小狗在画面中显得更加醒目，主体也更突出。NIKON D80、70-200mm、F3.5-4.5、F4.0、1/160s、ISO：200、200mm、-0.3EV、中央测光

构图解析：

利用经典黄金分割构图法拍摄，画面显得和谐统一，主体更突出。

12.2 拍摄树木、树叶

树木、树叶随着一年四季的不同，其形态造型和色彩都各不相同。不管是树木还是树叶，都是摄影中常见的拍摄题材。每一种植物都有它们各自的特点，我们要用眼睛和心灵去捕捉大自然的风景。

表现挺拔的树木

通常树木是较为常见的拍摄题材，不同的拍摄角度可展现树木不同的特点。一般情况下，仰拍的方式可将树干的高大形象捕捉在画面上，从而表现出树木的挺拔姿态。

构图解析：

利用垂直线构图方式拍摄树木，在仰拍的方式下展示出树木的挺拔。

竖画幅展现树木的高大

左图画面为树木。采用低角度拍摄，画面中整齐排列的树木以直线呈现在画面上，在蓝天的映衬下，显得更加挺拔。拍摄者选择F9.0的光圈使画面景深增大，元素都清晰呈现，并使用1/320s的快门速度，画面曝光正常。NIKON D70s、18-70mm、F3.5-4.5、F9.0、1/320s、ISO：200、20mm、-0.3EV、中央测光

问：只能采用竖画幅才能表现树木的挺拔形象吗？

答：并不是只有竖画幅的拍摄方式才能展示出树木的挺拔高大，横画幅的拍摄同样可获取这样的画面效果。如右图所示，拍摄者采用横画幅的方式拍摄树木，展现出树木的挺拔姿态，同时让画面的横向纵深感增强，表现出树木的茂密。NIKON D70s、18-70mm、F3.5-4.5、F7.0、1/200s、ISO：200、20mm、-0.3EV、中央测光

造型独特的树干

树木的形态千奇百怪，而树叶也同样如此。即使是在同一棵树上，每一片树叶的形态都各不相同。拍摄者可用相机的镜头去发现它们的美，让不同姿态的树叶呈现在画面中，让它们独特的形态造型真实地表现。

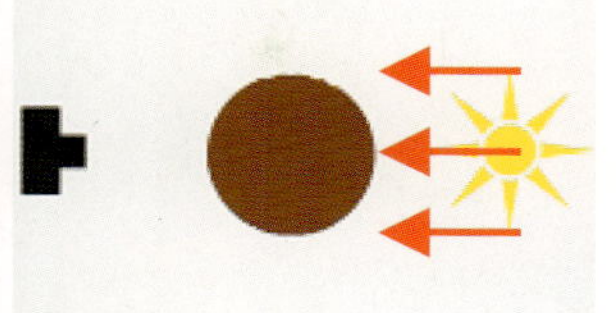

用光解析：

日落时分柔和的光线从主体的后侧方进行照射，主体以剪影的效果呈现，其姿态造型清晰。

展现树枝的形态

左图画面拍摄者用逆光的光线效果拍摄树枝，画面呈现剪影状态，将树枝的形象特点真实地呈现在画面上。在F8.0的光圈下，画面景深增大，背景天空清晰可见，增强了画面的视觉效果。NIKON D80、18-70mm、F3.5-4.5、F8.0、1/100s、ISO：200、20mm、0EV、加权测光

纯色背景下突出主体

右图拍摄者结合干净的蓝天拍摄树干，并利用仰拍的方式表现出树干的挺拔，在蓝色天空的映衬下，画面色彩对比强烈，将树干的造型特点清晰地呈现，同时在侧光的照射下，画面立体效果明显，主体更加突出。NIKON D70、18-200mm、F3.5-4.5、F10.0、1/400s、ISO：200、20mm、0EV、加权测光

拍摄要诀：

拍摄树木时，除了可采用全景拍摄来展现树木的造型，还可通过局部的特点表现来突出树干的造型形态。

光线下呈现半透明效果的树叶

光线是摄影的重要因素，在不同的光影下，获取的画面效果不同。通过光线的照射拍摄美丽的树叶，并结合树叶本身的色彩，可将其半透明的效果展现在画面上，同时表现出叶子的质感。

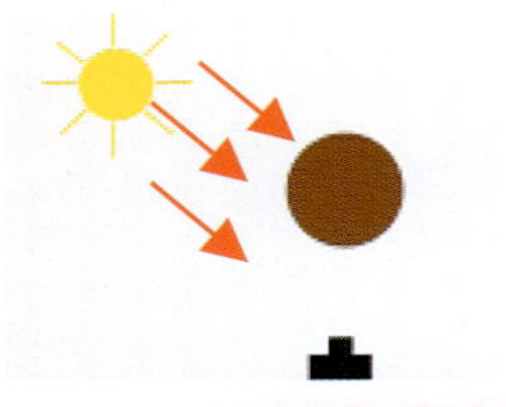

侧逆光拍摄示意图

拍摄秋天的树叶

秋天树叶呈黄色，在阳光的照射下，出现半透明的效果。左图画面拍摄者在侧逆光照射下，采用F5.6的光圈虚化背景，让主体更突出。NIKON D80、18-70mm、F3.5-4.5、F5.6、1/3200s、ISO：400、70mm、-0.7EV、加权测光

突出地面落叶的质感

前侧光是指光线从被拍对象的前侧方向进行照射。由于在此光线环境下拍摄的画面具有独特的光影效果，因此运用前侧光拍摄的落叶，可将其轮廓真实地表现。

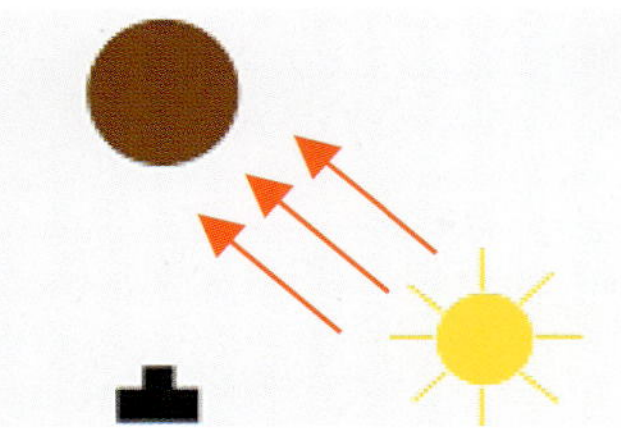

前侧光拍摄示意图

NIKON D80、18-70mm、F3.5-4.5、F7.1、1/900s、ISO：200、35mm、-0.7EV、加权测光

光线解析：

光线从主体的前侧面进行照射，投射的阴影让画面的立体效果增强。结合地面树木的纹理，让画面显得更加富有生气。

拍摄地面落叶

下图拍摄者运用低角度拍摄落叶，在自然光线的照射下，主体的立体感增强。拍摄者采用F7.1的光圈让画面景深增大，画面中树木的纹路清晰可见，并引导观者的视线，使主体更突出。

12.3 拍摄花卉

在摄影艺术中，花卉摄影与风光摄影、人像摄影一样，已成为一个单独的摄影门类，它以花卉为主要创作题材和拍摄对象。花卉摄影指拍摄天然花草树木以及人工培植的盆景为主的静物，还包括花鸟虫鱼等的主题摄影。花卉摄影在技法上有许多特殊的要求，它与人像、风光摄影存在不同之处，如取景、用光、构图、背景、色彩表现等都要适合花卉摄影的特殊要求和效果。

纳入大面积花朵的花海

画面元素的安排是摄影的重要特点之一。利用较大场景将大面积的花朵纳入画面中，形成花海的视觉效果，这不但给人赏心悦目的感觉，还能增强画面的开阔感。

全景拍摄花海

下图画面为花海。画面中色彩鲜艳的花朵和绿色的草叶形成鲜明的对比，让主体更加突出，画面鲜艳的色彩也吸引着观者的目光。

构图解析：

应用全景拍摄花海，并采用俯拍的方式纳入大面积花朵，使视野更宽阔。

NIKON D70、24-85mm、F3.5-4.5、F8.0、1/160s、ISO：100、72mm、-0.3EV、点测光

问：怎样才能将花卉拍得又大又漂亮？

答：如果想要近距离拍摄花朵，而且将其拍摄得很大，那么就需要采用微距镜头进行拍摄。因为微距镜头可以根据不同的拍摄目的选择焦距范围，而且不同品牌的镜头，其焦距也不相同。在拍摄中，要通过取景器观看，并寻找最佳的拍摄角度，才能获取最理想的画面。右图即为采用微距镜头拍摄的花卉。NIKON D70s、18-70mm、F3.5-4.5、F5.6、1/125s、ISO：100、50mm、-0.3EV、中央测光

特写花朵局部细节

拍摄者可利用景别的不同来展示花卉的各个特点，特写通常将拍摄对象的局部细节清晰地展现在画面上。同时结合构图方式和拍摄的光线，可获取理想的画面效果，让画面在视觉上增强了冲击力，画面色彩显得更加鲜艳。

构图解析：

对角线构图纳入花朵，线条的应用引导观者的视线。

露珠的结合让花朵充满生机

左图画面拍摄者采用大特写镜头将花朵纳入画面中，让花朵充满整个画面，增强视觉冲击力，更加吸引观者的目光。同时，露珠的纳入让花朵充满生机，显得更有活力。NIKON D70s、F3.5、1/100s、ISO：100、34mm、-0.3EV、点测光

装备选择：

在拍摄中，有时焦距太短，不能将远处景物拉近拍摄，此时可采用增距镜，增加镜头焦距，同时将拍摄对象进行放大处理。

三角形构图拍摄花朵

下图画面为花朵。三角形构图方式将主体适当安排在画面中，显得稳定和谐。F6.0的光圈将背景虚化，使主体更鲜明突出。

NIKON D70s、F6.0、1/200s、ISO：200、100mm、0EV、加权测光

展示具有对称效果的花

花卉摄影的构图是花卉摄影的一项主要技法，也是一种重要的造型手段。其中，对称构图法是展现花朵特点的构图技巧之一，可使拍摄的花卉更加醒目，同时，对称性能让画面获取稳定平衡之感。

俯拍花卉

下图拍摄者将花朵放置于画面两边，应用对称的构图方式强调花朵，展示出花朵的存在感，并在F6.3的光圈下，将画面背景虚化处理，让主体突出。

NIKON D70s、F6.3、1/250s、ISO：200、200mm、0EV、点测光

构图解析：

对称构图有着强调的作用，让画面主体以均衡的方式呈现在画面上，使画面显得更加平衡和谐，给人真实自然的感觉，主体也更突出。

色彩对比突出主体

右图画面拍摄者选择F2.8的光圈虚化复杂的背景，让主体从中凸显出来，同时利用主体和环境色彩的鲜明对比，让其在画面中更加夺目。NIKON D70s、F2.8、1/1250s、ISO：200、30mm、0EV、点测光

拍摄要诀：

拍摄者除了可在拍摄中运用左右和上下对称构图方式，还可采用翻转、拼接的对称式构图方式，即是利用后期软件对所拍摄的图像经过翻转、拼接来完成对称式构图。

仰角度拍摄花朵

背景的处理，是决定花卉摄影作品好坏的重要因素。背景在花卉摄影构图上起着陪衬和烘托主题的作用，拍摄彩色照片时尤其重要。通常情况下，可改变拍摄角度来选择背景。仰拍即是采用较低的角度拍摄视觉上方的角度，利用仰拍的方式可选择不同的背景。

色彩对比突出主体

右图画面拍摄者利用仰拍的角度，以绿色的树叶作为画面背景，并将其以虚化效果呈现在画面上。画面中色彩对比较为强烈，进一步突出了主体。NIKON D80、18-70mm、F3.5-4.5、F4.5、1/400s、ISO：200、70mm、0EV、点测光

用光解析：

太阳光线从花朵的顶部进行照射，形成明显的垂直阴影，让花瓣呈半透明的画面效果，其质感更好地表现出来。

干净的蓝天突出花朵

左图拍摄者以蓝天作为画面背景，简洁的天空将花朵的轮廓清晰地衬托在画面中。拍摄者采用点测光模式对花朵进行准确测光并曝光，同时在F9.0的光圈和1/800s的快门速度下，画面整体正常曝光。NIKON D80、18-55mm、F3.5-5.6、F9.0、1/800s、ISO：100、22mm、0EV、点测光

背景虚化下的花朵

前面提到了选择不同的拍摄角度来烘托主体，但是当背景太过复杂时，角度的改变也不能很好地突出主体。此时，就可选择将背景进行虚化处理，即是减小画面景深，从而让主体从环境中凸显出来。

构图解析：

将拍摄主体安排于画面的中心位置，结合直线构图方式，将花朵的造型特点准确地展现在画面上。同时，中央式构图突出了主体。

大光圈虚化背景

拍摄右图花朵时，拍摄者采用与花朵平视的视觉，让获取的画面更真实，效果更自然。在F5.6光圈下，画面景深减小，繁杂的背景以虚化状态呈现在画面上，画面色彩对比强烈，让主体更加突出。NIKON D70s、F5.6、1/200s、ISO：100、42mm、0EV、加权测光

竖画幅拍摄花朵

左图画面中，主体黄色的花朵与绿色背景形成鲜明的对比，并在F5.6的光圈下，画面背景虚化，让主体从环境中凸显出来。NIKON D70s、F5.6、1/250s、ISO：100、42mm、0EV、加权测光

拍摄要诀：

花卉摄影中，可运用各式各样的滤色镜来达到不同的艺术效果。运用滤色镜主要是使照片产生某种特殊的效果，达到艺术完美的统一。可使用的滤色镜有柔焦镜、中孔雾化镜、十字镜、三棱镜、多影镜、魔幻镜等。

大面积取景呈现色彩丰富的花丛

拍摄花卉的过程中，可通过取景器的观看进行取景构图。运用纳入大面积色彩鲜艳花朵的方式，并结合其多种色彩，可让画面的层次更加丰富。

展现花朵的层次

左图画面拍摄者利用棋盘式的构图方式将大面积花朵纳入。画面中丰富的色彩增强了画面的层次，结合虚实的效果，让画面中的重点突出，使观者目光凝聚。NIKON D70s、F5.3、1/800s、ISO：100、34mm、0EV、点测光

小生物的纳入增添生机

芬芳的花朵总是会招来勤劳的蜜蜂、美丽的蝴蝶。在拍摄中，拍摄者需细心观看，利用手中的镜头将美妙的瞬间捕捉在画面上，利用小生物的活力让花朵显得更具有生机。

纳入蝴蝶展示花朵的魅力

下图画面拍摄者为了获取更佳的画面，利用长焦镜头在远处进行拍摄，并将背景虚化处理，让主体从繁杂的背景中凸显出来。蝴蝶的纳入让画面显得更生动，动感增强。NIKON D80、18-70mm、F3.5-4.5、F5.6、1/100s、ISO：100、100mm、0EV、点测光

构图解析：

中央构图的方式将主体纳入画面中心位置，让其显得更突出。

12.4 拍摄家养宠物

家养宠物是现代人生活的娱乐消遣，也是人们的欢乐来源。将相机的镜头对准家养宠物的摄影者越来越多，不管是可爱的小猫，还是顽皮的小狗，都可将它们不同的特点捕捉在画面上，展现它们的生活。

捕捉小猫的眼神

俗话说，眼睛是心灵的窗口。无论在拍摄人物还是拍摄动物时，都要将焦点对准眼睛。人物拍摄较为简单，但是小猫不会乖乖地让我们拍摄。此时，就需要结合快门速度以及其他方面的因素来捕捉小猫的眼神，通过眼睛来表现猫咪的内心世界。

捕捉眼神

左图拍摄者将焦点对准小猫的眼睛，将其有神的眼光捕捉在画面上，并结合黄金分割构图法，将眼睛置于分割点上，更加吸引观者的目光，突出猫咪的眼神。在F5.6的光圈下，复杂的背景以虚化状态呈现，使主体更加突出。NIKON D80、70-200mm、F3.5-4.5、F5.6、1/125s、ISO：400、135mm、0EV、点测光

拍摄要诀：

小猫的眼神具有传神的特点，拍摄者要对准眼睛对焦。同时宠物运动性较高，拍摄者只有采用抓拍的方式，才能更好地捕捉到最佳的画面。通常为了提高快门速度，都要结合较大的光圈进行拍摄，同时，大光圈还能将背景虚化，让主体更醒目。

抓拍顽皮的小狗

家养宠物通常以小狗居多。拍摄小狗不像拍摄人物风光，可由我们自主地选择拍摄角度，小动物不会乖乖地让我们来拍摄，因此需要在它玩耍中进行抓拍，将小狗顽皮的一面通过镜头的捕捉表现在画面上。

利用框架展示主体

左图拍摄者利用框架式构图来表现主体，不但有强调的作用，还展现出小狗的顽皮可爱。F2.8的光圈以及200mm的长焦距运用强烈虚化背景，避免了繁杂的背景影响画面效果。NIKON D80、70-200mm、F2.8、F3.2、1/250s、ISO：200、200mm、0EV、点测光

高速快门捕捉运动的姿态

较快的快门速度能将运动中的宠物准确捕捉，并将其运动的姿态展现在画面上。这样不但可展现出宠物的活力，还能获取动感的画面效果。

构图解析：

运用竖画幅拍摄，并结合较低的角度，可展现真实自然的小狗姿态。

背景突出环境

右图画面拍摄者采用1/320s的快门速度准确地将奔跑中的小狗姿态捕捉在画面上，同时，背景的纳入烘托出主体所处环境。在F2.8的光圈下，背景虚化，虚与实的结合让主体更突出。NIKON D80、70-200mm、F2.8、F2.0、1/320s、ISO：200、150mm、0EV、点测光

表现小猫温柔安静的一面

小猫不但有可爱顽皮的一面，憨态睡觉的一面，还有温柔安静的一面。小猫的警觉性较高，为了避免惊吓到它，可在远处进行拉近拍摄，也能获取真实的画面。

捕捉小猫安静的表情

左图拍摄者为了避免影响小猫而采用长焦镜头在远处进行拉近拍摄，通过侧面展现出小猫安静的神情，画面效果自然真实。NIKON D80、18-135mm、F3.5-4.5、F5.6、1/125s、ISO：400、135mm、0EV、点测光

结合道具表现可爱的样子

小猫小狗看到新奇的东西时会自己玩耍，此时的它们可爱又可笑，我们可在这样生动的情况下，拿起相机，记录这美妙的时刻。

抓拍可爱的小狗

右图拍摄者选择F5.6的光圈虚化繁杂的背景，将主体从中凸显出来，且在1/250s的快门速度下，画面准确曝光。同时拍摄者结合小狗穿戴的道具增强了画面的色彩，表现出小狗可爱的一面。NIKON D80、18-200mm、F3.5-4.5、F5.6、1/250s、ISO：200、200mm、0EV、中央测光

拍摄要诀：

在拍摄家养宠物时，由于小宠物不会乖乖让我们拍摄，因此要获取最真实的画面效果，可让主人与宠物玩耍，并在这个过程中进行抓拍，以获取最真实的画面。同时还可借用道具，让宠物玩耍，并进行抓拍，展现动物们最自然的一面。

12.5 动物园与野生动物的拍摄

动物园有众多的动物拍摄对象，但是这些动物都关在笼子中，在拍摄中，通常要采用大光圈镜头，将前景甚至背景的笼子进行虚化处理，避免影响画面效果；而野生动物拍摄又全然不同，野生动物比较凶猛，在拍摄时，需采用长焦镜头进行拉近拍摄，避免受到动物的攻击。

表现凶猛的困兽

动物的性情多变，温柔、凶猛、可爱、残暴等。即使我们不能到野外进行拍摄，但也可在动物园中拍摄出类似野外凶猛动物的画面，例如老虎、狮子等困兽的拍摄，将其凶猛的一面捕捉在画面上，同样也能表现出野外生物的画面。

虚化前景突出主体

左图拍摄者采用F4.5的大光圈虚化前景，让主体更加突出，同时更形象地表现主题，也展现出主体的生存环境。此外结合1/400s的快门速度，使画面曝光准确。NIKON D80、18-70mm、F3.5-4.5、F4.5、1/400s、ISO：200、70mm、0EV、点测光

高原上成群的牛羊

高原面积宽广，视野开阔。高原上有着成群结队的牛羊在悠闲地生活。用手中的镜头捕捉下生动的画面，可展现大自然的和谐以及牛羊的生活环境。

结合前景突出画面空间

右图为成群的牛羊。拍摄者利用较低的角度进行拍摄，将天空和地面都纳入画面，并利用前景的动物让画面的空间感增强，倒影的运用也让画面更生动。CANON EOS 50D、18-200mm、F3.5-5.6、F7.1、1/125s、ISO：100、30mm、0EV、加权测光

长焦镜头下姿态优美的鸟群

在野外拍摄鸟群时，可采用长焦镜头拉近拍摄，这样可避免惊动动物。同时，野外拍摄还应注意自身安全，利用长焦镜头可在远处进行拍摄，也能捕捉更加自然的画面，展现出动物的精彩生活。

高速快门捕捉飞行中的鸟群

下图为利用长焦镜头拍摄鸟群的飞行画面。拍摄者采用1/1500s的快门速度将鸟群优美的飞行姿态捕捉在画面上，并结合F6.0的小光圈增大画面景深，同时让画面准确曝光。拍摄者纳入地面部分草地，增强了画面的空间感，让画面效果显得更加真实。NIKON D200、80-400mm、F6.0、1/1500s、ISO：200、200mm、0EV、点测光

构图解析：

利用曲线进行构图，可将鸟群飞行的方向清晰地呈现在画面上，并引导观者的视线。

丰富画面趣味性

下图拍摄者在相同环境中拍摄同样的鸟群。1/1600s的高速快门将鸟的飞行姿态捕捉下来，并结合对比的方式，增强了画面的趣味效果，更加吸引观者的目光，让画面更生动。NIKON D200、F5.6、1/1600s、ISO：400、200mm、0EV、点测光

日落光线下的暖调画面

日落光线变化万千，此时拍摄的画面通常为暖色调。利用日落时分柔和的光线拍摄鸟类，不仅可以营造温馨的画面效果，还能将鸟的美丽姿态形象准确地捕捉到画面上。

营造浓重氛围

上图为拍摄者在日落柔和的光线下拍摄的栖息的鸟类。整个画面以黄色的暖调为主，并结合滤光镜的运用，让画面色调更加浓重，视觉冲击力更强。NIKON D70s、F8.0、1/90s、ISO：400、55mm、0EV、点测光

构图解析：

运用中央构图方法拍摄日落光线下的鸟类，拍摄者将其纳入画面中间，吸引了观者的目光，让主体更加鲜明夺目。

问：野外拍摄使用三脚架时，需要关掉防抖功能吗？

答：在使用三脚架进行拍摄的过程中不存在手抖这样的问题，所以可不需要防抖功能。启动防抖功能时，微小的震动反而会造成影像的模糊，因此在使用三脚架时，最好是关掉防抖功能。但并不是使用三脚架就不会引起画面抖动，在按动快门的瞬间，手指对相机施加的力都会造成相机轻微的抖动，此时建议不但要使用三脚架，还应采用快门线来控制快门的开启。在拍摄中注意各方面的小细节，才能获取最理想的画面。

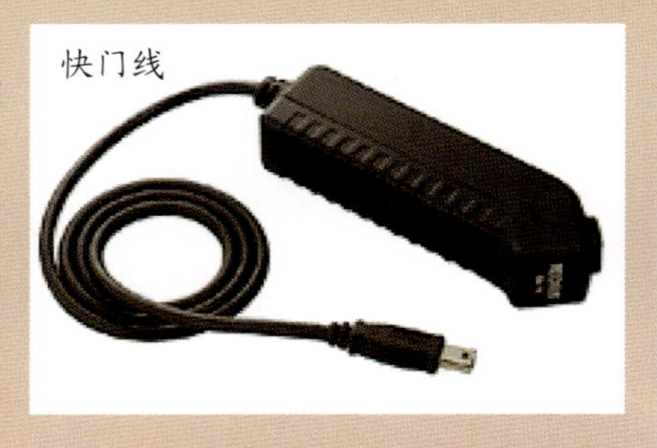

快门线

Chapter 13 人文景观拍摄

学习重点

- 如何把握最具特色的人文景观
- 拍摄宗教圣地
- 文物古迹的拍摄
- 记录民族风情

13.1 如何把握最具特色的人文景观

人文景观又称文化景观，是人们在日常生活中为了满足物质和精神的需要，在自然景观的基础上叠加了文化特质而构成的景观。人文景观最主要的体现有人们的生活习惯、建筑、音乐等，而建筑方面的特色反映常常包括不同地域的建筑景观，如藏式建筑、文物古迹等。

要知道什么能拍，什么不能拍

人文景观的拍摄和风景摄影、人像摄影、静物摄影等有着较大的区别。拍摄人文景观首先要了解当地的民俗风情，清楚什么可以拍，什么不可以拍。例如当我们处于藏区时，通常是不可以直接拍摄藏区寺庙中的佛像以及人物的，出于礼貌与尊重，我们应当遵守当地的风俗习惯。

展现藏区经幡

右图为拍摄者在藏区拍摄的经幡画面。避开当地忌讳拍的景物，同样能展现出当地的民俗风情以及生活特色。由于在逆光照射下拍摄，降低曝光补偿可让画面近景的色彩真实还原。NIKON D70s、18-70mm、F3.5-5.6、F13.0、1/500s、ISO：200、18mm、-0.7EV、加权测光

了解一个地方的风俗民情

每个地方每个民族都有各自的民俗风情，这也和当地人们的生活习惯密不可分。地域文化的差异导致不同的民俗风情，其中包括民间艺术、传统工艺、风味美食以及当地方言等。只有在了解更多之后，才能清楚应该拍些什么，才能将当地最具有特色的民俗纳入画面中。

色彩对比吸引目光

左图画面为许愿树，展现了朴实的民俗风情。画面鲜艳的色彩吸引观者的目光，将当地的民俗特色清晰地呈现。NIKON D70s、18-70mm、F3.5-5.6、F2.8、1/10s、ISO：200、18mm、-0.3EV、加权测光

发现并认识丰富的历史故事

我国具有悠久的历史，56个民族都具有其各自的风俗民情，也同样具有不同的历史文化。摄影不仅需要丰富的摄影经验和技巧，还需要渊博的知识，在人文景观的拍摄中，了解每个民俗故事的历史，才能准确地展现出文化的特点，同时也使你的拍摄更有意义。

展现当地的戏剧表演

右图为拍摄者捕捉的当地戏剧表演画面，展现出拍摄地域的民俗风情，向人们述说更多的文化内涵。由于在室内拍摄，环境光线较为昏暗，因此利用F2.8的光圈增大进光量，同时减小画面景深，让主体更突出。NIKON D80、85mm、F1.8、F2.8、1/125s、ISO：200、85mm、.0EV、加权测光

学着向宣传画那样取景构图

每个具有特点的景观都会成为人们向往的旅游胜地，而照片是最具有视觉效果的宣传手段。通过照片可以让人们更直观、更真实地了解不同地域的景色特点。因此，我们在拍摄时也可以学着像宣传画那样取景构图，使画面更吸引人们的目光，呈现醒目的风景特色。

表现风光的迷人特点

下图为迷人的九寨风光，学会向宣传画册上的风景照片那样取景构图，可通过青山绿水的景色展现出当地的风景特色。色彩丰富的树叶在平静的湖水中形成的倒影，使画面显得更加生动。湖岸边人物的纳入也让画面更加和谐。

NIKON D70s、18-200mm、F3.5-5.6、F9.0、1/320s、ISO：200、120mm、0EV、加权测光

善用手动模式拍摄

数码相机提供有多种不同的拍摄模式，其中最具表现力的是手动模式。采用手动模式拍摄时，可以根据拍摄者的意愿对光圈、快门、感光度、白平衡等多项参数进行自定义设置，使表达的画面效果更加准确，可更好地展现拍摄者的拍摄想法。

手动模式捕捉藏区建筑特色

藏区独特的建筑造型具有典型的人文特色。下图画面拍摄者在较低的角度拍摄，并结合近大远小的透视关系，展现出建筑的造型特点，将其真实地捕捉在画面上。同时，F9.0的光圈增大画面景深，让画面元素清晰呈现。建筑墙壁上的斑纹也展现出当地民俗风情的历史感。NIKON D70s、18-200mm、F3.5-5.6、F9.0、1/120s、ISO：200、24mm、0EV、加权测光

构图解析：

不同的拍摄角度可展示不同的构图方式，斜线构图展现出建筑的透视感，画面的视觉感更强烈。

高角度展现大场景

下图画面拍摄者展示了大场景藏区建筑群。拍摄者站在高处俯拍，将广阔的视野展现在画面中。F9.0的光圈使得画面景深增大，远处山脉清晰呈现，让画面的空间感增强，显得更加和谐统一。NIKON D70s、18-200mm、F3.5-5.6、F9.0、1/100s、ISO：200、24mm、0EV、加权测光

拍摄要诀：

手动模式是数码相机所提供的多种模式中最不易掌握的拍摄模式，但利用手动模式拍摄的画面效果更能体现拍摄内容的特点，同时也能更好地表现拍摄者的意图。

13.2 拍摄宗教圣地

宗教是人类社会发展到一定历史阶段出现的一种文化现象，属于社会意识形态。社会学家和人类学家倾向于把宗教看作是一个抽象的观念、含义。在宗教圣地拍摄，首先应了解拍摄的人文背景及其文化，这样才能将其特点准确地表现。

借助色彩表现藏区独特的建筑

色彩如同构图和用光一样，在摄影中起着重要的作用。色彩始终焕发着神奇的魅力，让人们发现、观察、创造和欣赏着绚丽缤纷的色彩世界。运用色彩的魅力表现藏区独特的建筑，能更加吸引观者的目光。

平视角度拍摄建筑

左图画面为藏区建筑。在自然光线下，建筑色彩鲜艳，拍摄者将其清晰地捕捉于画面上。在F6.0的光圈和1/450s的快门速度下，获取了曝光准确的画面。NIKON D70s、18-135mm、F3.5-5.6、F6.0、1/450s、ISO：100、90mm、0EV、加权测光

侧光展现立体感

下图同样是拍摄藏区建筑。拍摄者利用较低的拍摄角度，将建筑群形成的曲线纳入画面，更加具有透视感，远景山脉和近景的建筑让画面空间感更强，使藏区建筑的特色呈现在画面上。NIKON D70s、18-135mm、F3.5-5.6、F6.0、1/750s、ISO：100、90mm、0EV、加权测光

用光解析：

自然光线从建筑左侧照射，在画面中形成明显的阴影，让建筑在画面中的空间感更强、更真实。

拍摄寺庙表现藏区文化

寺庙是我国的艺术宝库，是悠久历史文化的象征，也是代表不同地域文化的象征。寺庙中也完整地保存了我国各个朝代的历史文物。然而藏区的寺庙与别处有不同之处，除了历史文物之外，还具有独特的造型和不同的文化气息。

展现寺庙的内部特点

下图拍摄者在寺庙内部仰视拍摄，展示出藏区寺庙内部的造型特点。由于光线分布较为均匀，在平均测光下，获取了影调平和的画面效果，使得画面中建筑局部细节清晰地呈现，充分展现出藏区寺庙的特点。在F5.0的光圈和1/100s的快门速度下，画面曝光正常。NIKON D70、24-85mm、F3.5-4.5、F5.0、1/100s、ISO：200、24mm、0EV、加权测光

构图解析：

利用框架式的构图方式，将主体造型特点真实地呈现，可展现出藏区文化特色。

构图解析：

利用三角形构图方式拍摄藏区寺庙建筑，可展现出寺庙的稳定性。

拍摄要诀：

建筑摄影不仅仅是将建筑的整体造型捕捉在画面中即可，还要通过建筑中某一具有特点的局部来展示建筑的特征，同时，还能通过局部细节的刻画展现丰富的人文特色。

结合蓝天表现建筑造型

下图拍摄者捕捉了藏区寺庙的整体外观，将其完整的造型呈现在画面上，从而展现出建筑的历史感，也表现出藏区的文化特色。此外，拍摄者纳入天空作为画面背景，让主体更突出。NIKON D70、24-85mm、F3.5-4.5、F5.6、1/125s、ISO：200、24mm、0EV、加权测光

逼真动人的石雕艺术

人类文明的匆匆脚步衍生了一代又一代艺术的石雕，从远古走向文明，从简单走向繁复，从单调走向辉煌。包罗万象的艺术形式中，没有哪一种艺术形式能比石雕更为古老。

竖画幅展现石雕的特征

右图画面为拍摄草原上的石雕艺术。光线从画面的右侧照射进来，拍摄者选取适当的角度，获取的画面立体效果感强，显得更加真实自然。在F10的小光圈下增大景深，使得画面中远处的山景清晰可见，不但展现出石雕的特点，还展示出草原迷人的风光。同时，结合1/400s的快门速度，获取了曝光正常的画面。NIKON D70、24-85mm、F3.5-4.5、F10.0、1/400s、ISO：400、24mm、0EV、点测光

精致的宗教饰品

通过对藏区独特饰品的拍摄，也可展现当地风俗民情。在拍摄中要全方位做好充分准备，才能将小小饰品的特点真实展现在画面上，而宗教饰品的独特造型及其特点同时也是表现宗教文化的一种方式。

单一色彩突出主体

下图画面为精致的宗教饰品。在红色背景布的衬托下，饰品的质感更好地展现在画面中。利用点测光模式对主体准确测光并曝光，其他部分以较暗的影调呈现，使主体更突出。NIKON D80、85mm、F1.8、F2.8、1/200s、ISO：100、85mm、0EV、点测光

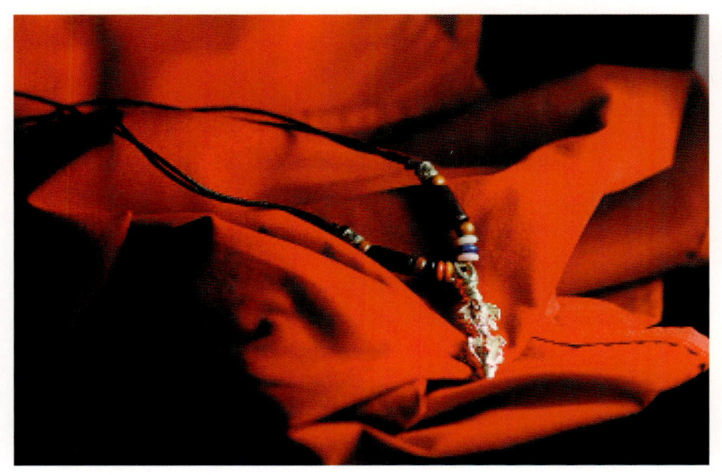

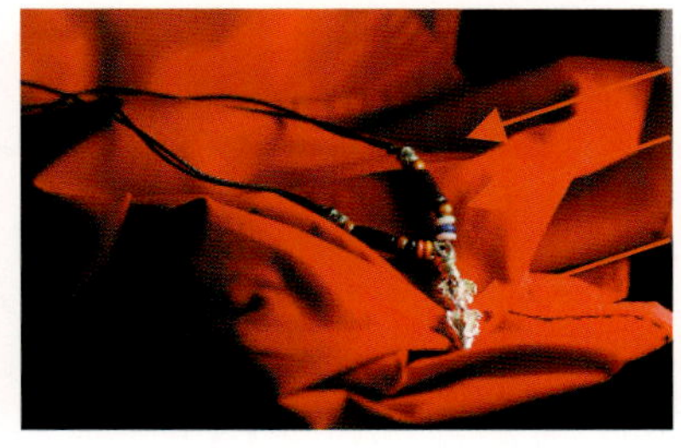

用光解析：

光线从主体的右侧照射进来，和谐的影调突出了主体。

13.3 文物古迹的拍摄

文物古迹是历史、文化、建筑、艺术的遗产或遗址，它包含古建筑物、传统部落、古市街、考古遗址及其他历史文化遗迹。一旦一个建筑物或遗址被指定为古迹时，就会受到保护。我们在拍摄文化古迹的同时，要注意对文物古迹的保护，并通过镜头将古迹呈现在画面上。

曲线条呈现雄伟的万里长城

万里长城是我国古代劳动人民创造的伟大奇迹，是中国悠久历史的见证，它与兵马俑一起被世人视为中国的象征。长城是在古代不同时期为了抵御塞北游牧部落联盟侵袭而修筑的规模浩大的军事工程，沿着山脉绵延，可利用曲线展现出长城的雄伟。

展现长城的雄伟

左图为雄伟的长城。利用曲线的构图方式展现出长城的绵延之感，让画面具有向远处延伸的张力，突出万里长城的特点。NIKON D70、24-85mm、F3.5-4.5、F5.6、1/125s、ISO：200、24mm、0EV、加权测光

广角镜头下大气的天坛

天坛是古代的皇帝用来祭天、祈谷的地方，是保存完好的坛庙建筑群，无论在整体布局还是单一建筑上，都能反映出天地之间的关系。拍摄天坛时可以借助广角镜头来进行表现。

大场景展现天坛

右图拍摄者采用广角镜头拍摄大气的天坛。F10的光圈增大画面景深，让画面中所有元素都清晰呈现，并在1/200s的快门速度下，获取曝光准确的画面效果。同时拍摄者纳入天空作为画面背景，展现出天坛和天地之间的关系。NIKON D70、17-55m、F3.5-4.5、F10.0、1/200s、ISO：100、18mm、0EV、加权测光

规模宏伟的秦兵马俑

兵马俑是世界上最大的地下军事博物馆。俑坑布局合理，结构奇特，在深5米左右的坑底，每隔3米架起一道东西向的承重墙，兵马俑排列在墙间空当的过道中。纵观千百个将士俑，它们的雕塑成就完全达到艺术美的高度。无论是形神兼备的官兵形象，还是那一匹匹跃跃欲试的战马都可以将这样生动的场景用镜头展示在画面上，讲述我国悠久的历史文化。

构图解析：

利用放射线构图拍摄大场景兵马俑，可将其宏伟壮观的形象准确地表现出来。

展现大场景画面

上图采用广角镜头拍摄的兵马俑画面展现出大气的特点。由于室内光线不充足，因此拍摄时可选择F4.0的大光圈和1/80s的快门速度，以获取曝光正常的画面效果，同时，ISO1600的高感光度，可让画面的亮度提高。CAONO EOS 450D、12-24mm、F3.5-4.5、F4.0、1/80s、ISO：1600、12mm、-0.7EV、加权测光

拍摄兵马俑局部

右图拍摄者采用竖画幅拍摄方式，将兵马俑整齐的特点展现在画面上。在光线并不充足的室内，ISO800的感光度可提高画面亮度，得到曝光正常的画面效果。将拍摄主体的特点一一呈现，并降低一定的曝光补偿值，是为了暗淡的主体能够以真实的色调呈现，让画面显得更加真实。CAONO EOS 450D、12-24mm、F3.5-4.5、F4.0、1/100s、ISO：800、55mm、-1.0EV、加权测光

特写表情生动的兵马俑

拍摄者可通过较大的场景展现兵马俑的宏大规模。在拍摄过程中，不要忘记单个的将士，他们逼真的表情也能吸引观者的目光。将这些生动的表情捕捉在画面上，可留下永久的历史文化。

构图解析：

拍摄特写将士画面时，在画面的右侧为将士的眼神留有一定的空间，可使画面更和谐。

特写镜头展示将士真实表情

右图为将士的特写画面，展现出将士的生动表情。拍摄者采用仰视的拍摄角度，突显将士的高大形象。同时，在F5.6的光圈下，虚化画面背景，让主体从环境中凸显出来，并在1/8s的慢速快门下，获取了正确的曝光画面。NIKON D70、17-55m、F3.5-4.5、F5.6、1/8s、ISO：200、55mm、0EV、加权测光

现场光线拍摄将士

左图画面为还未完全出土的将士特写。在光线较暗的拍摄环境中，拍摄者可降低快门速度为1/4s，并在借助支撑物的情况下获取清晰且曝光准确的画面效果，真实呈现了兵马俑的特色。NIKON D70、17-55m、F3.5-4.5、F4.0、1/4s、ISO：400、22mm、0EV、加权测光

不同拍摄角度展示沙雕

沙雕，简单地说就是把沙堆积并凝固起来，然后雕琢成各种各样的造型。沙雕真正的魅力在于以纯粹自然的沙和水制成，并通过艺术家的创造，呈现出迷人的视觉奇观。沙雕艺术体现了自然景观、自然美与艺术美的和谐统一，其体积的巨大是传统雕塑难以比拟的，具有强烈的视觉冲击力。拍摄时应通过不同的拍摄角度将沙雕的特点展现在画面中。

低角度展现沙雕的宏伟

下图拍摄者利用日落时分柔和的光线拍摄沙雕。较低的拍摄角度展示出沙雕的气势，并将其造型特点清晰地呈现，蓝色天空下，降低曝光补偿值可让沙雕色彩真实还原。NIKON D70、F3.5-4.5、F5.6、1/60s、ISO：100、14mm、-4.0EV、加权测光

构图解析：

利用斜线的方式拍摄沙雕，可引导观者的视线，同时让画面的纵深感更强，画面更真实。

不同拍摄角度展示不同特色

选择不同的拍摄角度，可将沙雕的另一种风格清晰地呈现。结合F4.5的光圈和1/60s的快门速度，可获取曝光准确的画面效果，同时将沙的质感很好地展现出来。NIKON D70、F3.5-4.5、F4.5、1/60s、ISO：100、14mm、-0.3EV、加权测光

构图解析：

采用不同的拍摄角度并结合三角形构图，不但展现出沙雕的稳定性，还将其整体面貌清晰呈现。

不同时间段拍摄古建筑

中国古建筑依托连绵不绝的传统中国文化。古建筑以四角翘起的大屋顶和斗拱为象征，代表着中国的文化特点。拍摄古建筑与拍摄现代建筑相似，都要将其造型特点准确地表现在镜头上，而古建筑还需要用镜头展现更多的历史文化。

夜晚灯光下展现建筑

左图为拍摄者在夜晚拍摄的古建筑。在灯光的照射下，建筑轮廓清晰呈现，同时在F3.5的大光圈和1s的慢速快门下获取了曝光准确的画面效果。拍摄者还纳入天空中的月亮，增强了画面的视觉效果，让画面更具有吸引力。NIKON D70、F3.5-4.5、F3.5、1s、ISO：100、14mm、-0.3EV、加权测光

拍摄要诀：

相同的拍摄对象在不同的时间段具有不同的特色。夜间光线昏暗，要保证拍摄的画面清晰，除了结合三脚架外，还可利用快门线获取更加清晰的画面效果。

光线充足下拍摄建筑

右图为同样的古建筑。在拍摄环境光线充足的情况下，F7.0的光圈结合1/300s的快门速度获取了正常曝光的画面。同时，在侧光的照射下，建筑形成明显的阴影面，画面立体效果更突出。此外，人物的纳入，动静结合，让画面更有生气。NIKON D70、F3.5-4.5、F7.0、1/300s、ISO：100、14mm、-0.3EV、加权测光

宁静的颐和园

颐和园是我国现存规模最大、保存最完整的皇家园林，为中国四大名园之一，被誉为皇家园林博物馆。颐和园亭台、长廊、殿堂、庙宇和小桥等人工景观与自然山峦和开阔的湖面和谐、艺术地融为一体，整个园林艺术构思巧妙，是集中国园林建筑艺术之大成的杰作，在中外园林艺术史上地位显著，有声有色。

拍摄规模宏大的颐和园景观

下图拍摄者采用平视的拍摄角度展现出颐和园大气的特色。由于画面是在阴天光线偏暗的环境下拍摄，因此拍摄者采用加权测光模式，对画面整体进行准确测光并正常曝光。同时，由于近景景物色彩较暗，拍摄者可降低曝光补偿值，让其真实的层次表现在画面上。PENTAX K10D、F3.5-4.5、F10.0、1/200s、ISO：100、20mm、-0.3EV、加权测光

构图解析：

曲线构图可展现颐和园长廊的线条结构美，让画面具有视线延展感。

问：如何拍摄全景画面？

答：颐和园规模宏大，虽然广角镜头的拍摄视角较大，但是往往还是不能将这样的大场景画面准确地呈现在画面上。此时，我们可通过高端数码相机360°旋转拍摄，以获取更大场景的画面，然而器材的昂贵让我们望而却步。这时，我们可以拍摄多张画面，然后在后期进行拼接，也可得到理想的画面效果。下图是拍摄者通过后期拼接制作的颐和园画面，将近景远景都清晰地呈现在画面中，获得了理想的画面效果。PENTAX K10D、F3.5-4.5、F11.0、1/350s、ISO：100、20mm、-0.3EV、加权测光

表现水乡古镇特点

水乡古镇有着百年以上的历史，我国广阔的土地上有着许多历史悠久、文化底蕴深厚的水乡古镇，它们记载着我国文化的传承与发展，有的还被列为文化古迹遗址。拍摄古镇时，不但要表现出古镇的特色，还要通过古镇的特点来表现历史的久远。

柔和光线拍摄水乡古镇

下图画面拍摄者运用F10的小光圈增大画面景深，让画面中的所有元素都清晰可见。由于在阴天环境下拍摄，因此漫反射光线较为均匀，拍摄者可采用加权测光模式对画面整体进行测光，并获取正常的曝光量，展现和谐的画面效果。

NIKON D70、24-85mm、F3.5-4.5、F10.0、1/125s、ISO：200、75mm、0EV、加权测光

利用视线消失展现古镇街道

下图拍摄者结合较低的拍摄角度，将古镇街道面貌清晰呈现在画面上。地面石板路清晰可见，展现出历史的悠久感。同时，街道向前延伸的视线，让画面的空间效果更强烈，画面更真实。

NIKON D70、24-85mm、F3.5-4.5、F10.0、1/125s、ISO：200、75mm、0EV、加权测光

13.4 记录民族风情

民族风情即民间风俗，是一个国家或民族广大民众共同创造、享用和传承的生活文化，它在特定的民族、时代和地域中不断形成、扩大和演变，为民众的日常生活服务，同时也与人们的衣食住行息息相关。不同国家、不同地域的民族风情差异通常较大。

准确曝光呈现特色风味美食

中国美食体现了中华民族的饮食文化传统，它与世界各国烹饪相比，有许多独特之处。中国饮食文化具有视野广、层次深、角度多、品位高等特点，不同地区的美食又有着不同的美食特色。

记录诱人的小吃

左图画面为拍摄的诱人小吃。由于在室内拍摄，拍摄者使用F3.5的光圈，减小画面景深，让繁杂的背景虚化，选择适当快门速度下准确的曝光让主体更加清晰地呈现在画面中，让面食的质感准确地展现，画面显得更加诱人，主体也更吸引观者的目光。NIKON D70、24-85mm、F3.5-4.5、F3.5、1/125s、ISO：200、50mm、0EV、加权测光

展现民俗风情的小吃

右图为拍摄的当地特色小吃。画面中复杂的背景在F4.5的大光圈下被虚化处理，让主体显得更突出，从而也展现出主体特点及其食物质感，并让主体色彩真实还原。NIKON D70、24-85mm、F3.5-4.5、F4.5、1/200s、ISO：200、45mm、0EV、加权测光

拍摄要诀：

拍摄美食时，最重要的是要将美食的诱人特点表现在画面上。通常通过室内灯光的造型，可将美食的质感以及色彩更好地展现，让视觉感更强烈。同时，在没有室内灯光的条件下，也可以通过自然光线将美食小吃的实在感表现在画面上，呈现最真实的一面。

特写拍摄精致的手工艺术品

随着科技的进步，人类生活水平逐渐提高，手工艺品则成为表现一个地域或者民族特色的物品，它不但可展现当地的风俗民情，还能体现民间的艺术。

构图解析：

利用竖画幅拍摄民间手工艺品时，可用透视的关系，结合斜线的方式，让画面视线向前延伸。

丰富色彩展现主体精致

左图画面为民间工艺。拍摄者采用与拍摄对象平视的拍摄角度，将其真实地呈现在画面上。在F4.5的光圈下，画面复杂的环境进行了虚化处理，让主体更加突出，并结合1/160s的快门速度，使得画面准确曝光。NIKON D70s、28-100mm、F3.5-5.6、F4.5、1/160s、ISO：400、48mm、0EV、加权测光

不同色彩突出主体

下图画面色彩多样且丰富。拍摄者利用特写的方式将其精致的特点准确捕捉在画面上。F5.0的光圈将画面背景虚化处理，使主体更加醒目。NIKON D70s、28-100mm、F3.5-5.6、F5.0、1/250s、ISO：400、65mm、0EV、加权测光

构图解析：

通过整齐排列的构图方式将拍摄对象清晰地呈现出来，色彩的对比显得更突出。

选择在节日时间前往拍摄

现代都市人们的生活水平提高，精神生活也更加丰富。不管是周末还是节假日，人们都会到不同的城市游玩并拍摄，带上相机记录下自己美好的回忆。然而，选择在节日前往能获取更多有意义的照片，不但可将节日的气氛捕捉在画面上，还能展现出当地的民俗风情以及表现我国民间文化的悠久。

鲜艳的色彩让主体更醒目

下图画面拍摄者在当地节日期间进行拍摄，采用水平线构图方式展现出拍摄环境的宽阔，纳入的主体人物色彩鲜明，在画面中显得更加突出。拍摄者纳入背景中的建筑，让画面的空间感增强，画面更真实自然。由于拍摄环境光线不明亮，因此拍摄者采用F3.5的大光圈，并结合1/30s的快门速度，以获取曝光准确的画面效果。

NIKON D70s、28-100mm、F3.5-5.6、F3.5、1/30s、ISO：200、28mm、0EV、加权测光

大景深让画面空间感增强

赛龙舟是端午佳节必备的活动。右图画面为拍摄者捕捉到的参赛过程中的画面。F10的小光圈增大画面景深，让画面前景和背景清晰呈现，展现出比赛的环境，表现出当地的民俗。NIKON D70s、28-100mm、F3.5-5.6、F10、1/200s、ISO：200、75mm、0EV、加权测光

拍摄要诀：

随着地域的不同，民俗文化也有所区别。然而，我们在拍摄民俗文化时，要仔细了解当地的民族风情，这样才能真实地展现所要表达的一面。

色彩艳丽的织染布

织染布在云南较为常见，是当地的风俗习惯，也是一大特色。织染布色彩鲜艳且多样，具有不同的花色，每一种都是由当地人精心制作而成。拍摄织染布时，不但要拍摄出布料的质感，还要将布料的色彩真实地还原。

逆光环境呈现布料质感

上图为拍摄的云南织染布。在逆光拍摄环境下，拍摄者降低了曝光补偿值，将布料的色彩以及层次真实还原，并展现出布料的质感，多样的色彩让画面更加丰富。利用近大远小的透视关系，画面空间感更强。NIKON D70s、28-100mm、F3.5-5.6、F5.0、1/100s、ISO：200、35mm、-0.3EV、加权测光

构图解析：

斜线构图方式让画面视线集中，并凝聚在主体上，使主体在画面中更醒目。

NIKON D70、28-100mm、F3.5-5.6、F4.5、1/100s、ISO：200、30mm、-0.3EV、加权测光

对称构图平衡画面

上图拍摄者采用较低的拍摄角度，将布料的整体形状呈现在画面上。画面色彩鲜艳，具有强烈的视觉效果，让观者目光集中在主体上。

Chapter 14 生活纪实与静物题材拍摄

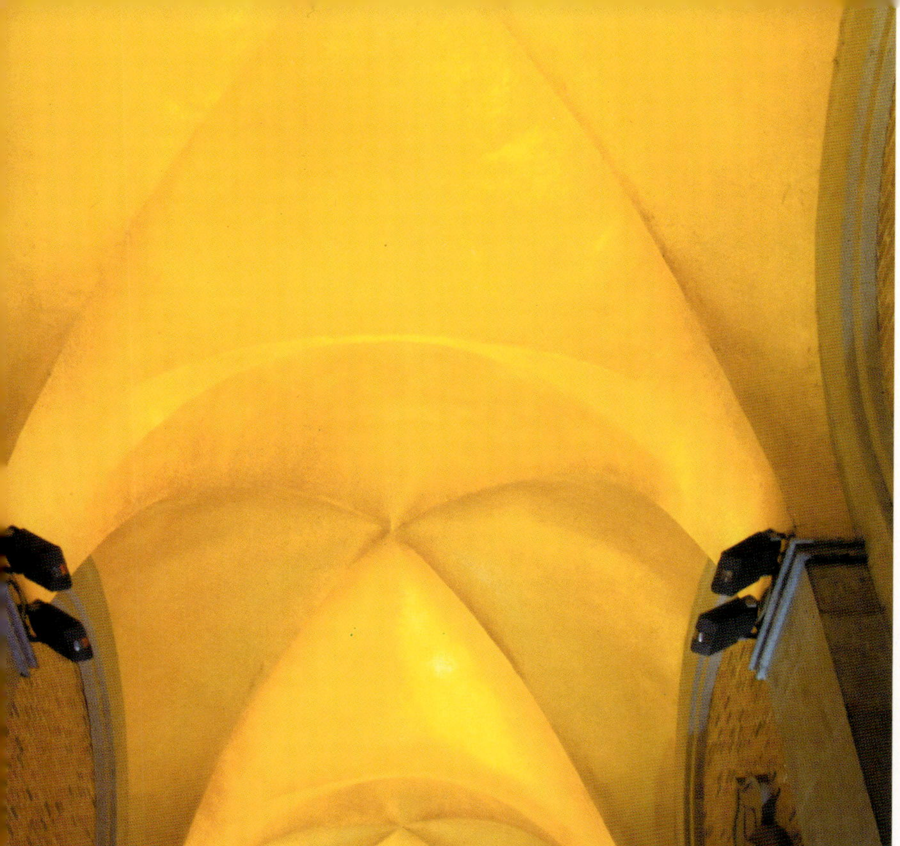

学习重点

- 如何捕捉最真实的生活画面
- 记录婚礼现场
- 街头景象纪实
- 可口的美食记录
- 拍摄出售的小商品

14.1 如何捕捉最真实的生活画面

生活中有许多动人的光影、色彩与故事，拍摄者需要有一双善于发现美的眼睛，用摄影的眼光与细腻的心思去观察和感受身边的事物，这样方可捕捉到生活中的魅力元素。

善于发现身边的动人场景

动人的场景可能是许多事物，例如感人的故事、绚丽的色彩、独特的光影或图案、饱含哲理的文字等，当拍摄者从事物本身、摄影、人文、情感等多方面去看待身边的事物，将会感悟更多。有了感悟就有了摄影的草稿，接下来拍摄者需要通过准确运用摄影技术的方法，将拍摄者心中的画面展现出来，结合构图、用光等方面的表现方式，让画面的主题更加鲜明，让画面为更多观者所理解。

善于发现动人的画面

左图中独特的光影效果为画面的美点，使用加权测光对画面中偏暗的位置测光，使画面产生大面积阴影和曝光过度的区域，制造出鲜明的明暗对比。此外画面包含着丰富的寓意，取景时保留大面积黑色留白，给人留下广阔的想象空间；曝光过度的白色区域出现轻微的晕光效果，给人以光明等寓意。NIKON D80、28-100mm、F3.5-5.6、F3.5、1/60s、ISO：100、28mm、-0.3EV、加权测光

构图解析：

拍摄者利用隧道式构图强调画面的明暗对比，展现出生活充满生机与无限可能的感觉。

整齐排列的玩偶

右图拍摄于市井，整齐排列的罗汉给人以整洁、充满节奏的感觉，配合鲜艳的色彩搭配，使画面更加美观。拍摄者降低感光度确保画质细腻，借助三脚架长时间曝光拍摄，避免画面模糊。NIKON D80、28-100mm、F3.5-5.6、F4.0、1/15s、ISO：100、38mm、-0.3EV、加权测光

在室内光线下表现静物

在室内拍摄静物应准备大光圈镜头或三脚架，因为室内灯光亮度较低，只是人们肉眼看起来灯光很亮。在室内拍摄静物的好处在于拍摄者可充分运用室内的暖色光线、环境等，营造出温馨的氛围，特别是拍摄具有鲜明环境特点的静物，例如居家饰品。为了避免静物显得单调，拍摄者可准备陪体，例如花卉、轻盈的布料等，利用陪体可衬托主体并使画面更饱满。

增加画面氛围

左图中的杯子与相框起到相互呼应的效果，杯子代表着闲适的时光，而相框引发人们追忆过往，两个元素同时出现在画面中，营造出温馨的氛围。从静物拍摄角度来看，画面显得主体不够鲜明；但从取景立意的角度来看，画面以小见大准确刻画出生活的优雅、舒适、温馨之感。Canon EOS 5D Mark Ⅱ、24-105mm、F4.0、F4.0、1/80s、ISO：1250、99mm、0EV、点测光

充分运用陪体与背景

右图的层次非常丰富，拍摄者利用款式与玻璃瓶一致的玻璃杯作陪体，避免了主体单调，通过调整取景角度，将被虚化的花卉呈现在画面中，使画面色彩丰富并可避免背景单调。Canon EOS 5D Mark Ⅱ、24-105mm、F4.0、F4.8、1/80s、ISO：800、70mm、0EV、点测光

用光解析：

拍摄者使用反光率较高的浅色背景，利用背景中的反光勾勒玻璃瓶轮廓，增加了玻璃瓶的通透感。

对照片的精心策划——纹理、形状、色调的把握

照片用纹理、形状、色调等描绘被摄体，准确把握这些要素可突出被摄体特点，使照片更加美观、生动。突出被摄体形状需拍摄者选准拍摄角度，前侧面角度可突出被摄体的基本形状和立体感；前侧光、侧光、侧逆光、顶光可突出被摄体的立体感；柔光、顺光可充分展现被摄体表面的图案和色彩；而侧光还可突出被摄体表面凹凸的质感。拍摄者应根据被摄体的主要特点灵活把握构图、用光、曝光等方法。

展现物品形状

下图中的杯子质感光滑，捕捉其表面的反光可突出其质感。提高相机高度俯拍，可避免杯子与杯碟重叠，使被摄体形状明晰。杯子受柔光照射，表面的图案展现清晰、细腻。NIKON D70s、28-100mm、F3.5-5.6、F4.5、1/20s、ISO：200、48mm、0EV、中央测光

用光解析：

利用从窗户透进的柔光拍摄，可避免瓷器表面出现大面积反光，调整拍摄角度使杯沿出现较连贯的高光线条，这样可使被摄体轮廓更清晰。

重彩色调突出色彩对比

下图拍摄于水果店，阴天柔和的光线使画面形成浓郁的色彩，使用长焦距截取色彩突出的部分，形成色彩浓重的重彩色调，给人以醒目的感觉。NIKON D80、18-135mm、F3.5-5.6、F6.3、1/60s、ISO：100、106mm、-0.3EV、加权测光

拍摄要诀：

要突出被摄体色彩，拍摄者可在相机影像优化设置中将饱和度设为“增强”，还可通过减少曝光补偿的方式使色彩显得更加浓郁、厚重，加强色彩对比。

14.2 记录婚礼现场

婚礼跟拍充满了挑战性与戏剧性，是一个非常有趣的拍摄题材。婚礼过程中处处流动着浓浓的情谊，如果拍摄者用心体会，一定会拍到许多感人的画面。婚礼跟拍要求拍摄者娴熟掌握摄影技艺，许多精彩的瞬间需要拍摄者善于发现，更需要拍摄者敏捷反应，快速准确设置参数进行拍摄。

拍摄美丽的新娘

新人是婚礼的主角，而盛装打扮的新娘则无疑是主角中最吸引人的。拍摄者应结合服饰与环境表现新娘，既要表现新娘的美丽，又要注重婚礼特殊氛围的营造。拍摄者可选择梳妆台、迎宾牌、新人海报等作背景，使用大光圈拍摄，突出婚礼氛围。此外还可特写新娘项链、戒指、胸花、高跟鞋等物品，从侧面展现美丽的新娘。

借助环境与服饰展现新娘

右图拍摄于婚礼仪式过程中，为充分展现新娘别致的服饰，拍摄者选择拍摄人物全身，以舞台上的幕布作背景可突出婚礼喜庆而温馨的氛围。Canon EOS 5D Mark Ⅱ、24-105mm、F4.0、F4.5、1/400s、ISO：1250、105mm、0EV、点测光

装备选择：

拍摄婚礼应准备大光圈镜头、三脚架、闪光灯、闪光灯扩散片、柔光罩等装备，这样可适应室内弱光环境。

捕捉动人的瞬间

婚礼跟拍过程中会出现许多动人的瞬间，拍摄者需注意观察并擅长抓拍。拍摄前应了解婚礼流程，新郎迎接新娘、新人接待宾客、交换信物等场景都非常精彩。此外拍摄者应尽量提高感光度或使用闪光灯补光，以便使用较高快门速度拍摄。

构图解析：

左图中拍摄者以阶梯为前景拍摄，由于阶梯、道路等具有引导视线的作用，所以画面层次显得更加丰富。同时，阶梯在画面中产生一定的象征意义，使画面显得更含蓄，耐人寻味。

记录动人瞬间

左图拍摄的是中式婚礼新人对拜的画面，画面内容透着温馨的感觉。拍摄时室内光线较暗不利于抓拍，提高感光度可提高快门速度，这样可避免人物动作模糊，也方便手持相机拍摄。Canon EOS 5D Mark Ⅱ、24-105mm、F4.0、F4.5、1/320s、ISO：1250、50mm、0EV、点测光

记录婚礼中的点滴

婚礼跟拍内容非常丰富，拍摄一张张画面可完整展现婚礼流程，记录下婚礼中最具有代表性的点滴。婚礼跟拍主要由以下部分组成：新娘化妆、新郎迎接新娘、新人接待宾客及合影、婚礼仪式、敬酒等，各部分拍摄手法各不相同。拍摄新娘化妆场景要少用写实的手法表现，特写新娘局部、饰品或从背面拍摄效果更好，待化好妆后再从正面表现美丽的新娘。新郎迎接新娘、敬酒的场面可使用短焦距俯拍，以增大取景范围，突出热闹的氛围。新人合影应注意控制画面景深，婚礼仪式的拍摄要兼顾整体效果与细节，既要记录婚礼流程，又要注意抓拍动人的细节。

婚礼现场合影

拍摄新人与宾客的合影时，应让新人或长辈处在画面中央，使用海报作背景可突出婚礼氛围。此外，应设置小光圈使画面景深增大，避免人物被虚化。Canon EOS 5D Mark Ⅱ、24-105mm、F4.0、F8.0、1/125s、ISO：100、47mm、0EV、加权测光

拍摄要诀：

拍摄合影应让被摄人物与相机距离一致，如果人较多，应让人物以相机为圆心分为多排呈弧形站立，此外还应设置F8或更小光圈拍摄，确保较大景深。为了避免合影显得呆板，可安排统一或夸张的动作增加画面趣味。

记录婚礼仪式

下图拍摄的是婚礼仪式的瞬间，捕捉新人统一的表情与动作使画面显得和谐，展现出婚礼愉悦、温馨的氛围。Canon EOS 5D Mark Ⅱ、24-105mm、F4.0、F4.0、1/400s、ISO：1250、105mm、0EV、点测光

构图解析：

右图中拍摄者巧妙利用人物视线方向制造悬念，人物的视线引导人们去猜测画面之外令新人开怀大笑的事，画面内容更加丰富。

展示现场的环境布局

精心装饰的婚礼现场同样是婚礼跟拍中浓墨重彩的一笔，现场环境拍摄可多角度展现婚礼热闹、喜庆的感觉。拍摄喜字、餐桌、餐具、菜品、鲜花装饰、舞台、烛台、香槟塔、蛋糕等物体可展现出现场气氛、突出婚礼精致的感觉。拍摄者可采用特写的手法表现某个物品，也可使用短焦距拍摄整齐排列的物品，以突出隆重、喜庆的现场氛围。

特写现场装饰

下图是采用特写手法拍摄婚礼现场的装饰物，调整取景角度得到了色彩绚丽的背景，鲜明的色彩对比给人以明快的感觉，同时也可以小见大展现婚礼的精致感。NIKON D300、70-200mm、F2.8、F3.2、1/125s、ISO：800、130mm、0EV、点测光

构图解析：

装饰物受重力的作用形成整齐的垂直线构图，拍摄者故意倾斜相机，改变画面构图，突出了婚礼欢快的氛围。

拍摄舞台局部

左图中拍摄者借助舞台较亮的灯光拍摄舞台局部，采用中央构图使画面稳重、均衡。使用点测光对画面中较暗的位置测光，这样可增加画面曝光量，使浅色的幕布曝光准确。NIKON D300、70-200mm、F2.8、F3.5、1/160s、ISO：800、70mm、0EV、点测光

拍摄要诀：

现场环境拍摄应安排在宾客较少时，那样环境非常整洁，并且不会与新人迎接宾客的拍摄相冲突。此时除了拍摄现场环境，拍摄者还应为婚礼仪式拍摄做准备，了解新人到达舞台的线路、灯光位置、舞台烟火、烟雾特效安排等，以找到最佳的舞台拍摄角度。

14.3 街头景象纪实

拍摄街头纪实的内容非常丰富，拍摄者可记录人们丰富的活动与生活状态、展现独具特色的画面元素、记录拍摄地的人文风貌等，是拍摄纪实照片的好去处。

不同镜头下街景的呈现

使用不同的镜头拍摄可使同样的取景画面展现出不同的画面效果。广角镜头取景范围大，可用于记录街道全景或制作夸张的效果；中焦镜头视角与人们的视角接近，可使画面显得更加自然；长焦镜头可用于远距离拍摄或拍摄街景局部，深入刻画街景细节。

广角镜增加画面张力

左图中拍摄者使用广角镜夸张画面透视关系，借助房屋和地面的线条增加画面张力。由于画面色彩较深，为了避免沉闷，取景时保留了小面积天空。NIKON D70、24-85mm、F3.5-4.5、F3.5、1/200s、ISO：100、24mm、0EV、加权测光

拍摄要诀：

当画面中同时出现天空与地面时，拍摄者往往难以协调画面的明暗差异，特别是在正午拍摄或逆光拍摄时，所以通常不选择这样的时间或光位拍摄。此外拍摄者还可缩小天空或地面的面积，按照占用画面面积较大的亮度区域曝光，从而减小画面曝光不准的区域，例如缩小天空面积，按照地面亮度准确曝光。

标准镜头再现真实比例

标准镜头的视角与人眼视角最为接近并且画面不易变形，所以采用标准镜头拍摄的画面看起来真实、自然。如右图所示，拍摄者使用标准镜头记录当地人们忙碌的生活，画面给人以朴实之感。Canon EOS 5D Mark Ⅱ、24-105mm、F4.0、F5.0、1/100s、ISO：100、50mm、-0.3EV、加权测光

发现生活中的趣味元素

生活中充满趣味元素，独特的线条、形态、图案、色彩搭配、夸张的对比、充满趣味的故事都给人以有趣的感受，这些需要拍摄者善于观察发现。有时这些元素会成为画面的主体，展现出生活有趣的一面；同样，拍摄者也可利用这些元素锦上添花，使画面更加美观。

发现节奏

右图中饱满的黄色给人以醒目的感觉，拍摄时增加曝光，突出了黄色。采用对称构图表现画面中近大远小的变化规律，画面给人以明快跳跃、充满节奏的感觉。NIKON D80、18-135mm、F3.5-5.6、F5.6、1/5s、ISO：200、20mm、0EV、点测光

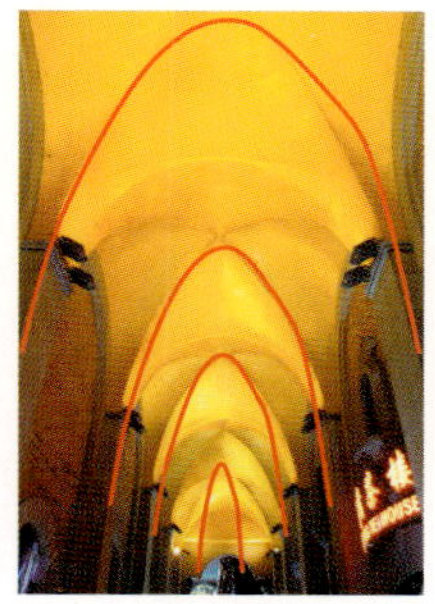

构图解析：

拍摄者使用仰拍方式展现新鲜视角，重点展现画面中绚丽的色彩。利用短焦距夸张透视关系，使画面节奏感更强。

发现线条

左图是从侧面拍摄的楼梯，鲜明的线条是画面的特色。拍摄时通过取景网格作参考调整相机角度，避免线条歪斜，使画面给人工整的感觉。NIKON D80、18-135mm、F3.5-5.6、F5.6、1/125s、ISO：250、75mm、0EV、中央测光

拍摄要诀：

当画面中出现鲜明的水平线或垂直线时，应尽量使用较长焦距采用水平角度拍摄，这样可避免画面中的线条歪斜或变形。

记录真实的人物生活

生活纪实的一个重要内容是记录人物的生活，拍摄者可选择长焦距从远处拍摄以免打扰拍摄对象，使人物不自然。拍摄者可从人物的衣、食、住、行等方面表现，选择具有代表性的点滴刻画。最好在拍摄前和拍摄对象进行沟通，了解人物生活并讲明自己的用意，以免带来不必要的误会。

记录特殊的生活方式

下图记录了当地特殊的生活方式，当地居民用布做成吊床，画面中小女孩正在享受闲适的午睡时光。在人物没有意识到镜头存在的情况下拍摄可避免画面做作，使画面纪实感更强。NIKON D70、24-85mm、F3.5-4.5、F3.5、1/50s、ISO：400、34mm、0EV、加权测光

用光解析：

画面中人物曝光不足而环境曝光准确，拍摄时可对人物测光并适当减少曝光，使人物曝光不足，这样的画面可如实记录环境的明暗关系，使画面纪实感更强。

表现市井生活

下图中拍摄者选择最能展现人们千姿百态生活的市井拍摄，拍摄时环境光较弱，拍摄者可降低快门速度，并借助支撑物稳定相机。NIKON D70、24-85mm、F3.5-4.5、F4.5、1/40s、ISO：400、24mm、0EV、加权测光

构图解析：

拍摄者使用水平高度拍摄不利于突出市集人潮涌动的热闹感觉。使用短焦距增加取景面积，展现出市集的特点，突出当地的人文风貌。开阔的环境与拥挤的人群对比，使画面展现别样的感觉。

生动有趣的涂鸦与雕塑

充满艺术气息的涂鸦与雕塑是街头纪实中有趣的一部分。拍摄涂鸦时应选择从正面、水平角度进行拍摄，这样涂鸦不易发生变形。拍摄雕塑时应注重对雕塑立体感的展现，选择雕塑最有特色的角度拍摄。拍摄涂鸦或雕塑时应尽量保持其完整性，注重整体效果的展现，不宜过分裁切画面。

拍摄涂鸦建筑

左图中拍摄者选择建筑正面稍侧的位置拍摄，这样可保留墙面涂鸦的特点并减弱画面变形。由于画面光线分布均匀，因此使用中央重点测光模式测光即可。拍摄时间为正午，则取景时应避开受阳光直射的点，避免画面反差过大。NIKON D60、18-55mm、F3.5-5.6、F6.3、1/160s、ISO: 100、18mm、-0.7EV、中央测光

突出涂鸦局部

右图中拍摄者截取涂鸦的主要部分进行表现，轻微裁切画面并不影响涂鸦整体效果的呈现。选择涂鸦受反射光照射时拍摄可避免不均匀的光照影响涂鸦效果，故意减少曝光补偿使画面色彩更加浓重、醒目。NIKON D60、18-55mm、F3.5-5.6、F6.3、1/160s、ISO: 100、28mm、-0.7EV、中央测光

硬光表现雕塑

左图中拍摄者利用直射阳光拍摄雕塑，硬光可强调雕塑的线条、纹理并塑造出明快、爽朗的画面风格，与雕塑内容搭配协调。构图时根据画面内容在运动方向多留空间，使雕塑显得更加灵动、传神。NIKON D60、18-55mm、F3.5-5.6、F6.3、1/160s、ISO: 100、55mm、0EV、中央测光

14.4 可口的美食记录

造型可爱的糕点、色泽诱人的生食、布局讲究的熟食各有其动人之处，美食摄影通过对食物色泽、形态、质感的描述与美化，展现出食物美味诱人的感觉。

营造暖调效果

暖色调展现出食物美味、可口的感觉，可增加食物的诱惑力，所以厨师通常会使食物呈现出暖色调效果。拍摄者可通过食物本身的色彩与餐具等陪体的色彩搭配形成暖色调画面，也可通过白平衡设置或光线色温使画面偏暖。

色彩与味觉的关系如下表所示，从下表中可见，暖色系食物给人感觉美味诱人。

红色：浓香、酸甜、腌味	橙色：浓郁的、奇香、烤味	黄色：芳香、香甜、酸楚

绿色：新鲜、清凉、薄荷味	白色：清香、奶香、桂花香	蓝紫色：腥味、药味、淡酸

暖色调增加食物诱惑力

下图中利用餐具和白平衡设置使画面形成暖色调效果，对比准确设置白平衡的画面可见，暖色调画面食物显得更加诱人。

准确设置白平衡效果

NIKON D200、18-55mm、F3.5-5.6、F20.0、1/125s、ISO：100、45mm、0EV、点测光

突出诱人的色彩与光泽

诱人的色彩和光泽可增加画面美感，突出食物美味的感觉。拍摄食物时应使用柔光突出其色彩并充分展现细节，确保画面光照均匀呈现出，明亮的高调或中间调效果更适合表现食物。要突出食物光泽可借助水珠或油，通常拍摄生食时可喷洒水珠，水珠反光可使菜品光泽更好；如果菜品表面附着油或汤，拍摄者可借助这些液体反光增加食物光泽。

拍摄要诀：

内置闪光灯光质硬，拍摄者可借助柔光布或利用漫射光同步，避免闪光灯效果生硬。

使用闪光灯突出色彩

上图拍摄于室内环境，光线较差。拍摄者利用内置闪光灯照射食物，顺光照射可突出食物色彩，展现食物特点。NIKON D80、28-100mm、F3.5-5.6、F8.0、1/60s、ISO：100、40mm、0EV、加权测光

利用调料着色

右图中使用红色的辣椒酱为菜品着色，这样菜的颜色显得更加红润、鲜亮，高饱和度的色彩容易增进食欲，使食物显得更加美味。使用逆光勾勒菜品形状、突出画面立体感，在顺光位置使用反光板补光增加暗部细节，使色彩还原准确。NIKON D200、18-55mm、F3.5-5.6、F16.0、1/125s、ISO：100、40mm、0EV、点测光

拍摄半熟的菜品

通常用于拍摄的菜品是半熟的，这样菜品的色彩饱满，形状较好，看起来更加美观。左图中的菜品经粗略加工，其表面呈现出亮丽的橙色，给人以酥香的感觉。在其表面涂抹油可增加其光泽，使食物色泽较好。NIKON D200、18-55mm、F3.5-5.6、F8.0、1/125s、ISO：100、55mm、0EV、点测光

呈现细腻的食品质感

丰富的质感可使画面显得更加逼真，让观看者更加全面地感知食物的美味。若要突出食物质感，拍摄者可借助微距镜头特写食物局部，这样画面可用更多的像素描述事物的色泽、纹理，使画面细节更丰富。此外拍摄者还可利用光线突出食物质感，当光线与食物表面呈90°夹角时，该表面被均匀照亮，没有明暗对比便难以体现质感，如下图所示。硬光善于表现质感，不善于表现色彩，所以拍摄食物通常会将硬光与软光搭配使用。

利用光线突出质感

左图中拍摄者尽量靠近被摄体，使画面细节更加丰富。使用硬光与软光搭配的方式强调食物质感，突出食物色彩。食物表面的光泽展现出食物温软、细滑的感觉。NIKON D200、18-55mm、F3.5-5.6、F11.0、1/125s、ISO：100、45mm、0EV、中央测光

用光解析：

上图的用光方法是拍摄食物的经典用光方法：使用侧逆光照射食物，突出食物立体感与质感；在前侧光位置使用反光板反光，提高食物面向相机一面的亮度，补充暗部细节。画面形成硬光与软光的混合效果，兼顾食物色彩与形态，画面细腻却不显柔软乏力。

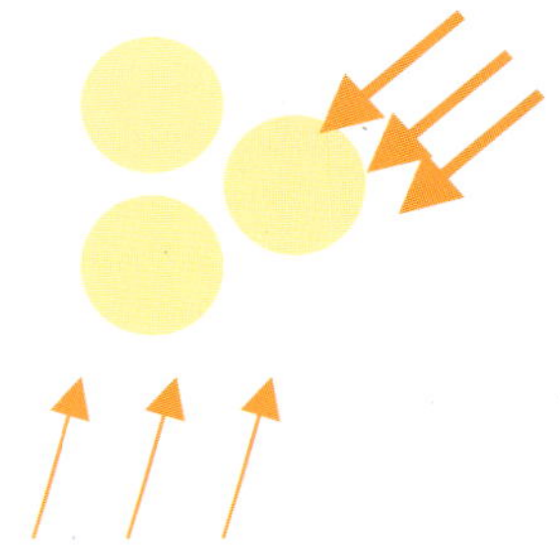

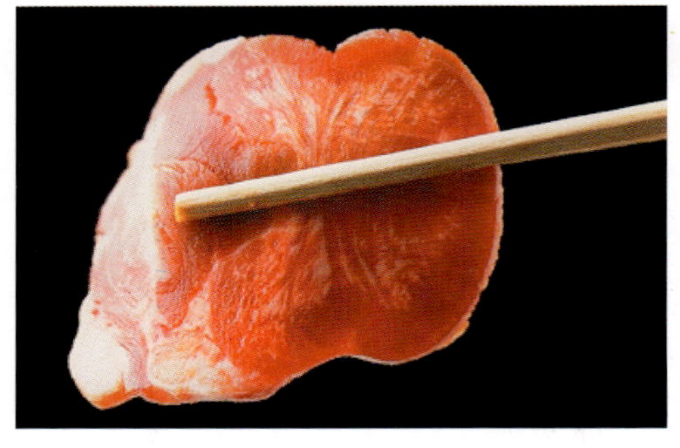

硬光突出肉的纹理

左图中拍摄者使用硬光突出肉的纹理，来自侧面照射范围较窄的光线可突出食物质感，并使背景曝光不足，形成黑色背景。NIKON D200、18-55mm、F3.5-5.6、F11.0、1/125s、ISO：100、45mm、0EV、中央测光

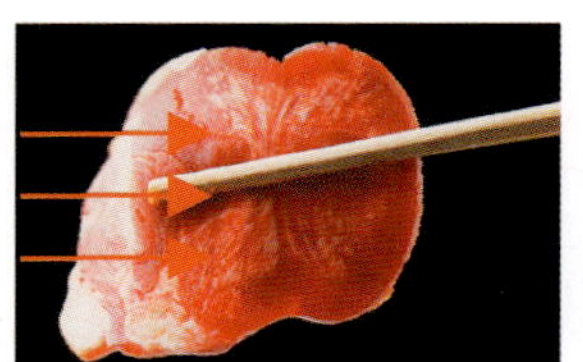

14.5 拍摄出售的小商品

商品拍摄要求准确刻画商品的形态、色泽、质感等基本特点，让购买者对商品有基本的了解。在此基础上拍摄者还需通过构图、用光、陪体、滤镜等美化商品，增加商品的吸引力。

借助光线刻画精美首饰

首饰给人以精致的感觉，拍摄这些精致的微小物品时，拍摄者需恰当运用光线。多数首饰以夺目的光泽为美，在拍摄戒指、项链之类高反光的首饰时应使用柔和的光线，柔光可避免首饰表面出现生硬的反光，缩小画面反差，增加暗部细节。此外拍摄者可借助首饰盒固定首饰，精致的首饰盒可从侧面反映出首饰的精美、贵重之感。

柔光突出首饰特点

下图利用柔和的光线使画面光照均匀，配合白色背景使画面影调轻盈，展现出饰品精致的感觉。使用照射角度较高的侧光从画面右侧照射，可突出被摄体的立体感。NIKON D80、28-100mm、F3.5-5.6、F4.0、1/60s、ISO：200、35mm、0EV、加权测光

构图解析：

使用红色的玫瑰作陪体，与被摄体色彩相统一，将陪体放在画面的边角处可避免陪体喧宾夺主。

装备选择：

由于首饰体积较小，拍摄者应准备高像素相机，这样裁切后可得到像素较高的画面。此外，拍摄者也可使用微距镜头充分靠近被摄体拍摄。为了突出首饰精致的感觉，拍摄者可使用星光镜，使画面中点强光部位产生光芒四射的线条，增加首饰的光泽与精致感。

问：拍摄首饰时如何对焦？

答：拍摄首饰通常要使用长焦镜头或微距镜头，这样画面的景深很浅。所以拍摄者应通过设置对焦点的方式对被摄体对焦，如右图所示，并且尽量使用三脚架稳定相机，以免对焦位置因为手抖动发生偏移。此外对焦位置应选择被摄体最引人注目的部位，例如项链的吊坠，这样画面的虚实分布更加合理。

突出表现鞋子的质感

质感是表现鞋子品质的要素之一，质感丰富的画面不仅可展现鞋子特点，还可从侧面展现出鞋子良好的质量。要突出鞋子的质感首先要做到曝光准确，曝光准确的画面细节最丰富，色彩还原最准确。此外应根据鞋子面料的特点灵活用光，反光率低的面料可使用较硬光质表现；反光率高的面料则要使用软光减少反光；透光性较好的面料应使用侧逆光强调其通透感。

突出质感与图案

为了充分展现鞋子的纹理、图案等基本特征，拍摄者使用柔光减少画面阴影，使用顶光照射被摄体，使光线与鞋子表面产生一定的角度，这样可起到强调鞋子立体感与表面质感的作用。

NIKON D80、28-70mm、F2.8、F10.0、1/160s、ISO：100、28mm、0EV、点测光

突出细节的曝光方式

下图中的鞋子为绒布面料，绒布反光较少，拍摄时可增加曝光以突出鞋子质感。不仅如此，鞋子的颜色同样会影响曝光，从右图中三只相同材料不同颜色的鞋子可看出，浅色的鞋子细节较多，而深色的鞋子反光更少，还应增加曝光方可展现细节。

NIKON D80、28-70mm、F2.8、F10.0、1/100s、ISO：100、28mm、0EV、点测光

NIKON D80、28-70mm、F2.8、F10.0、1/100s、ISO：100、28mm、0EV、点测光

刻画光泽

下图中的鞋子使用了许多亮片作装饰，为了避免出现刺目的反光，拍摄者使用柔光从前侧光位置和侧逆光位置照射，两只光源照射使鞋子表面出现较多的规则反光，突出了鞋子的光泽。

NIKON D80、28-70mm、F2.8、F9.0、1/125s、ISO：100、28mm、0EV、点测光

兼顾纹理与光泽

下图中的鞋子面料质感细腻，特殊的样式使其表面产生丰富的褶皱，使用较硬的侧光照射可突出鞋子的质感与纹理。鞋子表面柔和的反光可展现出皮质面料细腻、光泽较好的感觉。

NIKON D80、28-70mm、F2.8、F9.0、1/125s、ISO：100、28mm、0EV、点测光

问：拍摄鞋子还需要注意哪些事项？

答：拍摄鞋子不仅要注重质感，还应注意对形状、色泽、样式等方面的展现。拍摄前要准确设置白平衡，避免画面出现偏色。曝光也会影响到色彩的明度，进而影响产品的色彩，拍摄者应根据鞋子的面料、色彩来设置曝光，确保画面曝光准确。此外还应注意控制变形和画面的虚实情况，不使用广角镜头制造夸张的变形，也不要使用F1.8之类的大光圈制造小景深，这样产品的细节会比较少。最后还应根据鞋子的样式选择拍摄角度，通常从前侧面拍摄、俯拍，画面比较美观。如上图所示，拍摄者将三只款式相同的鞋子呈扇形排列，突出前侧面，画面简洁、美观，鞋子细节丰富。NIKON D80、28-70mm、F2.8、F9.0、1/200s、ISO：100、28mm、0EV、点测光

素色背景下可爱的家居小饰品

家居小饰品种类丰富，利用素色背景衬托可突出主体、简化画面。拍摄者可利用室内现场灯光拍摄，营造出室内温馨的感觉；也可将饰品放在靠近光源的位置，利用台灯作光源精心布光。拍摄时注意物品的摆放应美观、整洁，通常饰品的美点会集中在正面，所以拍摄者应多从正面或前侧面拍摄。

拍摄玩偶

下图中的玩偶是使用白布作背景、利用台灯作光源拍摄的。使用照射角度高的光线照射可增强玩偶的立体感并符合室内光照效果，拍摄时可在台灯前加上透光性好的白布制造柔光效果，减轻画面阴影。NIKON D80、85mm、F1.8、F4.5、1/320s、ISO：200、85mm、0EV、点测光

拍摄要诀：

拍摄者可在玩偶背向相机的位置使用支撑物固定玩偶的造型，这样拍摄更方便。

用光解析：

为了使背景色彩均匀，应使背景受光均匀，将两只台灯置于前侧光位置，利用经柔化处理的光线照射被摄体，可使画面光照均匀、影调轻盈，饰品细节丰富。

突出鲜艳的色彩

右图中的饰品色彩鲜艳，使用柔光拍摄可使画面色彩柔和、细腻。水平拍摄可避免玩偶变形，采用中央构图方式，将饰品置于画面中央，这样可在画面元素较少的情况下使画面均衡、协调。NIKON D80、85mm、F1.8、F1.8、1/80s、ISO：100、85mm、0EV、点测光

Chapter 15 城市建筑与动人夜色拍摄

学习重点

- 建筑摄影中把握透视关系
- 用光与构图在建筑拍摄中的重要性
- 暗光拍摄中良好的装备及参数组合
- 拍摄城市建筑
- 拍摄动人的夜景

15.1 建筑摄影中把握透视关系

通常建筑摄影中会出现建筑左右边缘向斜上方汇聚的情况，这是由镜头的透视产生畸变造成的。我们在拍摄建筑时，为了将建筑的整体纳入画面中，会采用站在地面向上仰拍的方式，从而形成画面的远景部分和近景部分在拍摄上的差异，造成近大远小的变形，因此在拍摄中要准确地把握透视关系。

竖画幅展示建筑高度感

左图画面为拍摄的建筑。仰视的角度展现出建筑的高大，并准确地利用近大远小的透视关系，展现出建筑的特点，同时也展示出其真实的一面。NIKON D70s、18-135mm、F3.5-5.6、F5.6、1/50s、ISO：200、25mm、0EV、点测光

横向拍摄建筑

拍摄者利用透视关系让拍摄的建筑画面空间感更好，近大远小的渐变效果增强了视觉上的透视感，突出了建筑物的造型特征。NIKON D70s、18-135mm、F3.5-5.6、F6.0、1/100s、ISO：200、20mm、0EV、点测光

15.2 用光与构图在建筑拍摄中的重要性

不同环境，不同光线，能使看似平淡无奇的建筑呈现出不同的美感。一天之中，光线不断变化，拍摄者可利用不同的光线，并结合最佳的构图方式展现建筑的特色，获取不同效果的画面。一般情况下，三角形具有稳定性的特点，在拍摄建筑时，采用三角形构图能将建筑的稳定特点表现出来，还能展现出建筑的造型特色以及建筑的美感。

仰视角度拍摄表现建筑高大

下图拍摄者在F11的光圈下拍摄，画面的景深增大，各元素都清晰呈现，并结合1/200s的快门速度，使得画面准确曝光。前景树木的纳入，让画面的空间感更强，透视关系的恰好掌握，使获取的画面效果更加真实自然。NIKON D80、28-200mm、F3.5-5.6、F11、1/200s、ISO：200、45mm、0EV、点测光

构图解析：

利用三角形构图拍摄建筑，可展示出建筑的稳定性特点，同时，较低的角度将建筑的造型展现在画面上。

平视拍摄建筑群

下图拍摄者站在与拍摄对象同等高度进行拍摄。在光线较好的环境下，选择F8.0的光圈，并结合1/250s的快门速度，获取了曝光准确的画面。NIKON D80、28-200mm、F3.5-5.6、F8.0、1/250s、ISO：100、100mm、0EV、加权测光

用光解析：

自然光线从建筑群的右侧照射进来，形成明显的阴影，让画面中建筑的空间感更强。

15.3 暗光拍摄中良好的装备及参数组合

拍摄场景不同，得到的画面效果也会截然不同。在光线环境充足的场景中拍摄，我们足以应付，然而并不是只有在光线好的环境下拍摄才能得到好的照片，通常在暗光环境下拍摄也可获取不一样的画面效果。暗光下要选择适当的器材，并根据环境光线的情况进行相机参数的设置，使得画面效果达到最佳。

构图解析：

垂直线构图展现出画面的线条美感，同时让画面的视线具有方向感。

暗光环境结合大光圈镜头拍摄

上图在室内暗光环境下拍摄。拍摄者使用大光圈镜头，使得画面进光量增加，同时提高快门速度，获取了效果清晰的画面。NIKON D80、28-200mm、F3.5-5.6、F3.5、1/150s、ISO：800、28mm、0EV、点测光

如右图的佳能EF 50mm f/1.2L USM定焦镜头，最大光圈F1.2，对于暗光环境足以应付。

问：光圈和快门如何组合才能获取曝光正常的画面？

答：光圈是控制光线进入感光元件多少的装置，而快门是控制曝光时间的长短，两者的相互结合，获取了画面的准确曝光。而在实际的拍摄中如何设置光圈和快门速度，是拍摄中重要的因素。从理论上讲，以右下表格为例，根据表格中的组合来进行拍摄，会得到亮度相同的曝光效果。因此可得知，光圈降低一档时，快门速度应相应地增加一档。但是光圈值和快门速度值的不同会给照片效果带来很大的影响。例如F2.0、1/120s的快门速度和F5.6、1/15s的快门速度，即使获取的画面曝光相同，但是由于拍摄对象的运动速度不同，画面也会表现出不同的动态效果。并且，光圈值的不同，画面景深也会有所不同。由此可知，根据想要拍摄的效果，拍摄者要合理设置光圈、快门等各项参数。

光圈值（F）	快门速度值（SEC）
2.0	1/120s
2.8	1/60s
4.0	1/30s
5.6	1/15s
8	1/8s

15.4 拍摄城市建筑

时代在发展，城市建筑也成为时下流行的拍摄题材。拍摄城市建筑时，无论拍摄单个建筑或群体建筑，都要选择最佳的拍摄角度。通常情况下，高角度更便于全面展示现代建筑四周地面或水面的环境，让画面内的视野显得更开阔；而低角度则更利于表现建筑的高大。

仰角度拍摄高楼

仰视会造成建筑的变形，然而我们在拍摄中可运用透视的关系来营造建筑雄伟的气势。在拍摄时，可适当调整拍摄角度，将城市中高楼的造型特点捕捉在画面上。

仰视展现建筑的高大

左图画面为拍摄的城市建筑。拍摄者站在低角度位置，仰视进行拍摄，将建筑的高大形象展现在画面上。同时选择F5.6的光圈和1/600s的快门速度，让画面准确曝光，并降低曝光补偿值，使暗色局部层次更加丰富。

NIKON D80、F5.6、1/600s、ISO：100、14mm、-0.3EV、点测光

展示夜晚的城市建筑

右图为仰视拍摄的城市高大建筑，透视的关系运用将建筑的高大特点很好地表现出来。由于拍摄环境光线昏暗，因此选择F2.8的大光圈结合1/3s的慢门速度，可使画面曝光准确，并结合三脚架的使用，获取了清晰的画面效果。

NIKON D80、F2.8、1/3s、ISO：100、14mm、0EV、点测光

俯拍城市全貌

城市中的建筑密集排布，由于地点的限制，就需寻找更多的拍摄地点。俯拍城市建筑，往往可获取满意的效果。通过登上一座高楼来拍摄城市的全貌，可展示建筑的特征。与此同时，一张能够涵盖和收取建筑场景全貌的照片，对观者来说也是更加赏心悦目的。

横画幅拍摄城市建筑

左图拍摄者采用俯视角度拍摄城市建筑全貌画面。在F8.0的小光圈下画面景深增大，所有元素都清晰呈现。拍摄者纳入蓝色的天空，让画面更有深度。NIKON D80、18-55mm、F3.5-5.6、F8.0、1/250s、ISO：100、18mm、0EV、加权测光

构图解析：

采用俯视的角度拍摄城市建筑时，结合小光圈，不管是横画幅还是竖画幅，都可将城市的整体面貌清晰地呈现。

竖画幅拍摄

右图拍摄者采用竖画幅的方式俯拍城市建筑，将建筑的整体形象准确地展现在画面上，并纳入居住环境，展现出城市的繁华以及人们生活环境的提高。NIKON D80、18-55mm、F3.5-5.6、F7.1、1/200s、ISO：100、18mm、0EV、加权点测光

拍摄要诀：

在拍摄蓝天白云衬托下的建筑时，为了突出蓝天白云下建筑的姿态，可用偏振镜让天空色彩更真实。主体画面在蓝色基调衬托下将显得层次更清晰，质感更强烈，这样才能更好地达到表现新建筑新景观的效果。

表现造型独特的异域建筑

由于地域的不同，民族风情的差异，导致不同国家城市建筑造型的差异。不管是拍摄单独的建筑还是建筑群，都要将建筑的外形特点真实地展现出来。异域建筑的拍摄能很好地展现出当地的民族风情以及艺术气息。

构图解析：

拍摄者可利用三角形构图拍摄异域建筑，三角形具有稳定的特征，使用此构图方式拍摄，可展示出建筑的稳定性。

展示异域建筑特点

左图为拍摄的异域建筑。通过长焦镜头，将整个建筑纳入画面，其整体的造型特征清晰地呈现在画面上。在F11的光圈下，画面景深增大，前景和背景树木的结合运用，使画面的空间感更强。NIKON D80、28-200mm、F3.5-5.6、F11、1/350s、ISO：200、200mm、0EV、点测光

三分法构图展示建筑特征

下图拍摄者采用较大场景的方式拍摄建筑，将其整个的形态都捕捉在画面中，并利用三分法的构图方式，让画面显得和谐自然。

NIKON D80、28-200mm、F3.5-5.6、F11、1/400s、ISO：200、22mm、0EV、加权测光

小景拍摄别致的公园一角

景别是指纳入画面中拍摄对象的大小范围，不同的景别拍摄的画面效果不同。在公园中使用小景别来展现细节画面，不但可展示出拍摄对象的精美，还能通过细小物体的展示来表现出公园的特点。

结合倒影展现建筑的造型特点

下图拍摄者在自然光照下拍摄公园小景。绿色植被下的建筑纳入画面，展现出大自然的和谐，并表现出公园的宁静。在F5.0的光圈和1/125s的快门速度下，获取了曝光准确的画面效果。NIKON D80、17-55mm、F3.5-4.5、F5.0、1/125s、ISO：200、40mm、0EV、加权测光

构图解析：

利用框架式构图将公园建筑纳入树木形成的自然框架中，可让主体更加突出。

背景和前景的利用增强空间感

下图画面拍摄者使用点测光模式对主体进行准确测光并曝光。同时在F1.8的大光圈下，画面景深减小，纳入的前景和建筑背景都以虚化的效果展现，让主体更醒目，画面空间感更强。NIKON D80、85mm、F1.8、F1.8、1/1600s、ISO：100、85mm、0EV、点测光

用光解析：

自然光线从主体的后测方进行照射，形成的阴影让画面的立体效果更强。同时在侧逆光的照射下，树叶以半透明的状态呈现。

拍摄建筑物的局部

拍摄建筑的局部特征和拍摄整体建筑物一样，都是建筑摄影中重要的部分。如果在拍摄中发现局部有独特之处，可通过局部的表现来突出建筑的特点。

局部细节表现建筑特点

左图画面为拍摄的建筑的局部细节，通过画面的特点展示建筑的整体特征，并利用建筑上的透视关系，让画面的纵深感增强，画面的空间感显得更加强烈，效果更真实。NIKON D80、28-200mm、F3.5-5.6、F4.0、1/50s、ISO：200、20mm、0EV、点测光

添加其他要素丰富画面

在建筑拍摄中，用一个建筑来填充整个画面固然是很好的，但是如果将建筑周围的其他元素纳入画面中，例如人物、花草、树木等元素，则能获取更精彩的建筑画面效果。同时还要结合现场光线来进行构图的选择，以使拍摄出来的画面更加真实自然。

人物的纳入丰富画面

右图为拍摄的建筑画面，同样采用较低的角度进行拍摄，不但将建筑的全貌展现在画面上，同时还展现出建筑的高大特点以及造型特点。人物因素的纳入，使画面更生动形象。NIKON D80、28-200mm、F3.5-5.6、F9.0、1/350s、ISO：200、45mm、0EV、点测光

装备选择：

在建筑摄影中，适宜采用中性滤色镜，因为中性滤色镜能吸收大部分蓝紫光线，所获取的照片影调与被摄景物的色调相比较，显得自然适度，达到较理想的效果。

15.5 拍摄动人的夜景

夜景摄影是常见的拍摄题材。夜晚光线偏暗且较为复杂，想要获取理想的夜景画面，首先画面要曝光准确。夜晚在五颜六色的灯光装饰下，城市面貌与白天全然不同，即使是在相同拍摄地点，白天和夜晚也会获取不同的画面效果。

慢快门表现车流

车流的唯美线条是夜景所独有的。拍摄这样的画面时需要采用慢速快门，由于快门速度降低，因此要结合三脚架进行拍摄。通常拍摄车流的最佳位置是过街天桥或者高楼建筑，在拍摄前要选择好最佳地理位置，这样才能获取最佳的画面效果。

慢速展现车流的动感

夜晚环境下，拍摄者延长快门速度至6.5s来拍摄汽车车灯的运动轨迹，并在F11的小光圈下，增大画面景深，让轨迹清晰呈现，同时使得画面曝光准确。左侧白色灯光和右侧红色灯光形成色彩对比，画面显得更加丰富。画面中的路灯也在长时间的曝光下，以星状形态呈现在画面中，让画面更加生动。

NIKON D80、28-200mm、F3.5-5.6、F11、6.5s、ISO：200、45mm、0EV、点测光

构图解析：
采用曲线条的构图方式展示车流的流动方向，可使画面的动感因素更强烈。

白平衡还原橱窗色彩

夜晚拍摄橱窗相对于白天更加优越。因为橱窗玻璃容易反光，而橱窗内部即使安装灯光也要比外边暗，白天，马路街景等都很容易在橱窗表面上形成亮斑。只有在夜晚时外界的亮度低于橱窗亮度时，玻璃上才不容易出现明显的反光，效果比较好。同时还要利用相机所提供的白平衡准确还原橱窗美丽的色彩，避免偏色现象的产生。

拍摄精美的商品

左图拍摄者提高感光度至ISO2000，并提高快门速度，避免画面虚化，同时让画面亮度提高。在F4.0的光圈下，获取了曝光正常的画面效果。同时由于橱窗色彩多样，拍摄者可利用自定义白平衡模式的运用，让画面色彩准确还原。Canon EOS 5D Mark Ⅱ、24-105mm、F4、F4.0、1/125s、ISO：2000、100mm、0EV、点测光

拍摄要诀：

橱窗拍摄应注意以下几点。

- 橱窗玻璃反光，可结合偏振镜消除反光，或者紧贴玻璃拍摄。
- 如果要使用闪光灯，则应尽量斜向照射，避免闪光灯产生耀斑。
- 尽量使用三脚架。拍摄橱窗属于拍摄静物，对成像质量要求相对较高。
- 利用后期软件让画面效果更完美。拍摄时可多拍摄几张，以利于后期更多的制作空间。

展现橱窗真实色彩

右图画面为拍摄的橱窗展品。拍摄者将相机紧贴玻璃，减少了灯光的反射，获取到理想的画面效果。同时，高感光度的运用提高了快门速度，也提高了画面亮度，让画面准确曝光。在白炽灯白平衡的运用下，画面色彩真实呈现。Canon EOS 5D Mark Ⅱ、24-105mm、F4、F14、1/100s、ISO：2000、105mm、0EV、点测光

拍摄闪烁的霓虹灯

夜晚，当我们走在路上，常常被多彩的霓虹灯所吸引，我们可以用手中的相机拍摄下这迷人的画面。夜晚灯光通常色彩多样，拍摄时要注意画面色彩的处理，让拍摄的画面真实呈现眼前所见之景。同时，还可纳入周围建筑物的灯光，让画面更加亮丽。

展现梦幻的灯光效果

下图画面为夜晚多彩的霓虹灯。拍摄者采用手动对焦模式故意对焦不实，以获取独特的光影效果。拍摄者选择1/20s的快门速度和F4.0的光圈让画面准确曝光。在点测光模式的运用下，主体准确曝光，而环境以暗调呈现，让主体色彩更绚丽突出。NIKON D80、70-300mm、F4-5.6、F4.0、1/20s、ISO：100、86mm、0EV、点测光

问：如何根据周围光线调节感光度？

答：由于感光度与画面噪点密切相关，因此在夜晚拍摄的过程中，要避免在所有照片中一味地使用高感光度来提高画面亮度。一般情况下，由于并不是在完全黑暗的地方进行拍摄，因此最好使用大口径镜头，并使用最大光圈，以达到最大限度地接收光线，并在保证提高快门速度的基础上降低感光度，以获取画面质量更好的照片。右图画面选择ISO为200的低感光度，让画面显得更细腻。

NIKON D80、70-300mm、F4-5.6、F2.8、1/20s、ISO：200、30mm、0EV、点测光

古镇街道上迷人的灯笼

每逢重大节日、良辰喜庆之时，城镇的街道、商店、公园都会挂起圆圆的大红灯笼，拍摄者可用镜头来记录这些迷人的灯笼，以获取红光四射的画面效果，同时灯笼还会突出隆重热烈、喜气洋洋的气氛。而且随着中外文化交流的增多，中国国际地位提升，越来越多的外国人把中国“灯笼”看成是中国的一种传统文化而给予尊重，拍摄者在拍摄时可抓住灯笼喜庆的特征。

构图解析：

利用曲线构图拍摄夜晚红色的灯笼，可让画面具有线条美感，同时画面的延展性增强。

拍摄古街道灯笼

上图画面为迷人的灯笼。夜晚环境光线较暗，F4.0的光圈结合1/10s的慢速快门保证了画面曝光准确，感光度的提高让画面亮度提高，同时古镇建筑较暗，曝光补偿的降低在突出建筑层次的基础上，更突出灯笼。NIKON D80、28-200mm、F3.5-5.6、F4.0、1/10s、ISO：1000、28mm、-4.0EV、中央测光

拍摄要诀：

拍摄明暗差别较大的场景时，通常在将明亮部分准确曝光的同时，利用曝光补偿的功能让暗部的层次也丰富起来。

竖画幅拍摄灯笼

右图画面影调和谐统一，拍摄者采用较低的角度拍摄灯笼，将灯笼的形态造型清晰地展现在画面中。画面色彩鲜明，对比强烈，主体突出。NIKON D80、28-200mm、F3.5-5.6、F4.0、1/15s、ISO：1000、35mm、-4.0EV、中央测光

记录烟花绽放的过程

烟花可谓是拍摄对象中比较难拍的一类。烟花是动态的，拍摄者需要考虑到曝光时间的长短以及周围的环境。用一般的夜景拍摄方法很难拍到令人满意的烟花，因此还需要结合烟花燃放的高度、绽放的大小、相机各项参数的设定等，在充分的条件下才能获取完美的画面。

捕捉烟花燃放过程

左图为烟花绽放的画面，拍摄者延长曝光时间至2.5s，将烟花绽放的过程真实地展现在画面中，并结合F11的光圈，使画面景深增大，同时让画面准确曝光。

NIKON D80、28-200mm、F3.5-5.6、F11、2.5s、ISO：200、45mm、0EV、点测光

NIKON D70、18-135mm、F3.5-5.6、F16、3.5s、ISO：200、20mm、0EV、点测光

构图解析：

拍摄者可利用曲线构图方式拍摄迷人的烟花，将烟花绽放的瞬间捕捉在画面上，并以曲线条纳入画面，让画面更有深度感。

较大场景展现烟花的特色

下图烟花色彩鲜艳明亮。拍摄者采用3.5s的快门速度，并在三脚架的支撑下，使画面清晰明亮，烟花燃放的动态效果被准确地展现在画面上。同时拍摄者运用B门控制快门时间，并结合黑色卡纸的运用，获取了更加绚丽的烟花画面。

拍摄要诀：

烟花在天空绽放时，没有固定的位置，为了捕捉精彩的瞬间，最好采用涵盖范围较广的广角镜头进行拍摄，再用B门延长曝光时间，同时利用黑色卡纸，根据烟花燃放的位置，将卡纸挡在镜头前，避免杂物影响画面效果。

烘托酒吧的环境氛围

酒吧已经成为城市文化的一种，很多拍摄者已经开始把镜头对准酒吧，用相机记录酒吧文化。酒吧总是在天黑后营业，通常酒吧的光线非常暗，也会加入很多特殊光效，此时拍摄酒吧中的景色，就需要采用较大的光圈和高感光度，而闪光灯和三脚架的运用将会破坏现场气氛。

捕捉酒吧环境

左图为暗光环境下的画面。拍摄者采用1s的慢速快门，结合F5.6的光圈获取正常曝光的画面。拍摄者利用现场的光线进行拍摄，画面整个色调呈暖调，给人温馨浪漫的感觉。

NIKON D80、28-200mm、F3.5-5.6、F5.6、1s、ISO：100、25mm、0EV、加权测光

纳入人物展现酒吧环境

右图拍摄者选择1/8s的慢速快门，结合F4.5大光圈，获取了曝光准确的画面。利用酒吧的现场光线进行拍摄，使画面色彩多样，增强了气氛，同时，人物的纳入显得更有生气。NIKON D80、28-200mm、F3.5-5.6、F4.5、1/8s、ISO：100、25mm、0EV、加权测光

问：直接使用“夜景模式”拍摄，画面是否会更好？

答：相机所提供的“夜景模式”针对初学者来说是很方便快捷的场景模式，使用此方式拍摄夜景，操作简单。相机根据现场的光线自动降低快门速度，结合大光圈，保证画面曝光准确。如左图画面，拍摄者采用三脚架进行支撑，在夜景模式下获取了曝光准确的画面效果。NIKON D80、18-55mm、F3.5-5.6、F9.0、10s、ISO：100、25mm、0EV、点测光

夜色中长时间曝光呈现明亮建筑

白天与夜晚的光线差异很大，一些建筑在白天看起来很单一平淡，但是在夜晚灯光的映衬下，会展示出独有的效果。五彩斑斓的灯光效果，使建筑成为夜景摄影的一大亮点。通常夜晚的光线比较复杂，拍摄者要利用较长的曝光时间，让色彩准确地还原。

夜晚利用倒影展现城市景色

左图画面为拍摄的夜景，由于光线较暗，拍摄者延长曝光时间至1/4s，让画面准确曝光。同时利用水面的倒影，让画面色彩更加丰富。NIKON D70s、17-50mm、F2.8、F5.6、1/4s、ISO：400、25mm、0EV、点测光

装备选择：

夜晚拍摄灯光时，可利用星光镜进行拍摄，它能够使照片中每个明亮的光点产生星状闪光般的效果。光点越明亮，星光效果越明显。

延长曝光展现主体轮廓

右图为迷人的夜景。画面拍摄光线较暗，在灯光照射下，为了将主体造型清晰地呈现在画面上，拍摄者延长曝光时间至1/2s，获取了准确的曝光，主体显得更加明亮，色彩更丰富。同时，前景的纳入，让单一的画面空间感增强。NIKON D70s、70-200mm、F2.8、F10、1/2s、ISO：400、70mm、0EV、点测光

拍摄要诀：

夜晚即使有灯光的照射，光线环境也还是偏暗。因此拍摄时快门时间的延长，必须结合三脚架或者独脚架进行支撑稳定，以防止抖动影响画面效果。

Chapter 16 照片的管理、归类和后期处理

学习重点

- 照片的导入和管理
- 图像处理的理论基础
- 使用Photoshop处理照片

16.1 照片的导入和管理

在购置数码相机时，每一台数码相机均配备提供数据传输的连接线，将数码相机与电脑的USB接口相连接，通过电脑中的数据传输向导，能够快速地将数码照片导入电脑并保存至文件夹，下面具体介绍照片的导入和存储过程。

使用数据线传输

从数码相机中导出数码照片时，需要根据用户所购买数码相机的使用说明书进行操作。

step 01 将数码相机的数据线一端与数码相机的插槽连接，另一端与计算机的USB接口连接，实现数码相机与电脑的连接，等待几秒钟之后，选择“使用Microsoft扫描仪和照相机向导”选项，再单击“确定”按钮，如下左图所示。

step 02 打开“扫描仪和照相机向导”对话框，在对话框中将显示与电脑连接的存储设备名称，直接单击“下一步”按钮，如下右图所示。

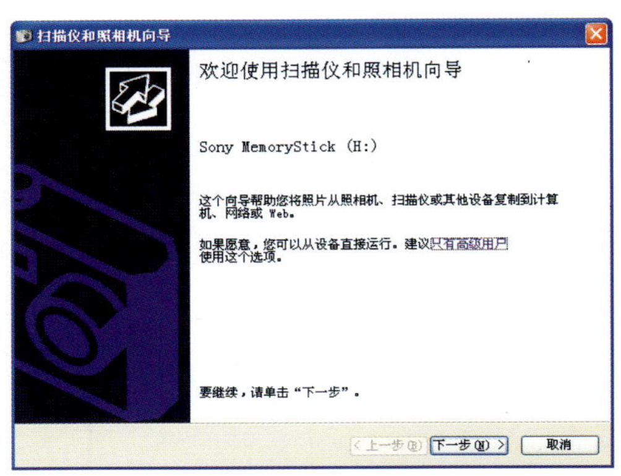

step 03 切换至“选择要复制的照片”选项卡，默认为全部照片均处于选中状态，先单击“全部清除”选项后，再在图片选择器中勾选需要导入的数码照片，设置完成后单击“下一步”按钮，如下左图所示。

step 04 打开“照片名和目标”选项卡，输入将存储在文件夹中的名称，单击“浏览”按钮打开“浏览文件夹”对话框，在对话框中设置选中照片在电脑中存放的位置，然后单击“下一步”按钮，如下右图所示。

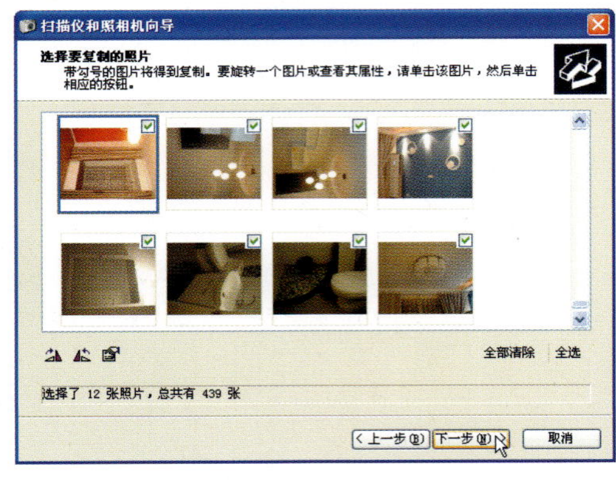

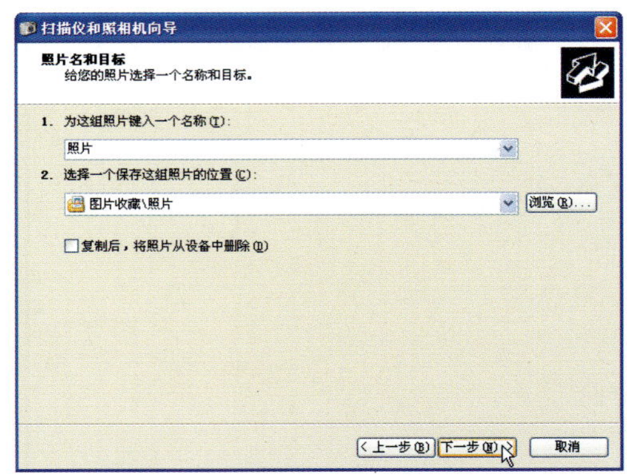

step 05 打开“正在复制照片”选项卡，系统将根据上一步对文件夹进行的设置，自动将选中的照片导入指定文件夹中，在右侧的预览框中可对导入的多个照片进行预览查看，如下左图所示。

step 06 复制完照片后，打开“其他选项”选项卡，单击“什么都不做，我已处理完这些照片”单选按钮，再单击“下一步”按钮，如下右图所示。

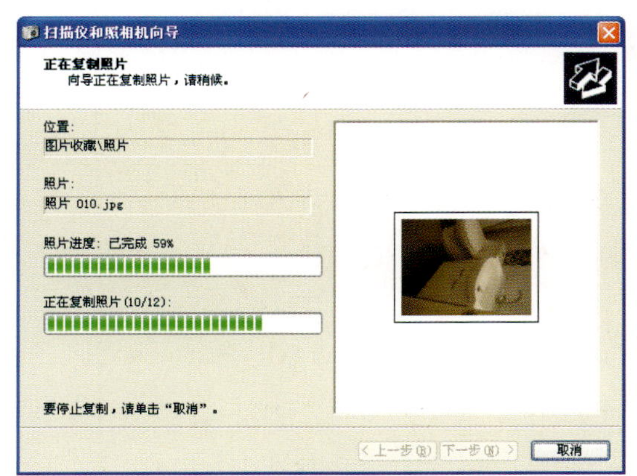

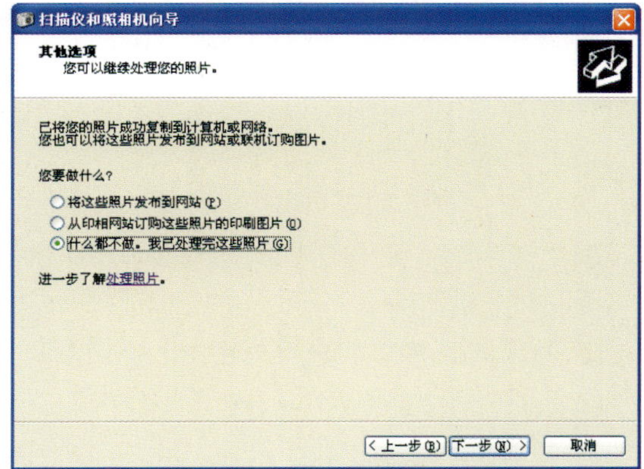

step 07 打开“正在完成扫描仪和照相机向导”选项卡，在该选项卡中显示复制数码照片的张数，单击“完成”按钮，如下左图所示，完成照片的导入。

step 08 打开设置保存数码照片的文件夹，在文件夹中可查看导入的12张数码照片，如下右图所示。

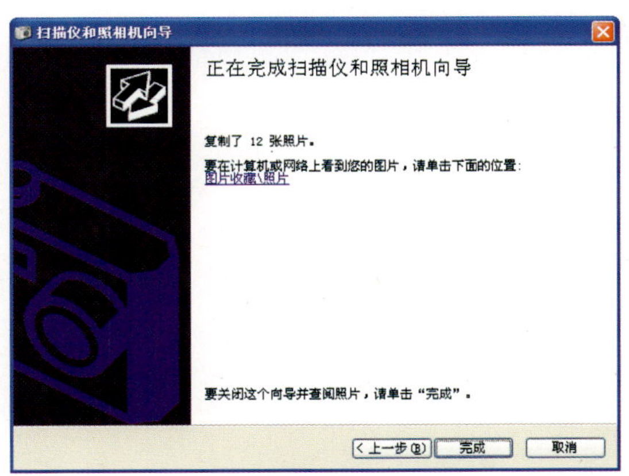

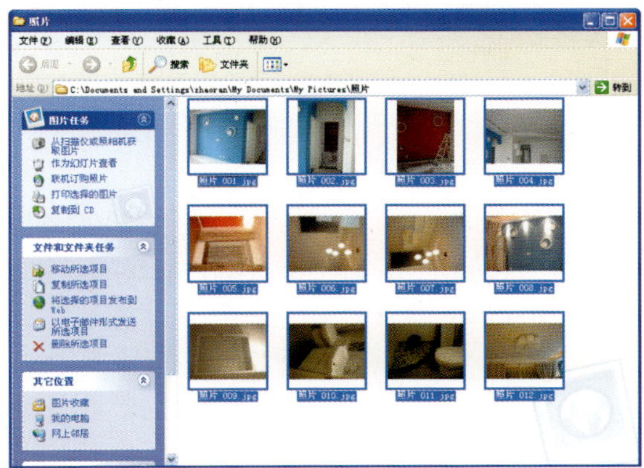

创建文件夹并分类照片

将数码照片导入电脑后，如果大量的照片放置在同一个文件夹中将为以后的查找增加难度，在电脑中可以创建多个文件夹，将照片分类进行放置，为以后照片的查找和使用提供方便。

step 01 在之前导入的“照片”文件夹中，单击“文件和文件夹任务”选项下的“创建一个新文件夹”选项，如下左图所示。

step 02 在该文件夹中创建一个新的文件夹，名称处于选中状态，输入新创建文件夹的名称并按Enter键确认，如下右图所示。

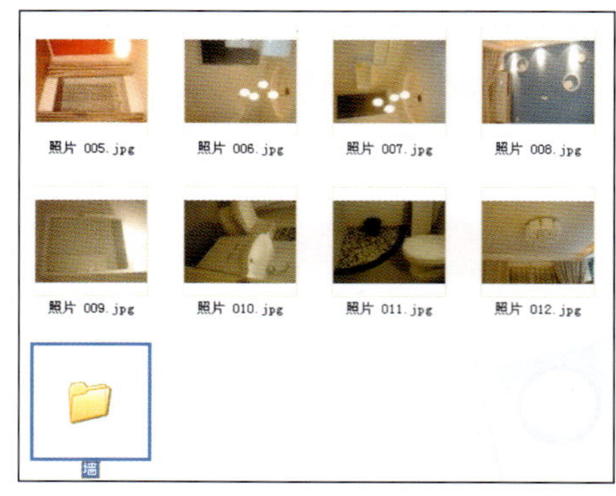

step 03 将文件夹中的与新建文件夹内容相关的照片选中，并拖曳至新建文件夹中，对照片进行分类，如下左图所示。

step 04 继续创建名称不同的文件夹，将剩余的照片拖曳至新创建的文件夹中，如下右图所示，完成照片的分类管理。

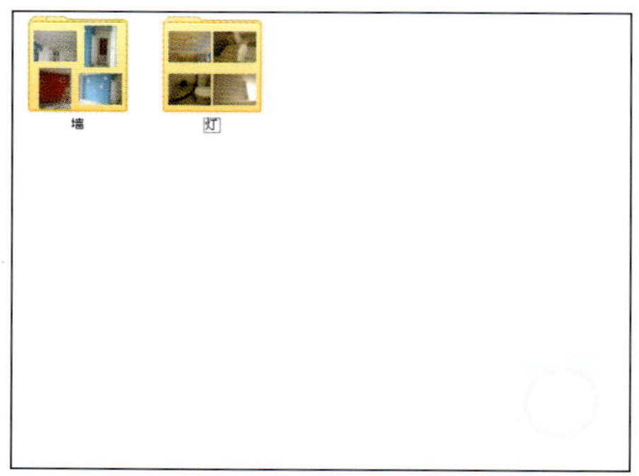

重命名照片

照片的原始名称通常是根据拍摄时的先后顺序依次使用数字进行命名的，在对某一些特殊的照片做出区别时，需要对照片的名字重新命名，具体的操作如下。

step 01 在打开的照片文件夹中，单击选中需要进行重命名的照片，如下左图所示。

step 02 在文件夹左侧的选项栏中，单击“重命名这个文件”选项，如下右图所示。

step 03 在可编辑的文件名文本框中，输入新命名的照片名称，如下左图所示。

step 04 输入新的照片名称后，按键盘上的Enter键确认。

16.2 图像处理的理论基础

在学习如何对数码照片处理之前，首先需要了解关于图像的几个关键知识点，认识关于图像的像素和分辨率，了解照片的清晰与否取决于何种因素，了解在不同的颜色模式下对照片会有怎样的色彩区域划分。

像素与分辨率的概念

图像的像素和分辨率是决定图像质量好坏、清晰与否的关键，下面具体对像素和分别率的概念进行介绍。

像素

照片清晰与否的关键是像素的多少，在点阵图上无论是直线还是图形，应用程序都会将它转换为一个小小的方格，通常把每个小方格称为像素，而每个像素都有一个明确的颜色。打开一张素材照片，如下左图所示，使用“缩放工具”在图像左侧部分单击数次，将照片放大数倍，画面中的图像将会以小方格的形式组成图像，如下右图所示。在整张图中，单位面积内所包括的像素越多，就越能表现出图片细微的部分，照片也就越清晰，反之就越模糊。

分辨率

分辨率是指图像在一个单位长度内所包含像素的个数，一般是以每英寸包含几个像素来计算的。分辨率越高，输出结构越清晰，同时图像的容量越大，文件也就越大。如下左图所示为分辨率为150像素/英寸的效果，如下右图所示为分辨率为30像素/英寸的效果。像素数目和分辨率共同决定了打印图像的大小，像素相同，但分辨率不同的图像打印的大小也不相同。

不同的颜色模式

在数字化图像中，图像的颜色可以由各种各样不同的基色来合成，这构成了颜色的多种合成方式，称为颜色模式。

灰度模式

图像只有灰度信息而没有彩色信息，一般用于制作黑白效果的图像。在Photoshop中灰度模式的像素取值通常为0~255。0表示灰度最弱的颜色，即黑色，255表示灰度最强的颜色，即白色，中间数值是指黑色渐变至白色的中间过渡的灰色。设置灰度图像将提示用户是否需要将颜色信息扔掉，如下左图所示，扔掉色彩后的图形将显示为灰度图像效果，如下右图所示。

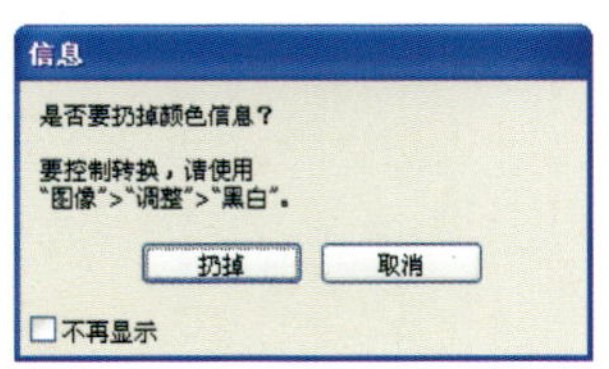

RGB模式

RGB颜色模式由红、绿和蓝三种颜色通道所组成，而且大多数的显示器均采用此种颜色模式，RGB颜色模式是在Photoshop中最常见、也是最常用到的一种颜色模式。Photoshop可以对RGB模式的图像随意进行变换和编辑，为了方便操作通常会将其他颜色模式的图像都转换为RGB模式，再应用Photoshop 对图像进行编辑。打开任意一张RGB颜色模式的素材照片，如下左图所示，在“通道”面板中可以查看RGB颜色模式下的图像分别有RGB通道、红通道、绿通道和蓝通道组成，如下右图所示。

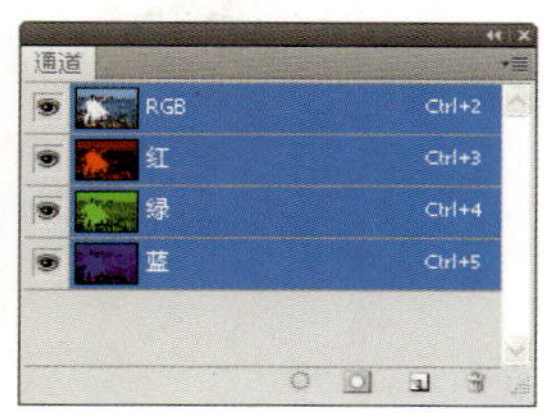

Lab模式

Lab颜色模式是以一个亮度分量“明度”和两个颜色分量a和b来表示的，其中分量a 的取值来自绿色渐变至红色的一切颜色，分量b的取值来自蓝色渐变至黄色的一切颜色。Lab模式通常作为将一个颜色模式转换为另外一个颜色模式之间的过渡模式，如将RGB颜色转换为CMYK颜色，就需要先将图像转换为Lab颜色模式，然后进行编辑。打开Lab颜色模式的素材照片，如下左图所示，在通道中查看该颜色模式下的通道分为了Lab通道、明度通道、a通道和b通道，如下右图所示。

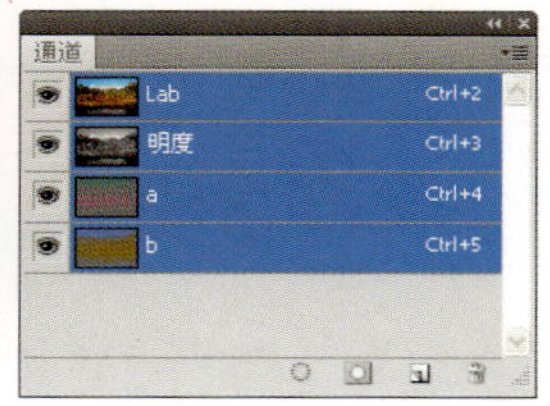

CMYK模式

CMYK颜色模式由青色、洋红、黄色和黑色所构成，在印刷业中，标准的彩色图像模式就是CMYK模式，它一般应用在印刷输出的分色处理上。与RGB模式不同的是，它的颜色合成方式不是颜色相加，而是颜色相减。随着这4种基色在合成时所占的比重和强度不同，所得到的合成结果也不同。打开一张CMYK颜色模式的照片，如下左图所示。在“通道”面板中，查看组成CMYK颜色模式的多个颜色通道，分为CMYK通道、青色通道、洋红通道、黄色通道和黑色通道，如下右图所示。

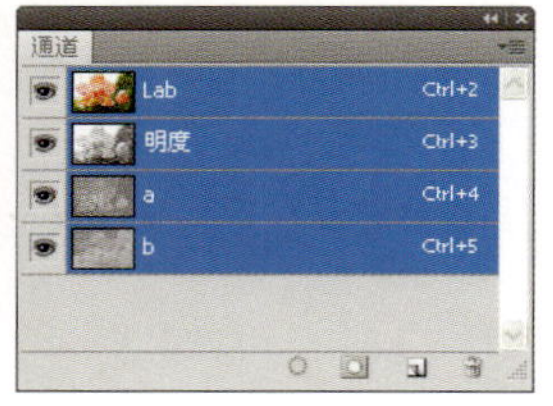

16.3 使用Photoshop处理照片

本节将介绍如何使用Photoshop对数码照片进行裁剪和图像尺寸的设置，修正倾斜的照片，对变色的照片进行还原，制作多种增强效果的照片，以及对普通的数码照片进行艺术化的处理，下面将分别通过实例进行具体讲解。

对图像进行裁剪

在对照片进行编辑时，首先需要查看照片是否需要裁剪，在Photoshop中可以运用“裁剪工具”对照片的多余部分进行去除，同时还可以对图像的整体构图进行改变，具体的操作步骤如下。

step 01 打开“随书光盘\实例文件\素材\第16章\01.jpg”素材照片，如下左图所示。

step 02 单击工具箱中的“裁剪工具”按钮，将“裁剪工具”进行选中，按住Shift键的同时拖曳鼠标，在画面中绘制一个正方形的裁剪框，如下右图所示。

step 03 绘制到合适大小后，释放鼠标，在画面中可以查看创建的正方形裁剪框，移动裁剪框将花朵放置在裁剪框的正中位置，如下左图所示。

step 04 自下向上拖曳裁剪边框，使其裁剪框的边缘处于花朵的边缘位置，如下右图所示。

step 05 同样地，在裁剪框的右侧，拖曳右边裁剪框边缘位置至花朵边缘，如下左图所示。

step 06 在设置完成的裁剪框上，单击右键弹出快捷菜单选项，选择快捷菜单中的“裁剪”选项，如下右图所示。

step 07 设置完裁剪框后，画面中仅保留了饱满的花朵效果，如下左图所示。

step 08 新建图层，选择工具箱中的“模糊工具”，在画面中花朵的背景杂草位置涂抹，设置杂草图像的虚化效果，设置后查看画面效果，如下右图所示。

step 09 在“图层”面板中新建一个“曝光度”调整图层，设置“曝光度”值为+0.2，如下左图所示。

step 10 适当增强图像的曝光之后的效果如下右图所示。

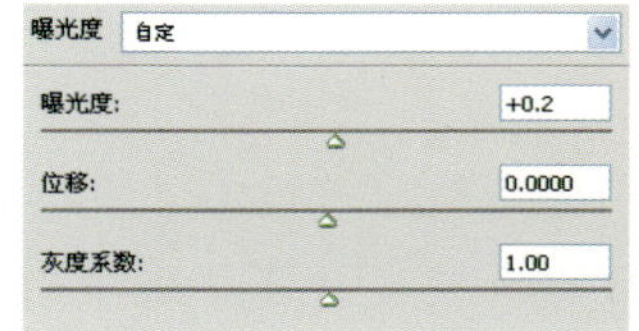

调整照片的尺寸大小

数码照片的尺寸与相机的存储格式有关，摄影者通常会选择较大的存储格式以保证拍摄质量，Photoshop提供了对图像大小进行编辑的功能，能够对数码照片的尺寸进行修改和设置分辨率。对于拍摄尺寸较大的照片图像，可以压缩照片的存储空间，便于图像的传输和上传至网络进行应用等，下面具体介绍调整照片尺寸的操作步骤。

step 01 打开“随书光盘\实例文件\素材\第16章\02.jpg”素材照片，在图像窗口下方的状态栏中可以查看该素材照片的显示比例为25.77%，文件大小为28.7M/28.7M，如下左图所示。

step 02 执行“图像” | “图像大小”菜单命令，如下右图所示。

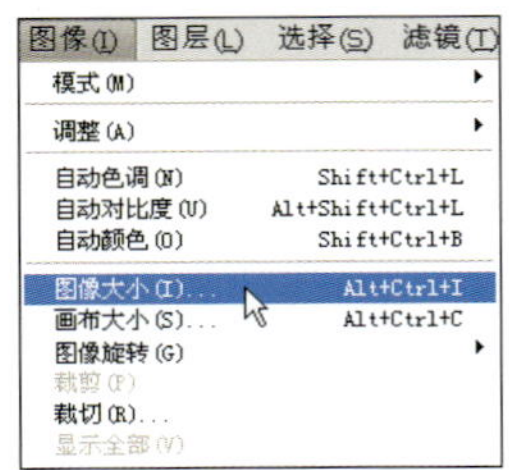

step 03 打开“图像大小”对话框，如下左图所示，在该对话框中可以查看原始照片的像素大小值为3872像素×2592像素，图像的分辨率为300像素/英寸。

step 04 在“像素大小”的单位下拉列表中，调整设置原则为“百分比”，如下右图所示。

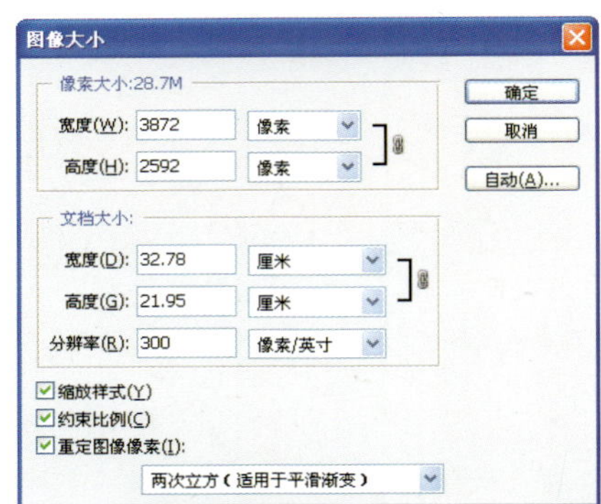

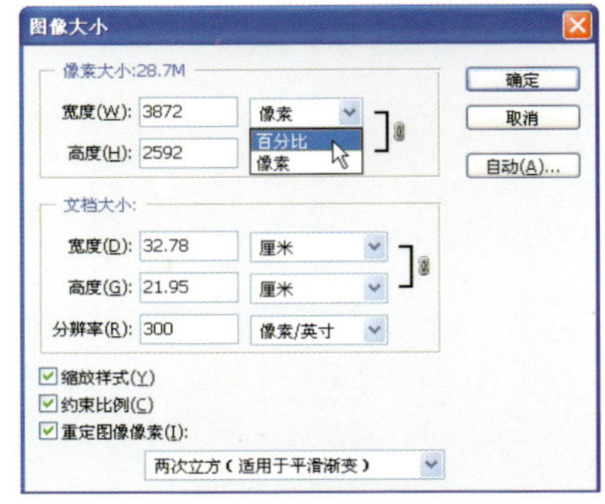

step 05 在“宽度”文本框中输入数值为30，如下左图所示，设置图像的压缩比例为原始尺寸的30%，设置完成后单击“确定”按钮。

step 06 按快捷键Ctrl+）将图像的大小显示为适合屏幕效果，在状态栏中可以查看图像显示的比例为85.89%，文档大小为2.59M/2.59M，如下右图所示。

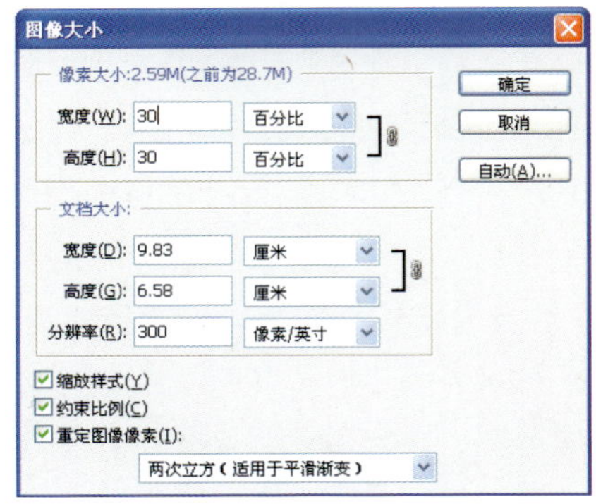

修正倾斜的照片

在拍摄风景照片时，参照物选择不准确，拍摄的照片将会出现倾斜的情况，通过Photoshop的裁剪和旋转操作，可以轻松将倾斜的照片进行调整，具体操作步骤如下。

step 01 打开“随书光盘\实例文件\素材\第16章\03.jpg”素材照片，如下左图所示。

step 02 单击工具箱中的“裁剪工具”，在画面中绘制一个合适大小的矩形裁剪框，如下右图所示。

step 03 对绘制的矩形裁剪框进行适当的旋转，顺时针旋转裁剪效果如下左图所示。

step 04 在选项栏中单击“提交当前裁剪操作”按钮，对图像进行裁剪并旋转，效果如下右图所示。

step 05 按快捷键Ctrl++适当地放大素材照片，选中工具箱中的“污点修复画笔工具”，使用“污点修复画笔工具”擦除天空中灰点图像，如下左图所示。

step 06 清除天空中多个灰点图像后，天空显得干净纯净，设置后的效果如下右图所示。

step 07 执行“图像”|“自动对比度”菜单命令，如下左图所示。

step 08 查看为图像设置自动对比度后的效果，画面中的天空变得更明朗，画面更清晰，整体效果如下右图所示。

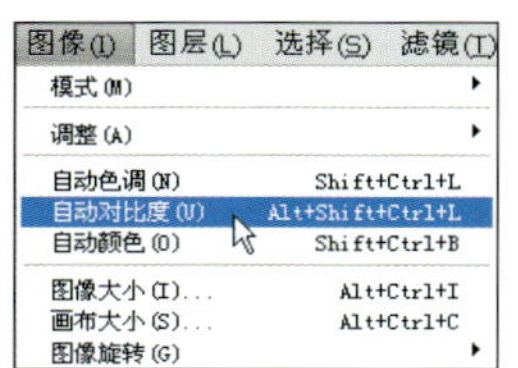

修正变色的照片

在拍摄云朵照片时，有些摄影者喜欢用渐变镜实现色彩的渐变效果，用于渲染特殊的色彩效果，而在部分风光摄影中，渐变镜的使用可能会导致照片偏色，通过在Photoshop中对颜色渐变的添加和图层混合模式的设置，可以快速将变色的照片进行还原，具体操作如下。

step 01 打开“随书光盘\实例文件\素材\第16章\04.jpg”素材照片，如下左图所示。

step 02 在“图层”面板中，拖曳“背景”图层至“创建新图层”按钮 上，为“背景”图层创建一个图层副本“背景 副本”图层，如下右图所示。

step 03 执行“图像”|“自动对比度”菜单命令，如下左图所示。

step 04 在“背景 副本”图层上，设置图像的“自动对比度”效果如下右图所示，增加画面中云朵的层次感。

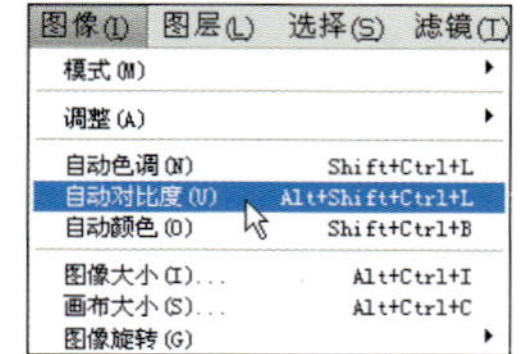

step 05 在“图层”面板中，单击面板底部的“创建新图层”按钮，新建一个透明图层“图层1”，如下左图所示。

step 06 单击工具箱中的“渐变工具”按钮，选中“渐变工具”，在“渐变编辑器”对话框中，单击选中由白至透明的颜色渐变，如下右图所示。

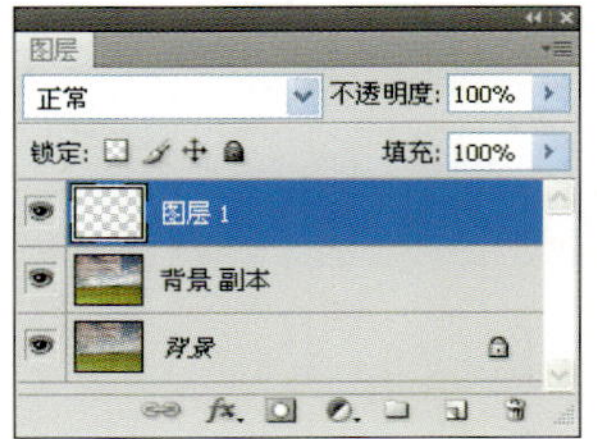

step 07 选中渐变色条的最左端色标，在画面中单击天空最深色的位置，如下左图所示。

step 08 在“渐变编辑器”对话框中，再在渐变色条中间添加2个色标，设置色标的颜色值依次为R45、G88、B106，R80、G129、B152，R109、G159、B184，R255、G255、B255，如下右图所示，设置完成后单击“确定”按钮。

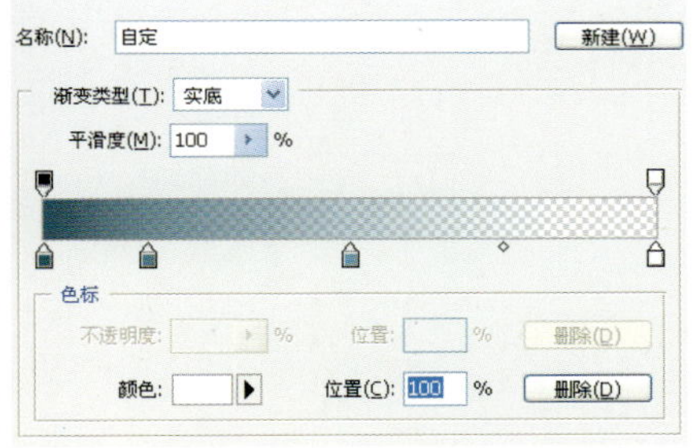

step 09 在选项栏中单击“线性渐变”按钮，设置线性渐变，在新建的“图层1”图层上，由上至下拖曳线性渐变，如下左图所示。

step 10 拖曳的颜色渐变效果如下右图所示。

step 11 在“图层”面板中，调整“图层1”图层的混合模式为“颜色”模式，调整图层的“填充”不透明度为60%，如下左图所示。

step 12 调整图层混合模式和填充不透明度的效果如下右图所示。天空中的红色云朵图像已被覆盖，但是云朵颜色整体较深。

step 13 在“图层”面板中，单击面板下方的“创建新的填充或调整图层”按钮，在弹出的菜单中选择“可选颜色”菜单选项，如下左图所示。

step 14 打开“调整”面板的“可选颜色”选项，设置“颜色”下拉列表为“黄色”，调整颜色浓度值分别为0%、0%、0%、-49%，如下右图所示。

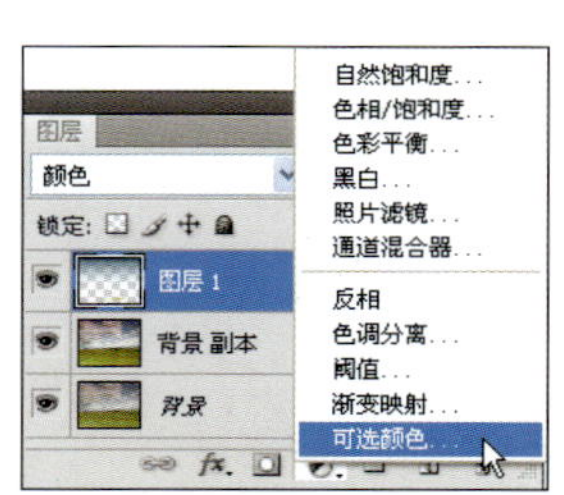

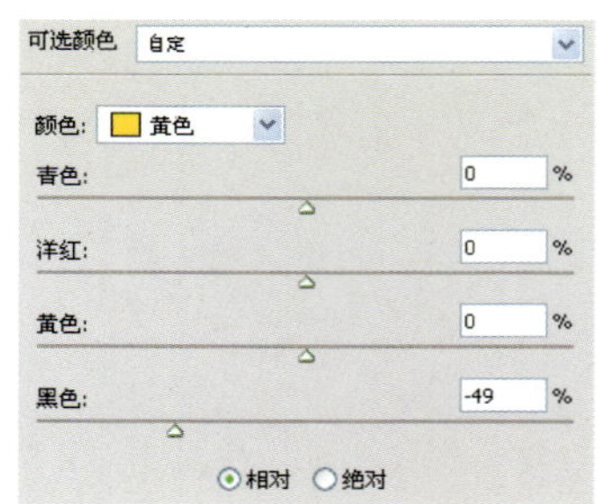

step 15 继续在“颜色”下拉列表中，对“青色”、“白色”和“中性色”的颜色浓度值进行设置，设置的参数如下图所示。

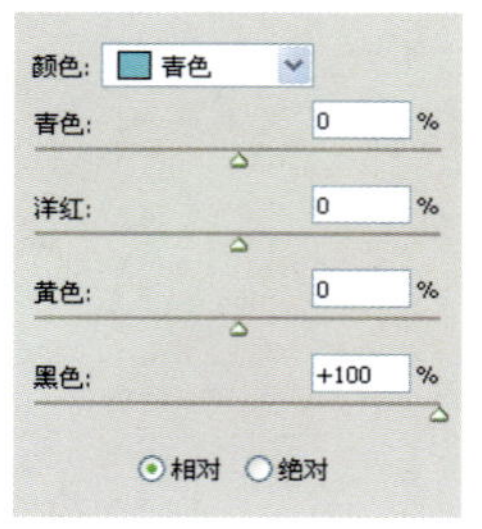

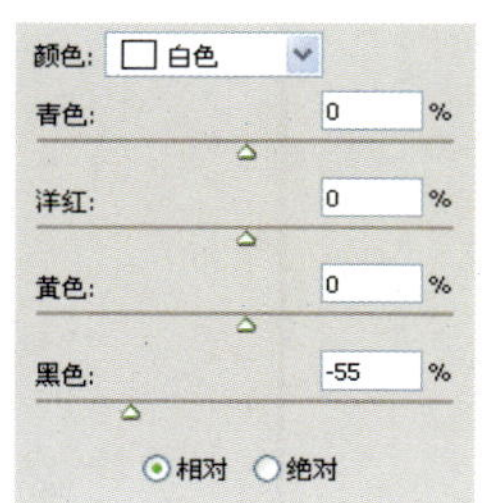

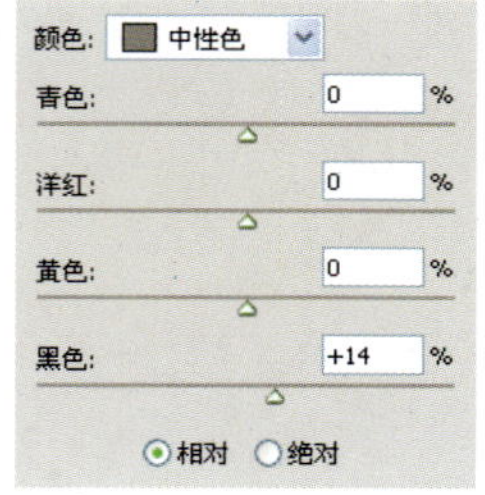

step 16 通过添加“可选颜色”调整图层，设置画面中的色彩效果如下左图所示。

step 17 在“选取颜色1”调整图层上新建一个“曲线”调整图层，在“调整”面板中，适当地向上拖曳曲线，如下右图所示。

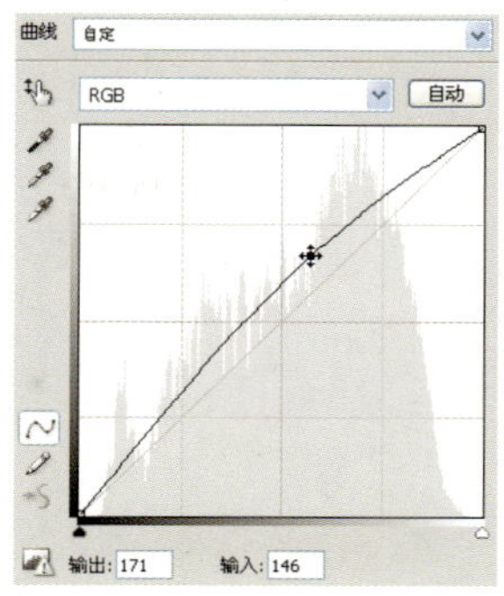

step 18 添加“曲线”调整图层后，画面中的图形整体亮度得到了增强，如下左图所示。

step 19 选中“曲线”调整图层的“图层”面板，选中工具箱中的“画笔工具”，设置前景色为黑色，在画面中的草地部分进行涂抹，查看涂抹图层蒙版后的效果如下右图所示。

step 20 查看对“曲线”调整图层进行设置后的效果，如下左图所示，只保留对云朵图像亮度的增强效果。

step 21 按快捷键Shift+Ctrl+Alt+E盖印一个可见图层“图层2”，设置图层的混合模式为“滤色”，调整图层的“填充”为70%，如下右图所示。

step 22 在“图层”面板中，单击面板下方的“创建图层蒙版”按钮，为“图层2”图层添加一个“图层蒙版”。使用黑色的画笔在画面中涂抹，涂抹图层蒙版效果如下左图所示。

step 23 为盖印的图层添加图层蒙版后的效果如下右图所示，画面中的云朵图像变得更为明朗。

调整画面锐利度

在使用微距拍摄照片时，对照片的清晰度要求很高，如何能够更好地表现微观事物呢，在Photoshop中可以通过对图像进行锐化的操作，增强照片的锐利度。

step 01 打开“随书光盘\实例文件\素材\第16章\05.jpg”素材照片，如下左图所示。

step 02 在工具箱中单击选中“裁剪工具”，在画面中绘制一个合适大小的矩形裁剪框，释放鼠标左键后，在选项栏中勾选“透视”复选框，对裁剪框的四角句柄进行拖曳，设置裁剪的变形，如下右图所示。

step 03 根据上一步设置裁剪并变形之后，按Enter键确定变换，再次使用“裁剪工具”，在画面中继续进行裁剪，设置裁剪框如下左图所示。

step 04 按Enter键确认图像的裁剪之后，画面中的图像处于中心位置，整个画面呈现对称的效果，如下右图所示。

step 05 执行“滤镜”|“锐化”|“USM锐化”菜单命令，如下左图所示。打开“USM锐化”对话框，设置“数量”为110%，半径为1.5像素，阈值为6色阶，如下中图所示。设置完成后单击“确定”按钮。

step 06 查看添加“USM锐化”滤镜后的效果，画面中的图像变得清晰，如下右图所示。

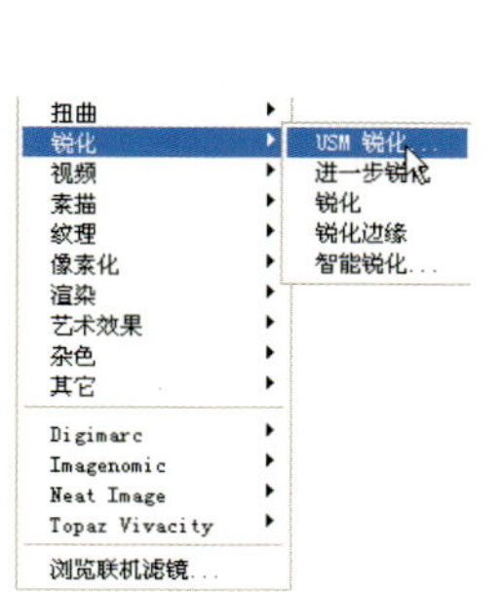

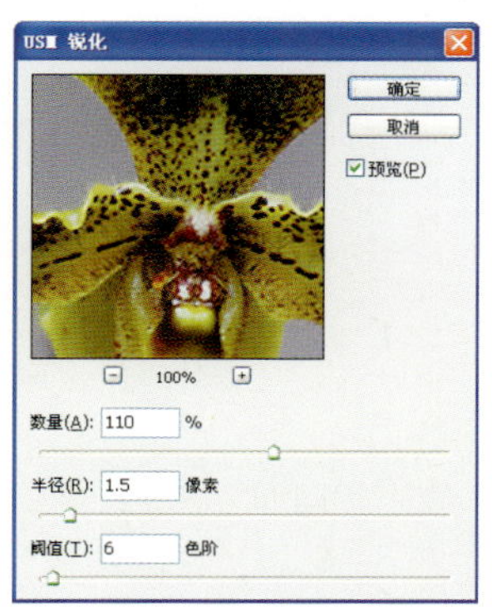

step 07 在“图层”面板中，复制“背景”图层为“背景 副本”图层，执行“滤镜”|“其他”|“高反差保留”菜单命令，打开“高反差保留”对话框，设置“半径”为1像素，如下左图所示，设置后单击“确定”按钮。

step 08 查看为图层添加“高反差保留”滤镜后的效果，如下右图所示。

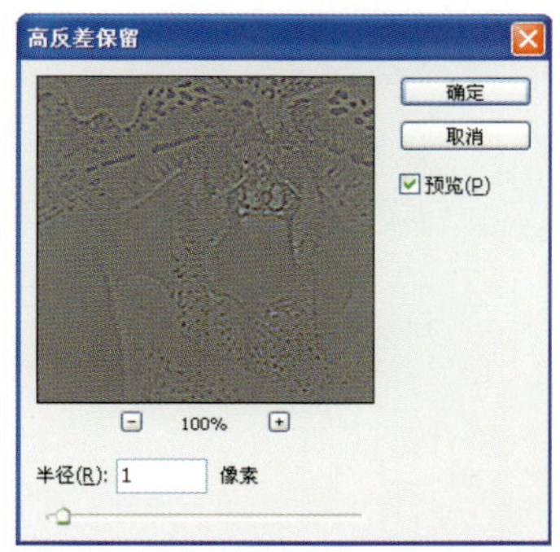

step 09 调整“背景 副本”图层的混合模式为“叠加”模式，如下左图所示。

step 10 查看调整图层混合模式后的效果，如下右图所示，提升了图像的清晰度。

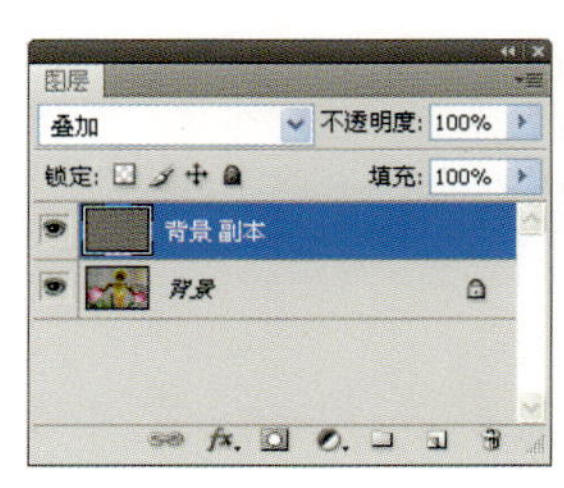

step 11 在“背景 副本”图层上，添加一个“色阶”调整图层，在“调整”面板中，设置色阶值为45、1.98、241，如下左图所示。

step 12 查看添加“色阶”调整图层后的画面效果，整体图像的对比度得到了提升，画面整体亮度增强，如下右图所示。

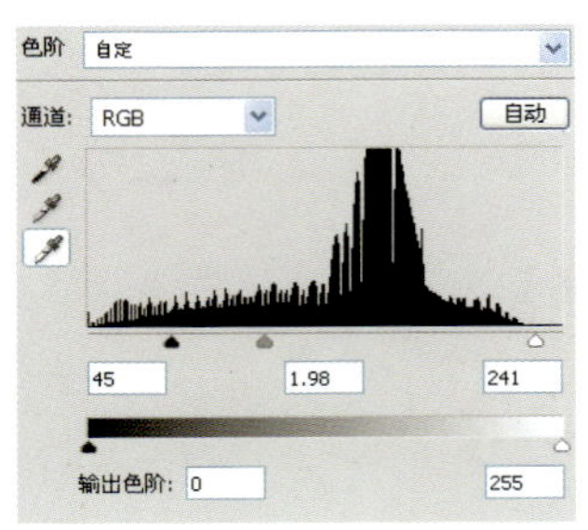

step 13 在“图层”面板中，再创建一个“亮度/对比度”调整图层，设置亮度值为43，对比度的值为-5，设置后使用黑色的画笔在画面中进行涂抹，如下左图所示。

step 14 查看图像效果，如下右图所示，仅保留对背景的亮度增强操作。

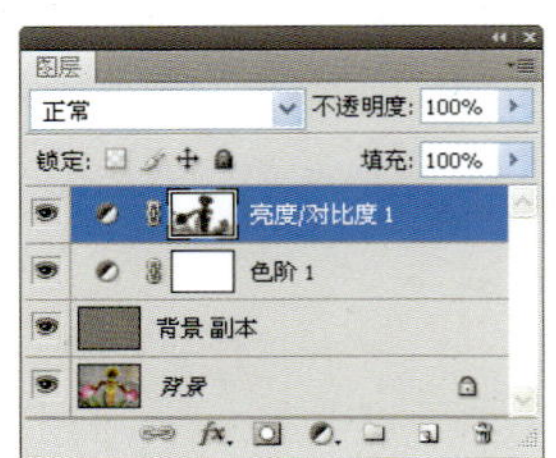

加强蔚蓝天空效果

在拍摄外景照片时，想要拍出蔚蓝的天空需要充分把握拍摄的时机以及选择恰当的拍摄角度。若是对天空的明媚感觉不太满意，可以在Photoshop中通过对图像的色彩调整，加强天空的蔚蓝效果，具体的制作过程如下。

step 01 打开“随书光盘\实例文件\素材\第16章\06.jpg”素材照片，如下左图所示，接着为“背景”图层创建一个图层副本。

step 02 单击工具箱中的“修补工具”按钮，选中“修补工具”，适当地将照片的显示比例放大，在画面中左侧的灰点位置绘制闭合的路径，如下右图所示。

step 03 在天空中拖曳绘制的闭合选区至天空中蓝色部分，如下左图所示。

step 04 按快捷键Ctrl+）将放大的图像缩小至窗口合适位置，查看消除天空中的瑕疵效果，如下右图所示。

step 05 在“图层”面板中，复制“背景 副本”图层至“背景 副本2”图层，调整“背景 副本2”图层的混合模式为“滤色”模式，如下左图所示。

step 06 根据上一步设置的图层混合模式，查看图像效果如下右图所示。

step 07 按快捷键Shift+Ctrl+Alt+E盖印一个可见图层“图层1”，如下左图所示。

step 08 执行“选择”|“色彩范围”菜单命令，如下右图所示。

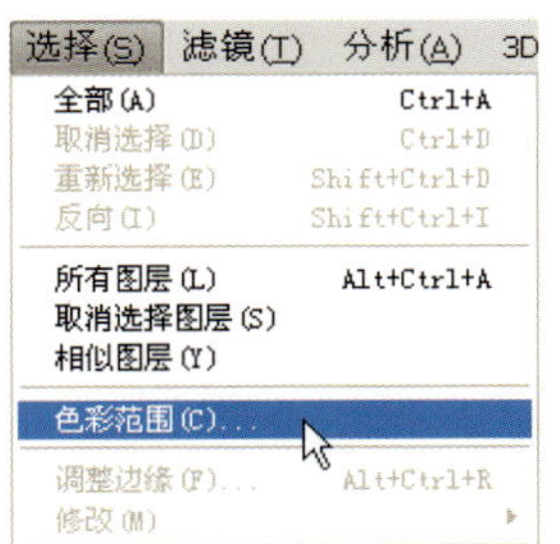

step 09 打开“色彩范围”对话框后，在画面中使用吸管工具吸取天空中的蓝色，如下左图所示。

step 10 在“色彩范围”对话框中设置图像的“颜色容差”为30，如下右图所示，设置完成后单击“确定”按钮。

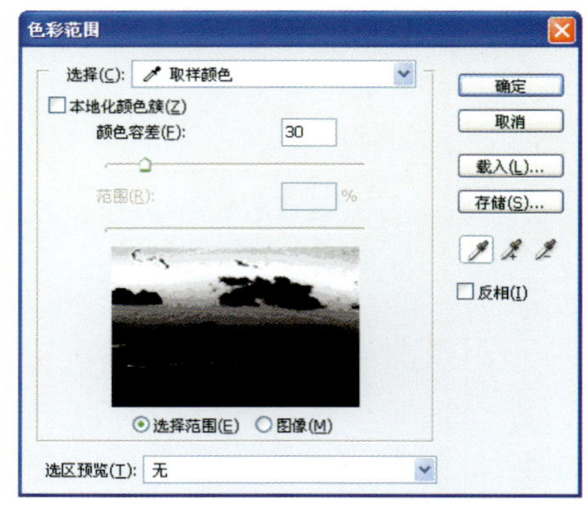

step 11 查看载入的颜色区域选区效果，如下左图所示。

step 12 根据设置的选区在“图层1”图层上新建一个“可选颜色”调整图层，在调整图层上，根据设置的色彩范围选区自动对图层蒙版进行填充，设置图层蒙版效果，如下右图所示。

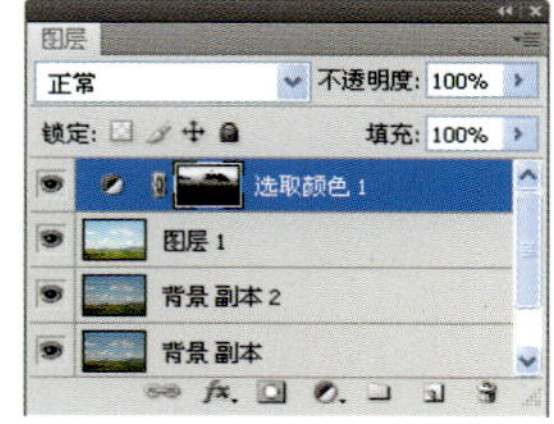

step 13 在打开的“调整”面板中，设置“可选颜色”调整图层的选项，设置“颜色”下拉列表中的“青色”，调整颜色浓度值分别为0%、0%、0%、+100%，如下左图所示。

step 14 继续在“颜色”下拉列表中，设置“白色”的颜色浓度值分别为0%、0%、0%、+68%，如下右图所示。

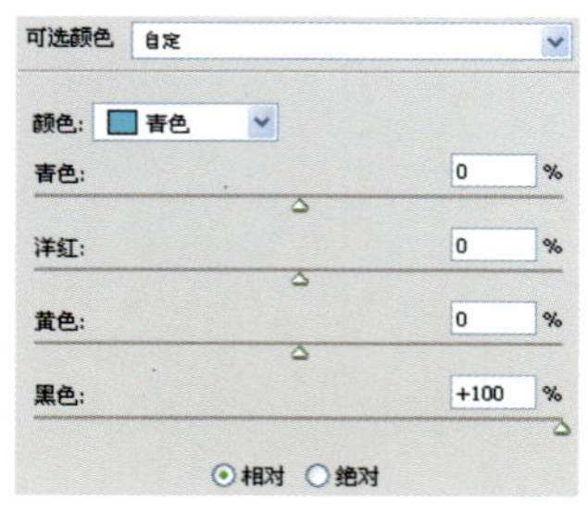

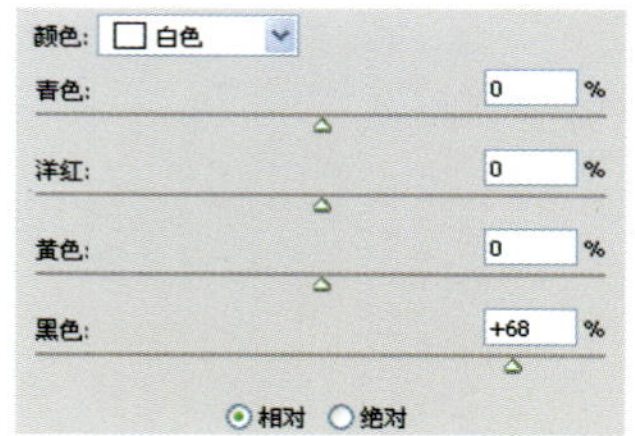

step 15 继续在“颜色”下拉列表中，选择“中性色”，调整颜色浓度值分别为0%、0%、0%、+100%，如下左图所示。

step 16 查看添加了“可选颜色”调整图层后的效果如下右图所示，画面中蓝色的天空色彩得到了加强。

step 17 在“可选颜色”调整图层上，再新建一个“自然饱和度”调整图层，设置“自然饱和度”的值为+60，设置“饱和度”的值为+6，如下左图所示。

step 18 查看增加了图像自然饱和度的效果，如下右图所示，画面整体色彩亮丽，天空变得更加蔚蓝清澈。

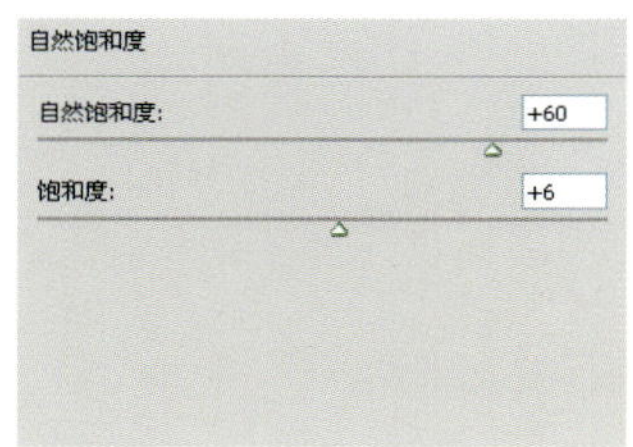

绚丽晚霞的制作

朝阳和晚霞是自然景色中比较难以拍摄的，要拍摄出唯美的照片是需要长期的积累和锻炼的，但是在Photoshop的神奇操作下，通过简单的色阶设置，可以打造如同火烧云般的晚霞效果，具体的制作过程如下

step 01 打开“随书光盘\实例文件\素材\第16章\07.jpg”素材照片，如下左图所示。

step 02 在“背景”图层上，新建一个“自然饱和度”调整图层，设置“自然饱和度”的值为+50，如下右图所示。

自然饱和度
自然饱和度: +50
饱和度: 0

step 03 查看根据上一步添加“自然饱和度”调整图层后的效果，如下左图所示。

step 04 按快捷键Shift+Ctrl+Alt+E盖印一个可见图层“图层1”，如下右图所示。

step 05 执行“图像”|“调整”|“色阶”菜单命令，如下左图所示。

step 06 在打开的“色阶”对话框中，单击对话框右侧的“选项”按钮，如下右图所示。

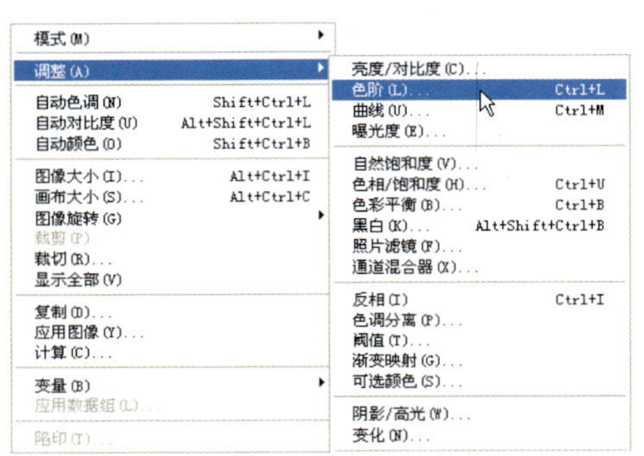

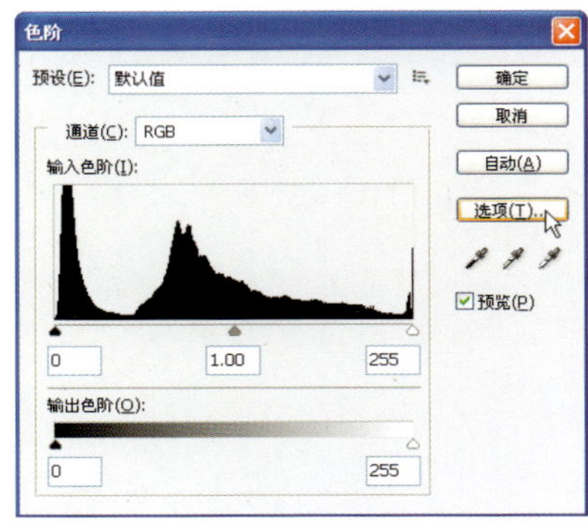

step 07 打开“自动颜色校正选项”对话框，在“目标颜色和剪贴”选项下，单击“中间调”颜色块，如下左图所示。

step 08 在打开的“选择目标中间调颜色：”对话框中，设置颜色值为R254、G1、B1，如下右图所示，设置完成后单击“确定”按钮。

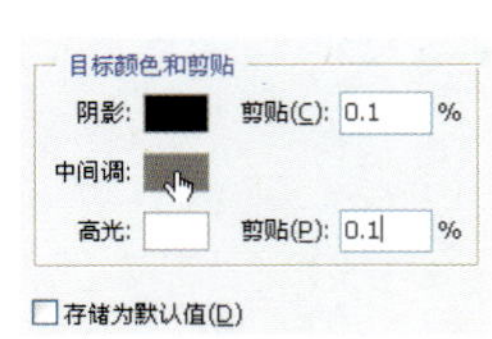

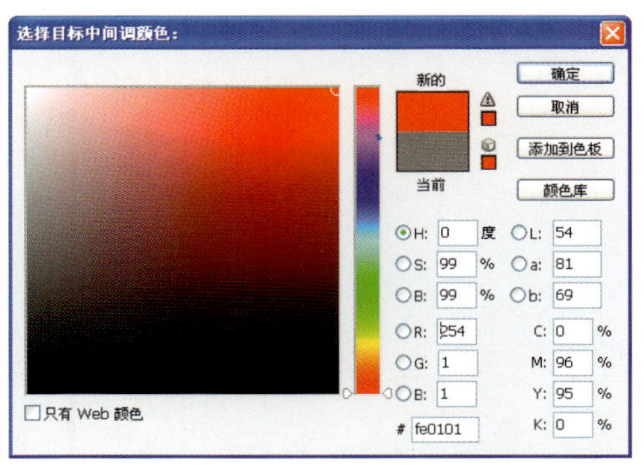

step 09 继续在“目标颜色和剪贴”选项下单击“高光”颜色块，如下左图所示。

step 10 在打开的“选择目标高光颜色：”对话框中，设置颜色值为R255、G228、B0，如下右图所示，设置完成后单击“确定”按钮。

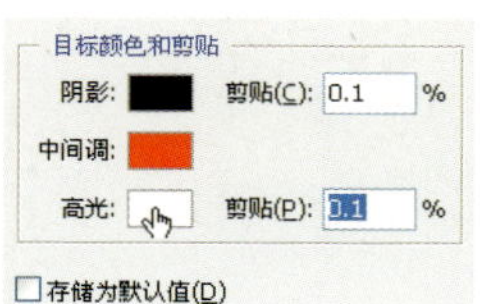

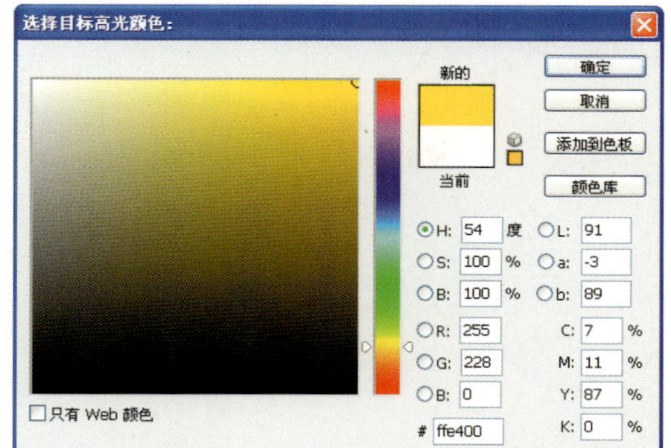

step 11 在"自动颜色校正选项"对话框中，单击选中"查找深色与浅色"单选按钮，分别输入"目标颜色和剪贴"选项下的"剪贴"值为0%、0.5%，设置完成后单击"确定"按钮，如下左图所示。

step 12 在返回的"色阶"对话框中，调整输入色阶值为10、0.70、243，如下右图所示，设置完成后单击"确定"按钮。

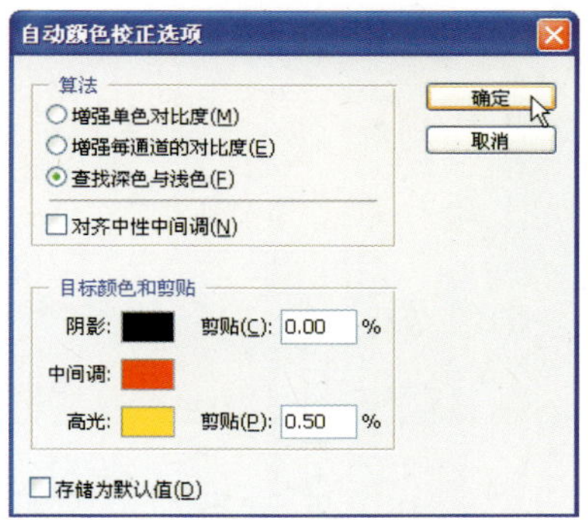

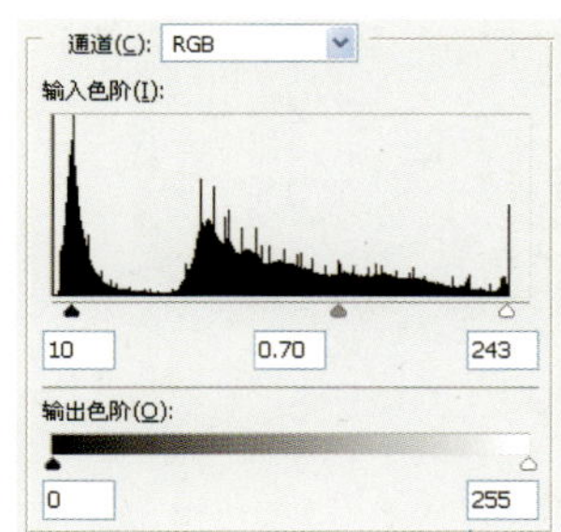

step 13 根据上一步对色阶选项值的调整，画面效果如下左图所示。

step 14 在"图层1"图层上，新建一个"亮度/对比度"调整图层，如下右图所示。

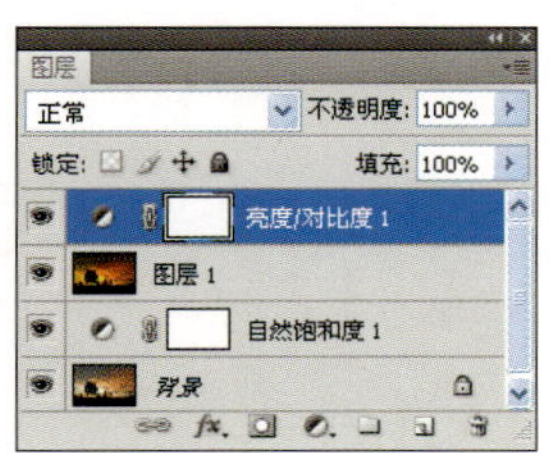

step 15 在"调整"面板中的"亮度/对比度"选项下设置"亮度"值为35，设置"对比度"值为40，如下左图所示。

step 16 查看通过添加"亮度/对比度"调整图层后的效果，如下右图所示。

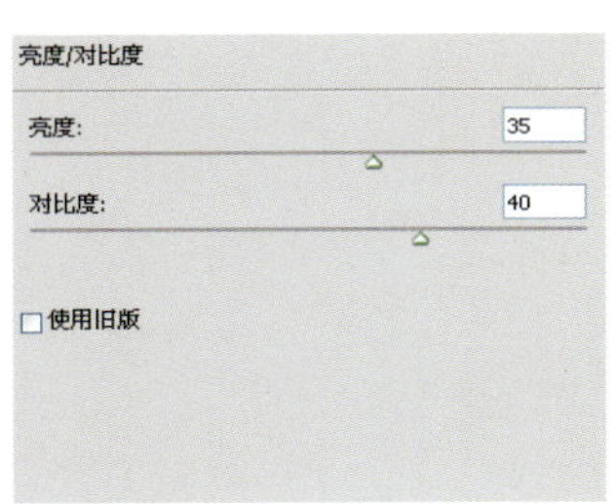

step 17 按快捷键Shift+Ctrl+Alt+E盖印一个可见图层“图层2”，如下左图所示。

step 18 执行“滤镜”|“锐化”|“锐化”菜单命令，为图像适当地增加锐化效果，设置后的画面效果如下右图所示。

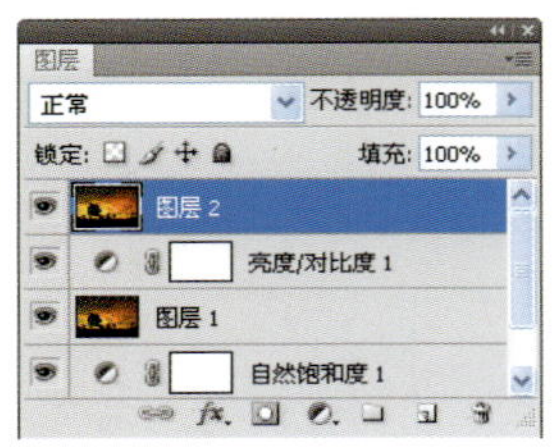

完美风景的拼接

在对广阔的风景进行拍摄时，通常会选择运用广角镜头记录更为宽阔的图像效果，若是没有广角镜头也不用怕，在同一个位置连续拍摄几张照片，使用Photoshop中的Photomerge命令，可以实现多张照片的完美拼接，具体的设置过程如下。

step 01 启动Photoshop软件，执行“文件”|“自动”|“Photomerge”菜单命令，如下左图所示。

step 02 在打开的“Photomerge”对话框中，单击对话框中的“浏览”按钮，如下右图所示。

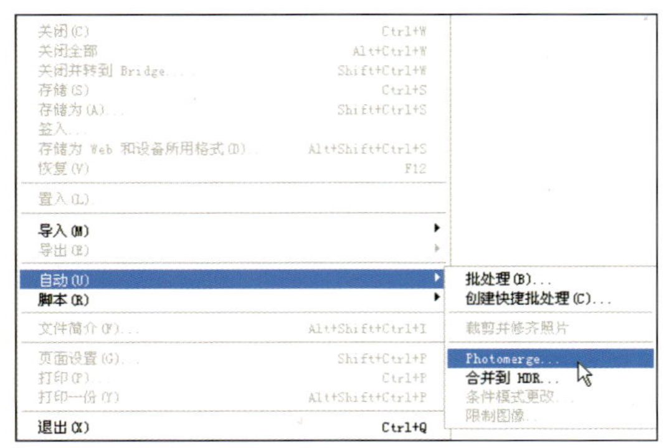

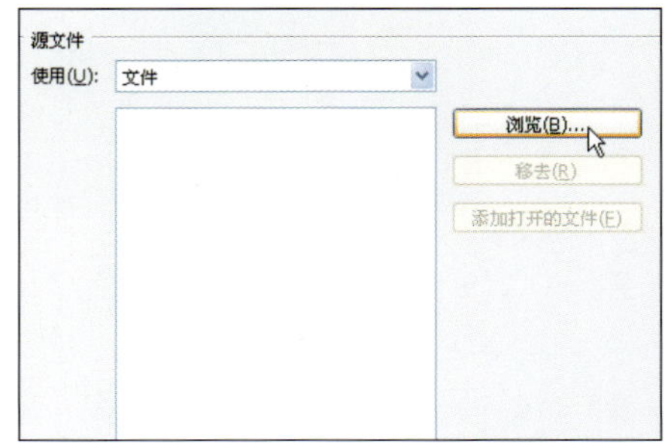

step 03 打开“打开”对话框，在该对话框中，选择“随书光盘\实例文件\素材\第16章\08.jpg、09.jpg、10.jpg”三张需要进行拼合的素材照片，设置完成后直接单击“确定”按钮，如下左图所示。

step 04 Photoshop系统将自动对选择的三张素材照片进行拼接，在“图层”面板中可以查看拼接照片所创建的图层以及图层蒙版，如下右图所示。

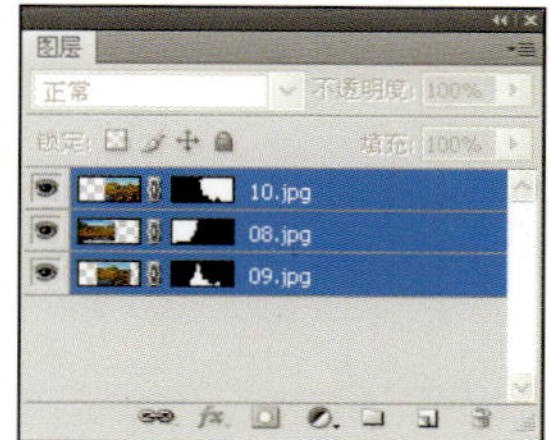

step 05 对素材照片进行自动拼接后的画面效果如下图所示。

step 06 单击工具箱中的“裁剪工具”按钮，选中“裁剪工具”，在画面中拖曳一个合适大小的矩形裁剪框，如下图所示。

step 07 根据上一步设置的裁剪，在画面中查看裁剪多余图像后的效果，如下图所示。

step 08 在“图层”面板中，复制“08.jpg”图层为“08.jpg副本”图层，按住Shift键的同时单击图层蒙版缩略图，停用图层蒙版，如下左图所示。

step 09 按快捷键Ctrl+T打开“自由变换”工具，调整自由变换框的大小如下右图所示。

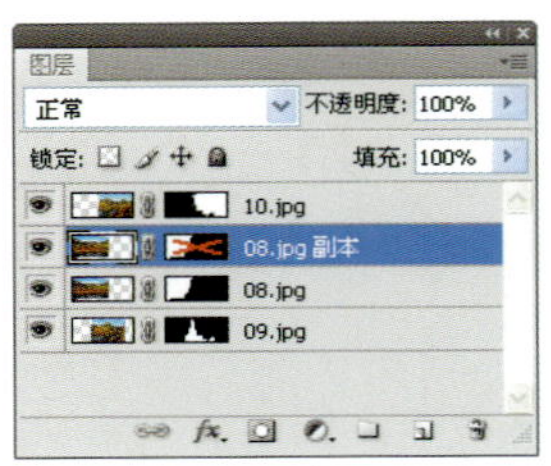

step 10 将“08.jpg副本”图层的图层蒙版删除，再按住Alt键的同时单击面板底部的“添加图层蒙版”按钮，新建填充为黑色的图层蒙版，选择工具箱中的“画笔工具”，设置前景色为白色，在残缺的湖水位置上进行涂抹，如下左图所示。

step 11 在“图层”面板中，查看“08.jpg副本”的图层蒙版涂抹效果，如下右图所示。

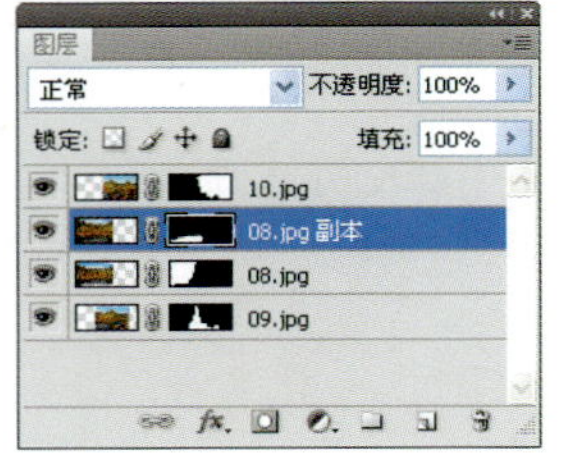

step 12 在“图层”面板中，盖印一个可见图层“图层1”，选择工具箱中的“吸管工具”吸取天空中的颜色信息，再选择“画笔工具”在残缺的天空位置进行涂抹，修补缺失的天空图像，绘制后的画面效果如下图所示。

step 13 在“图层”面板中，复制“图层1”图层至“图层1副本”图层，调整“图层1副本”图层的混合模式为“滤色”模式，调整“填充”的不透明度为60%，如下左图所示。

step 14 为“图层1副本”图层添加一个图层蒙版，使用黑色的画笔在天空图像位置进行涂抹，如下右图所示。

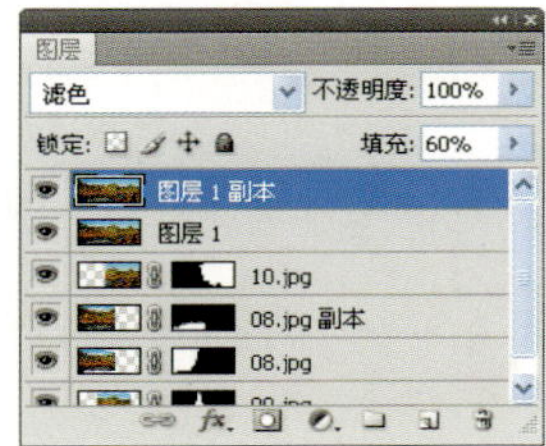

step 15 查看通过设置图层的混合模式增加亮度的效果，如下图所示。

突出人像的艺术效果制作

在拍摄外景人像照片时，由于人物在画面中所占的比例较小，不能很好地表现出来，这就需要通过后期处理增加特殊效果，突出画面中的人物，具体的制作过程如下。

step 01 打开“随书光盘\实例文件\素材\第16章\11.JPG”素材照片，如下左图所示。

step 02 在“图层”面板中，按Ctrl+J键复制“背景”图层至“图层1”，调整“图层1”图层的混合模式为“滤色”模式，如下中图所示，设置后的画面效果如下右图所示。

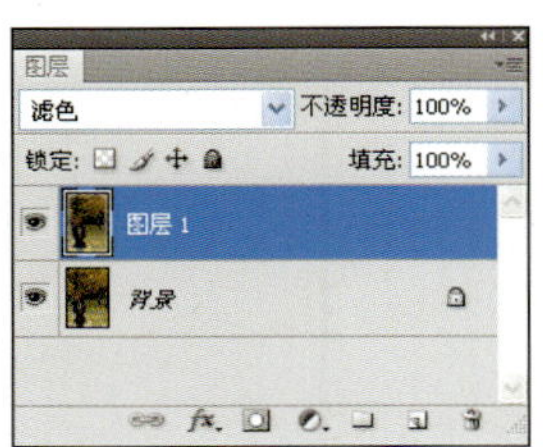

step 03 选择工具箱中的“矩形选框工具”，在画面中沿页面大小绘制一个矩形选区，如下左图所示。

step 04 执行“选择”|“修改”|“羽化”菜单命令，打开“羽化选区”对话框，设置“羽化半径”值为50像素，如下中图所示，设置羽化后的选区效果如下右图所示。

step 05 执行“选择”|“反向”菜单命令，将选区反选，如下左图所示。

step 06 新建图层“图层2”，设置前景色为黑色，按Alt+Ctrl键为选区填充前景色，如下中图所示，多次填充前景色后的画面效果如下右图所示。

step 07 选中工具箱中的“渐变工具”，设置渐变为由黑至透明，单击选中选项栏中的“径向渐变”按钮，在“图层2”中拖曳径向渐变，如下左图所示。

step 08 查看添加渐变的效果如下中图所示，调整图层的混合模式为“叠加”模式，查看设置后的图像效果如下右图所示。

step 09 新建一个“色阶”调整图层，设置色阶值为0、1.18、243，如下左图所示。

step 10 创建一个“色相/饱和度”调整图层，勾选“着色”复选框，设置参数值为34、47、-14，如下中图所示。

step 11 在“图层”面板中，调整“色相/饱和度”调整图层的混合模式为“线性光”，填充不透明度为20%，设置后的效果如下右图所示。

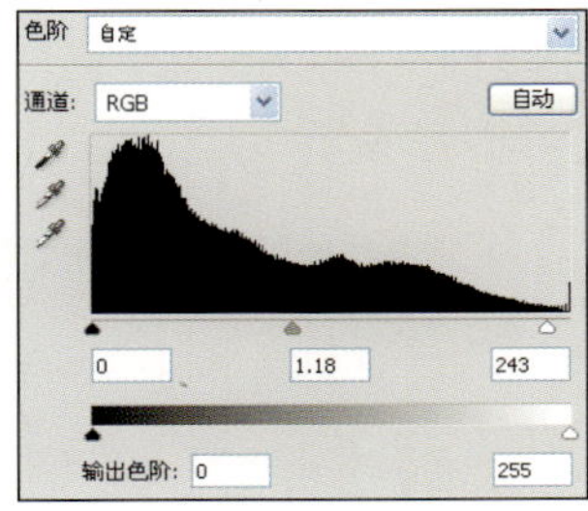

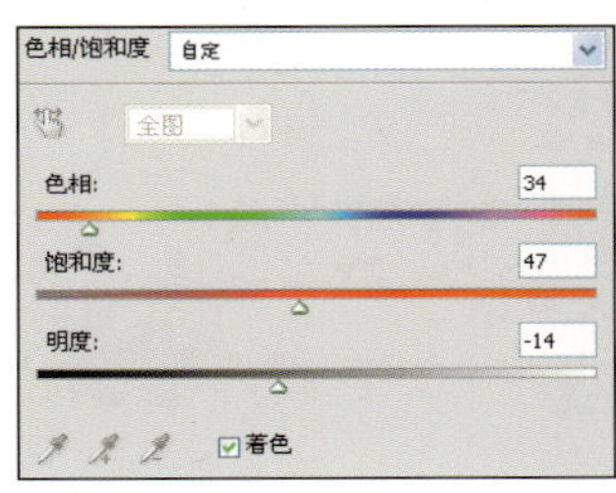

step 12 在“图层”面板中，复制“图层2”图层，将其调整至图层最上方，修改图层的“填充”不透明度为30%，如下左图所示。

step 13 新建一个图层，选中“渐变工具”，设置由白至透明的颜色渐变，在画面中心位置拖曳一个径向渐变，再调整图层属性如下中图所示。

step 14 查看调整添加多个渐变图层后的画面效果，如下右图所示。

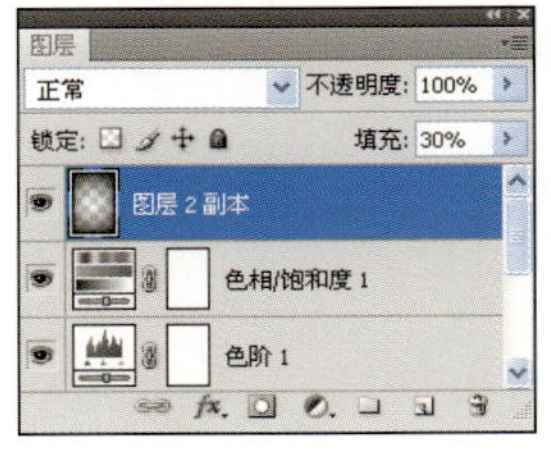

唯美婚纱照片处理

人像照片处理中，婚纱照片的艺术感可以通过Photoshop得到很好的发挥。带有一些中性色彩的婚纱照片，整体有种脱俗的气息，对部分的背景色彩的保留又不完全脱离现实，虚实的合理应用将照片的唯美感觉进一步升华。

step 01 打开“随书光盘\实例文件\素材\第16章\12.JPG”素材照片，如下左图所示。

step 02 复制一张“背景”图层，执行“滤镜”|“模糊”|“高斯模糊”菜单命令，为照片添加8像素的模糊效果，如下中图所示，设置完成后单击“确定”按钮，查看图像的模糊效果如下右图所示。

step 03 在“背景 副本”图层上创建一个图层蒙版，选择工具箱中的“画笔工具”，设置前景色为黑色，在画面的人物图像部分进行涂抹，如下左图所示。

step 04 按住Alt键的同时单击“背景 副本”图层缩略图，查看为模糊的图层蒙版进行涂抹的效果，如下中图所示，实现对背景图像的虚化效果，如下右图所示。

step 05 新建一个透明图层“图层1”，继续使用“画笔工具”，设置“透明度”为30%，在图像的背景部分较亮的位置进行涂抹，降低部分图像的亮度，如下左图所示。

step 06 在“图层”面板中，盖印一个可见图层“图层2”，如下中图所示。执行“图像”|“模式”|“CMYK颜色”菜单命令，如下右图所示，将照片转换为CMYK颜色模式。

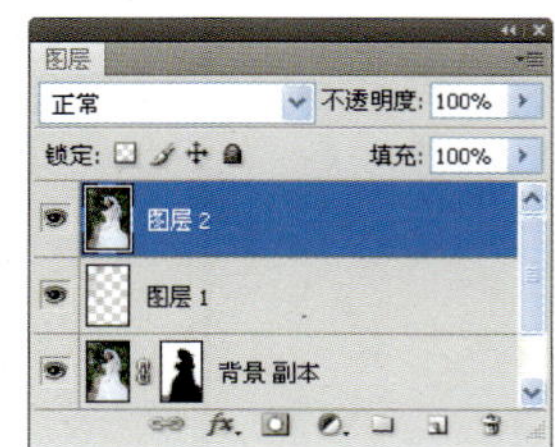

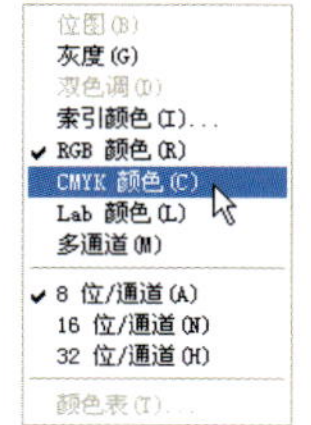

step 07 在弹出的警示对话框中，单击“拼合”按钮，如下左图所示，将之前创建的多个图层进行拼合。

step 08 在“图层”面板中，为拼合后的“背景”图层创建一个“背景 副本”图层，如下右图所示。

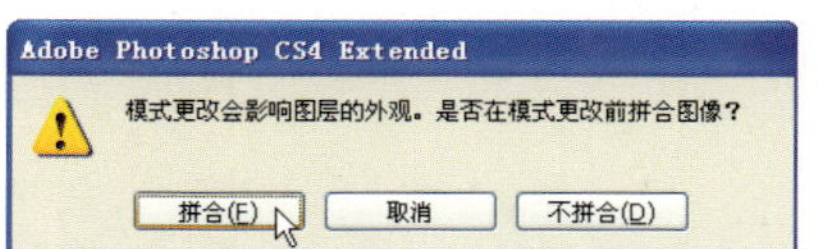

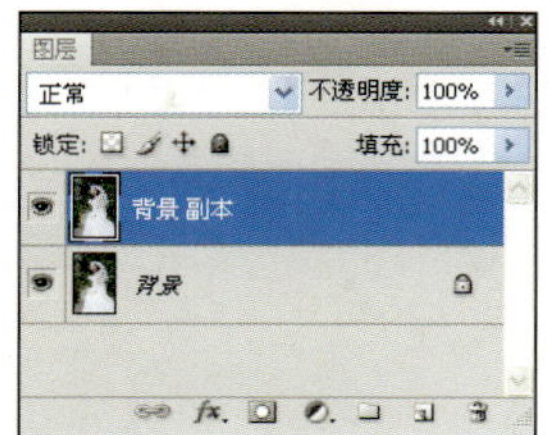

step 09 新建一个透明图层，执行“编辑”|“填充”菜单命令，打开“填充”对话框，单击“使用”选项下拉列表中的“50%灰”选项，如下左图所示，设置后单击“确定”按钮。

step 10 在“图层”面板中，查看填充的“图层1”为深棕色效果，调整图层的混合模式为“色相”模式，如下右图所示。

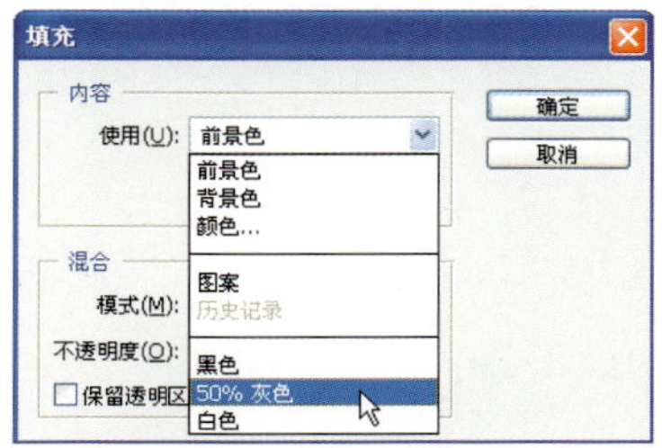

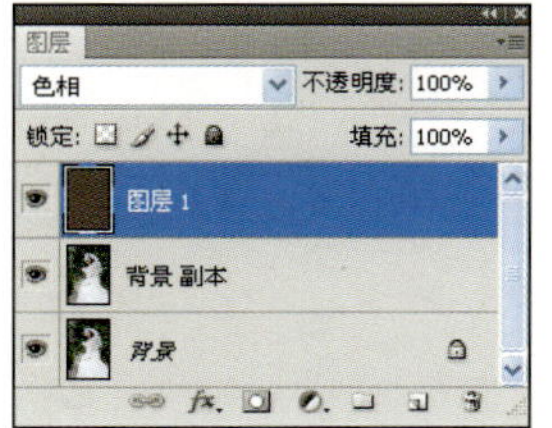

step 11 查看调整图层的混合模式后的效果，如下左图所示。

step 12 选中“图层1”，单击面板中的“添加图层样式”按钮 fx，在弹出的菜单中选择“混合选项”，在“图层样式”对话框中，取消勾选M通道，如下中图所示，设置后的画面效果显示了部分背景色彩，如下右图所示。

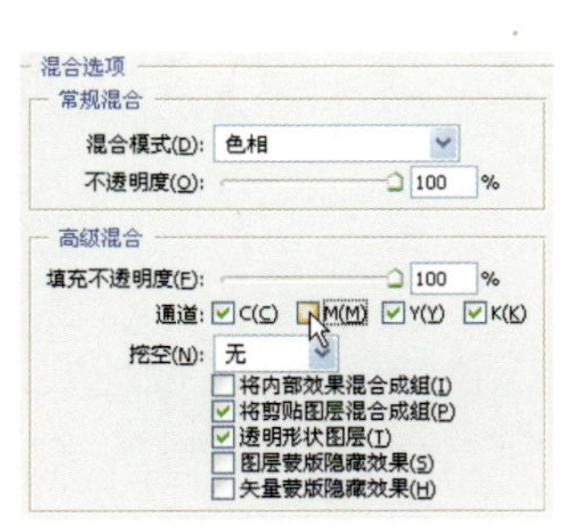

step 13 在“图层”面板中，单击“创建新的图层组”按钮 ，新建一个图层组“组1”，设置该图层组的混合模式为“饱和度”模式，如下左图所示。

step 14 同时选中“背景 副本”图层和“图层1”图层，拖曳选中的2个图层至“组1”图层组中，如下右图所示。

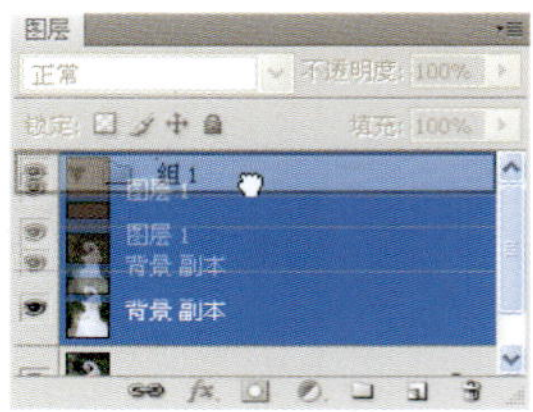

step 15 查看拖曳图层后的图像效果，如下左图所示。

step 16 在“组1”图层上，盖印一个可见图层“图层1”，如下右图所示。

step 17 新建一个“色彩平衡”调整图层，设置中间调的色调值为-6、-11、+18，如下左图所示。

step 18 设置后查看添加“色彩平衡”调整图层后的图像效果，如下右图所示。

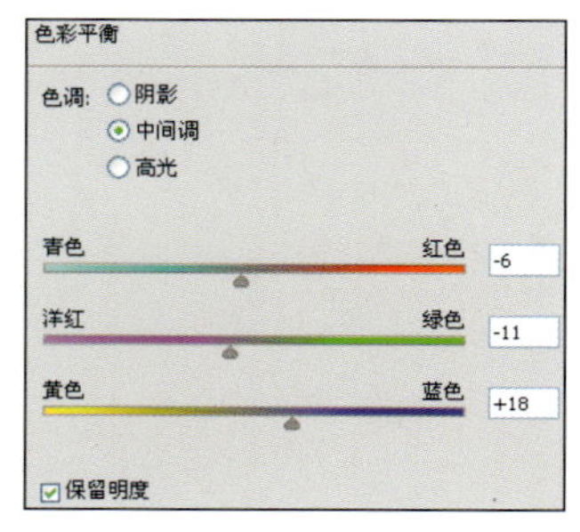

step 19 在“图层”面板中，再次盖印一个可见图层“图层3”，执行“滤镜”|“其他”|“自定”菜单命令，打开“自定”滤镜对话框，根据如下左图所示设置参数，设置完成后单击“确定”按钮。

step 20 查看添加“自定”滤镜后的图像效果，提升了画面的整体对比度，如下右图所示。再执行“图像”|“模式”|“RGB”模式，将图像转换为RGB颜色模式。

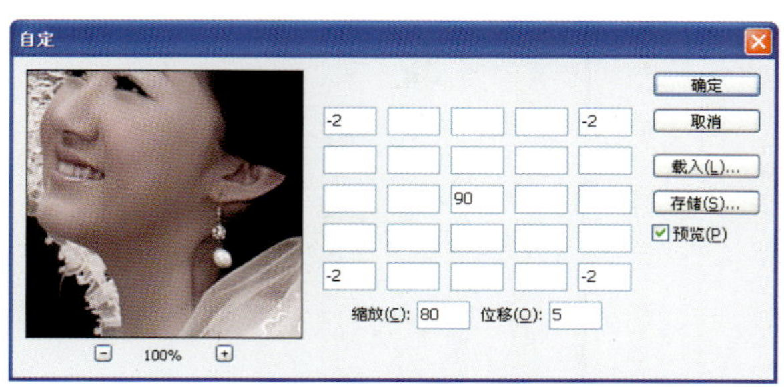

step 21 按快捷键Shift+Ctrl+Alt+2载入图像的高光区域选区，如下左图所示。

step 22 按快捷键Ctrl+C复制提取的高光区域选区图像，再按快捷键Ctrl+V将其复制到新的图层“图层4”中，调整图层的混合模式为“滤色”，为“图层4”添加一个背景为黑色的图层蒙版，使用白色的画笔在图层蒙版中的人物脸部皮肤位置进行涂抹，查看涂抹蒙版效果如下右图所示。

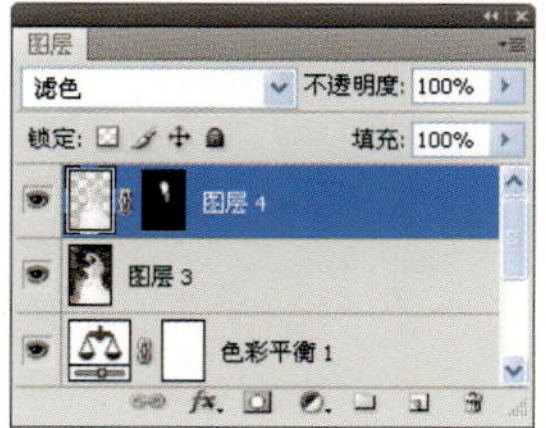

step 23 在“图层”面板中，再次盖印一个可见图层“图层5”，使用“锐化”滤镜对照片进行锐化处理，查看锐化后的图像效果，如下左图所示。

step 24 执行“图像”|“应用图像”菜单命令，打开“应用图像”对话框，设置“混合”为“实色混合”，单击“确定”按钮。

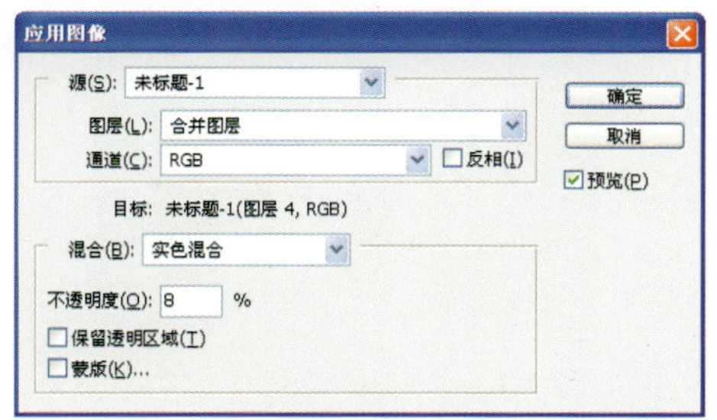

step 25 查看为图像进行了“应用图像”操作后的效果，如下左图所示。

step 26 新建一个“可选颜色”调整图层，选择“绿色”颜色并修改颜色浓度值，如下中左图所示。再选择“中性色”颜色，修改颜色浓度值如下中右图所示。设置后的画面效果如下右图所示，提升了背景图像的亮度并适当变换了色调。

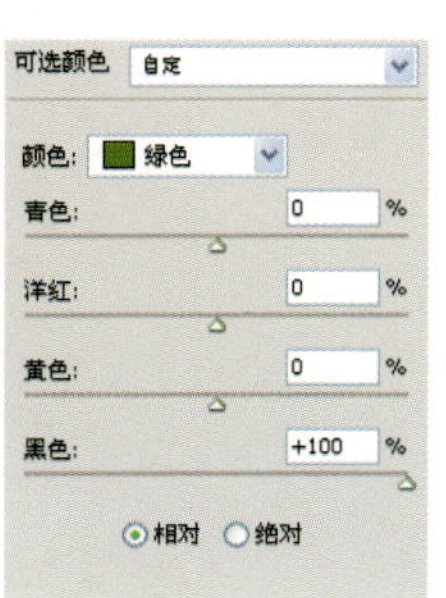

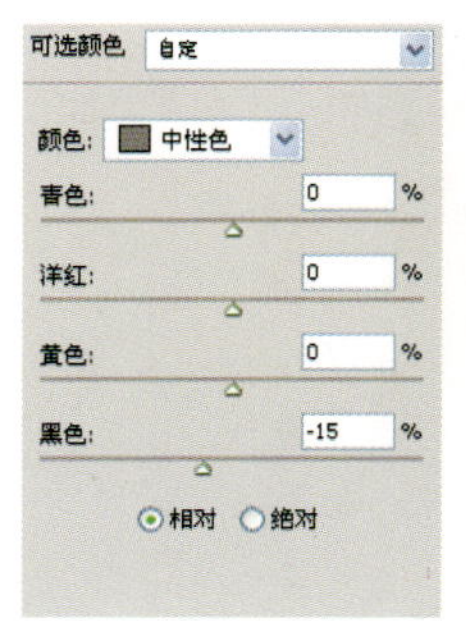

step 27 新建一个“色彩平衡”调整图层，选择“阴影”单选按钮，设置色调值为0、+10、+5，如下左图所示，再单击“中间调”单选按钮，设置色调值为-20、-4、+4，如下中图所示。

step 28 为图像添加“色彩平衡”调整后的画面效果如下右图所示，背景的色彩感得到了增强。

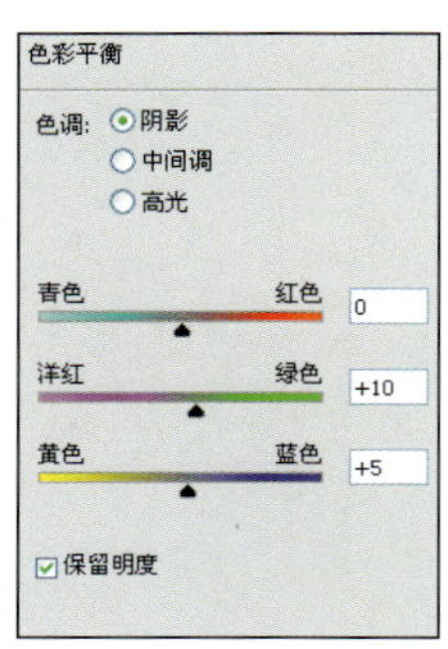

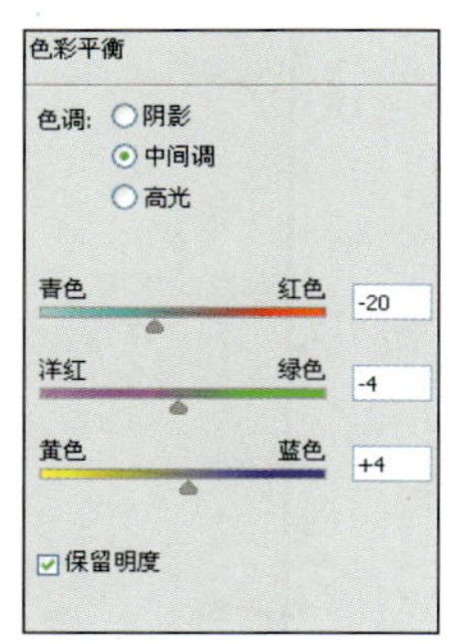

step 29 选择工具箱中的“多边形工具”，单击选项栏中的选项“路径”按钮，选择星形形状并在画面中进行绘制，创建多个星形形状如下左图所示。

step 30 将绘制的星形路径复制并进行变形，在画面中创建流动的星形路径形状，新建图层，设置前景色为白色，在“路径”面板中，单击“用前景色填充路径”按钮，如下右图所示。

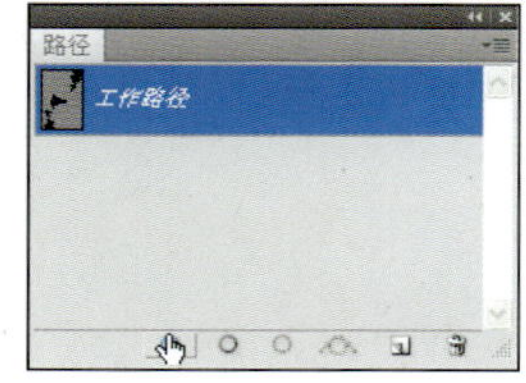

step 31 查看上一步对星形路径进行填充后的效果，如下左图所示。

step 32 选择工具箱中的“横排文字工具”，设置前景色为R72、G52、B3，在画面中添加合适的文字对象，打开“图层样式”对话框，为文字添加外发光图层样式，如下中图所示，设置调整文字图层的填充不透明度为30%，添加文字效果如下右图所示。

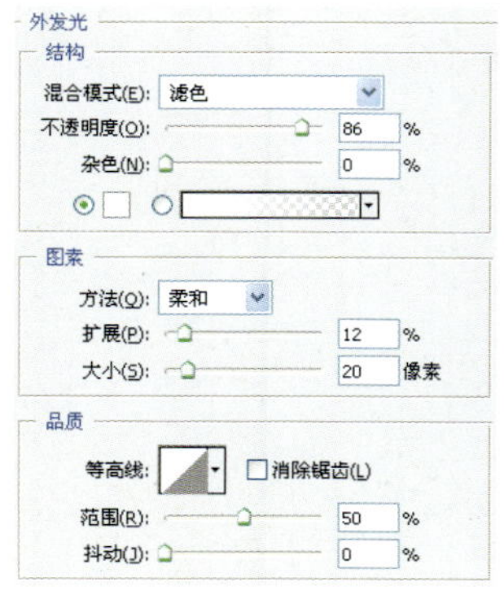

寂寞

是一种自由

让眼睛看背影远走

......

Chapter 17 学会处理RAW格式照片

学习重点

- RAW格式照片的管理和查看
- RAW格式照片的处理艺术
- DNG格式文件的输出

17.1 RAW格式照片的管理和查看

RAW格式对于数码摄影来说是非常有意义的，这种格式无损记录，有非常大的后期处理空间。在Adobe Photoshop CS4中，对于RAW格式的照片可以通过Adobe Bridge CS4进行管理与查看。下面将具体介绍如何查看照片的拍摄信息以及RAW格式照片的打开和查看方法。

查看照片的拍摄信息

在学习对RAW格式照片的打开和处理之前，首先了解如何对数码照片的拍摄信息进行查看。在Adobe Bridge CS4应用程序中提供了元数据面板，读者可以在该面板中查看照片的详细拍摄信息，为进一步进行处理打好基础，具体的查看过程如下。

step 01 在桌面上单击“开始”按钮，打开“开始”菜单，选择“所有程序”菜单选项，在打开的程序菜单中选择Adobe Bridge CS4，如下左图所示。

step 02 打开Adobe Bridge CS4应用程序，可以在对话框中查看不同文件夹中的照片素材，如下右图所示。

step 03 在对话框的左侧选中“文件夹”标签，如下左图所示，打开“文件夹”面板，在树形结构中选中需要查看的照片文件夹，如下中图所示。

step 04 在对话框中的“内容”面板中，将会以缩略图的形式展示选中文件夹中的数码照片，查看文件夹中的照片如下右图所示。

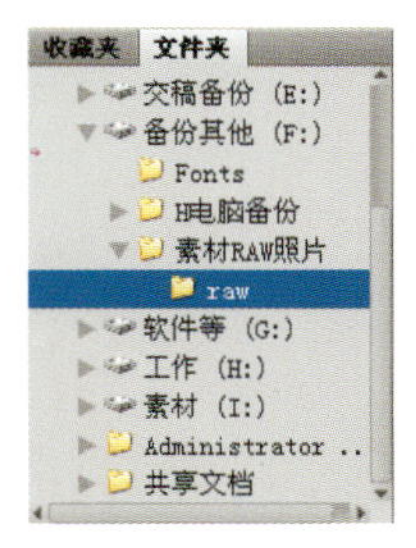

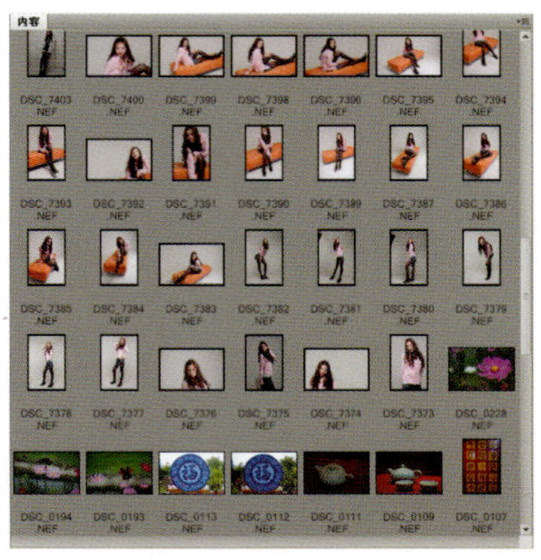

step 05 在“内容”面板中，单击选中其中一张素材照片，如下左图所示。

step 06 在对话框中的右侧查看“元数据”面板下的内容，将会显示拍摄照片的具体参数，如下右图所示。

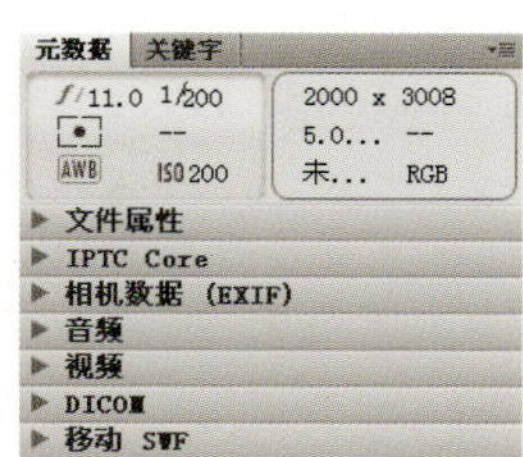

step 07 在“元数据”面板中，单击“文件属性”折叠按钮▶，如下左图所示。

step 08 展开“文件属性”选项的内容，在该选项下可以具体对拍摄的照片名称、日期、文件大小、尺寸、颜色模式等照片基本信息进行查看。

step 09 继续单击“元数据”面板下的“相机数据（EXIF）”折叠按钮，如下左图所示。

step 10 在打开的折叠选项中，可以查看在进行照片拍摄时相机的参数设置，其中包括了曝光模式、焦距、白平衡、场景拍摄类型、锐化程度、相机机型等具体的拍摄信息，如下右图所示。

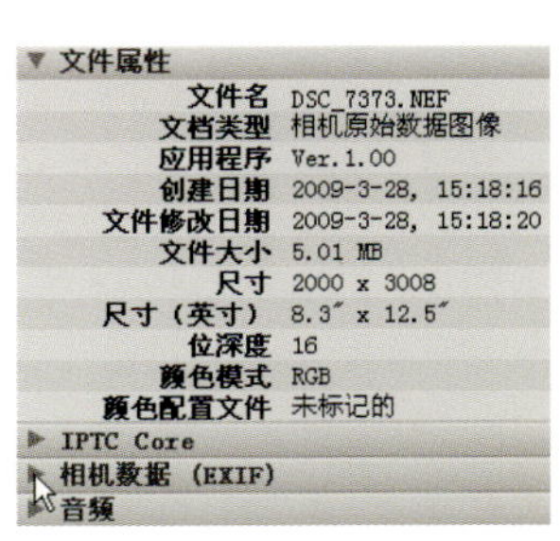

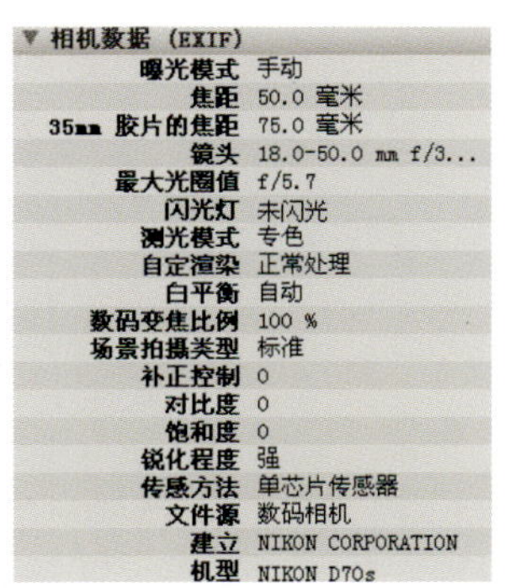

打开一张或多张RAW格式文件

下面介绍用Camera Raw应用程序对某一张或多张RAW格式文件进行查看，具体的操作步骤如下。

step 01 在Adobe Bridge CS4中的“内容”面板中，选择需要打开的RAW格式照片，如下左图所示。

step 02 单击右键，在弹出的快捷菜单中选择“在Camera Raw中打开…”菜单命令，如下右图所示。

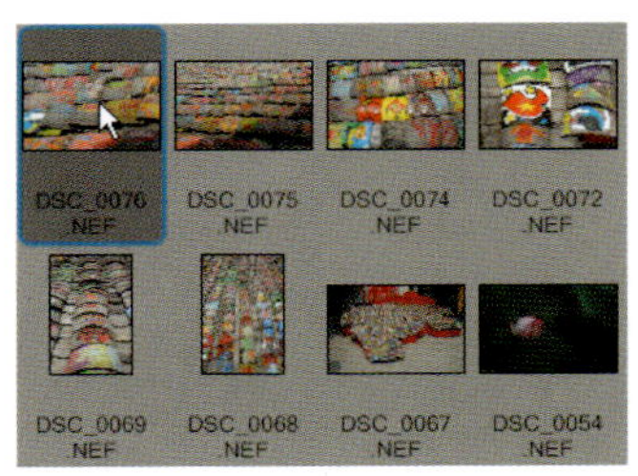

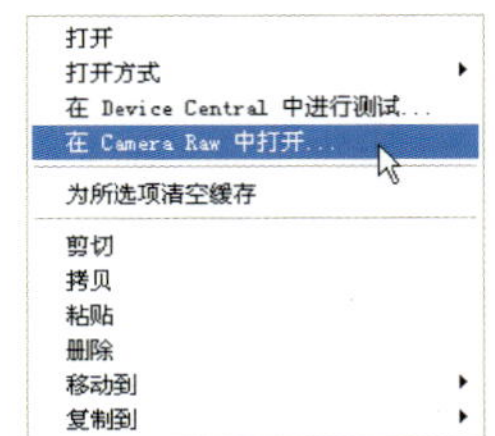

step 03 在打开的Camera Raw对话框中，查看选中的RAW格式照片，如下左图所示。

step 04 若是在“内容”面板中，按住Ctrl键的同时单击多个照片的缩略图，将多张照片同时选中，如下右图所示。

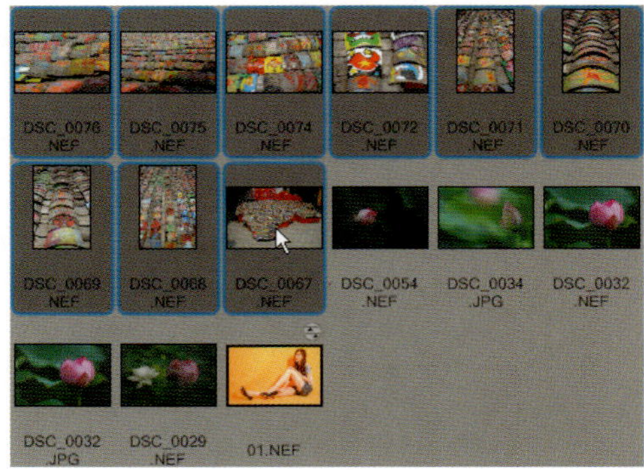

step 05 选择右键快捷菜单中的“在Camera Raw中打开…”菜单命令，即可将选中的多张RAW格式照片同时打开，如下图所示，在左侧的照片缩略图中单击即可在中间的图像区域中查看选中的照片图像。

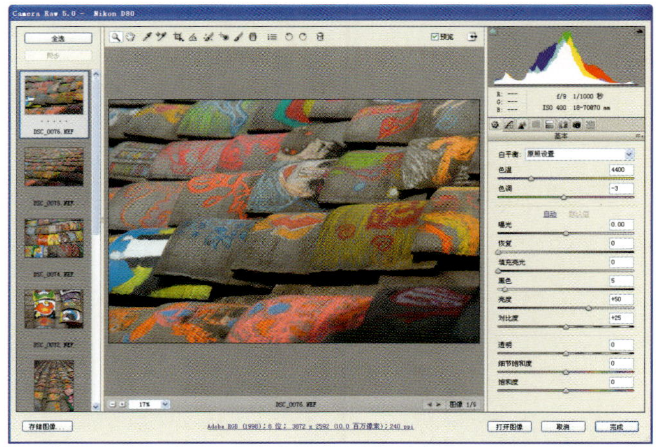

从RAW格式转换为JPEG格式

RAW格式的照片虽然在一定程度上体现了照片的无损存储，但是在日常的操作中，通常将会将照片进行压缩存储，便于对照片进行传输，下面将介绍将RAW格式照片转换为JPEG格式的方法，具体操作如下。

step 01 打开Adobe Bridge CS4后，在“内容”面板中，选中多张需要转换的RAW格式照片，如下左图所示。

step 02 单击右键在弹出的快捷菜单中选择“在Camera Raw中打开…”菜单命令，将多张选中的照片在Camera Raw中打开，在该对话框中单击“存储图像”按钮，如下右图所示。

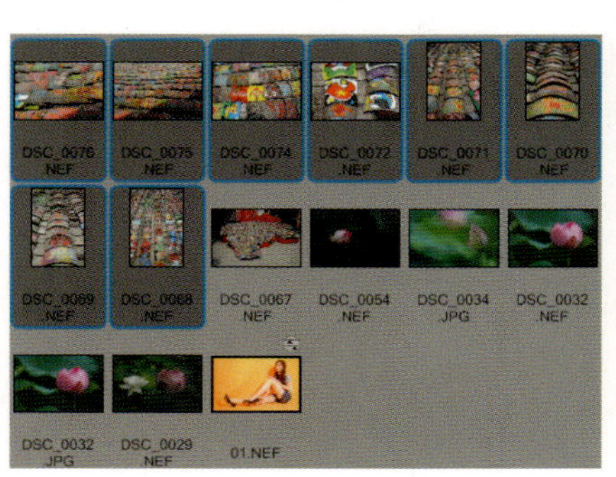

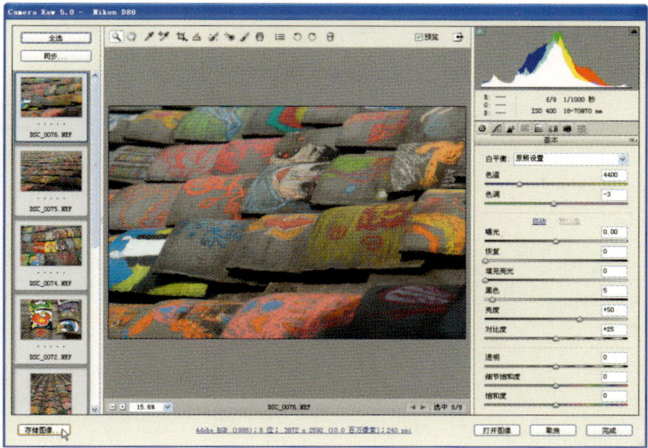

step 03 在打开的“存储选项”对话框中，选择“目标”下拉列表中的“在新位置存储”选项，如下左图所示。

step 04 自动打开“选择目标文件夹”对话框，在树形结构中设置需要存储的照片文件夹，选中合适文件夹后单击“选择”按钮，如下右图所示。

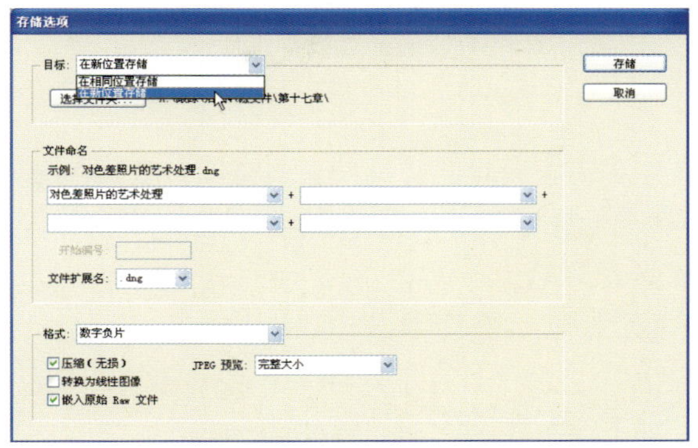

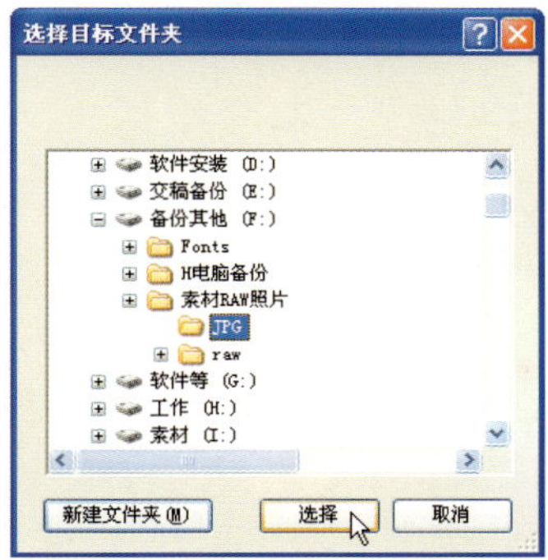

step 05 设置文件的存储格式为JPEG，在“文件命名”选项下，输入通用文件名称后，选择“1位数序号”下拉列表选项，如下左图所示。

step 06 设置完成后单击“存储”按钮，如下右图所示。

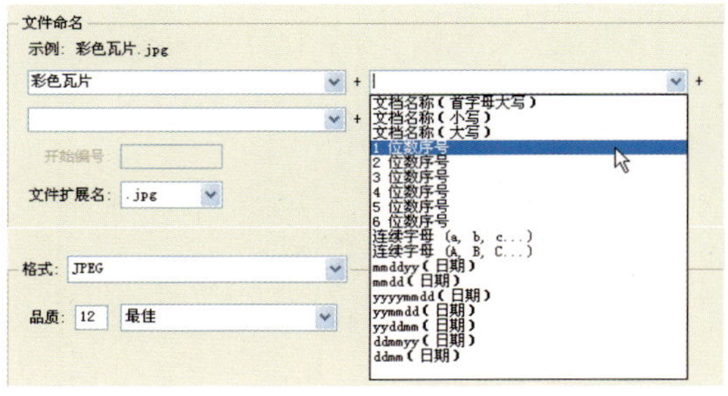

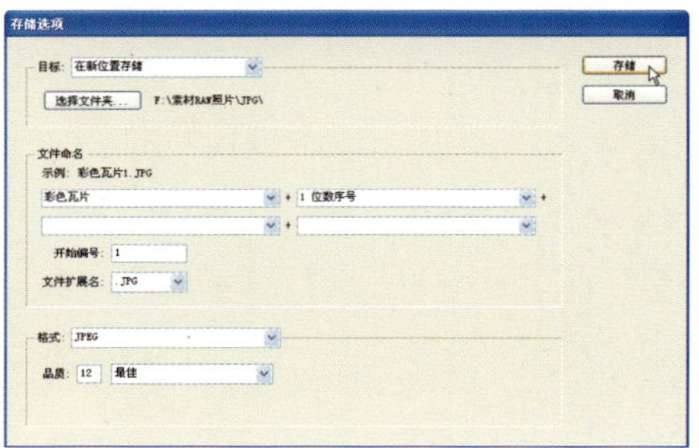

step 07 在Camera Raw中将自动对选中的照片进行批量转换，在对话框的左下方可以查看转换的进度，如下左图所示。

step 08 打开存储的文件夹，对于选中的多张照片进行统一命名并编号，设置效果如下右图所示。

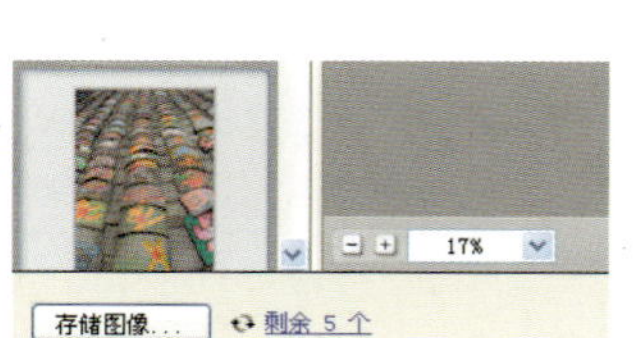

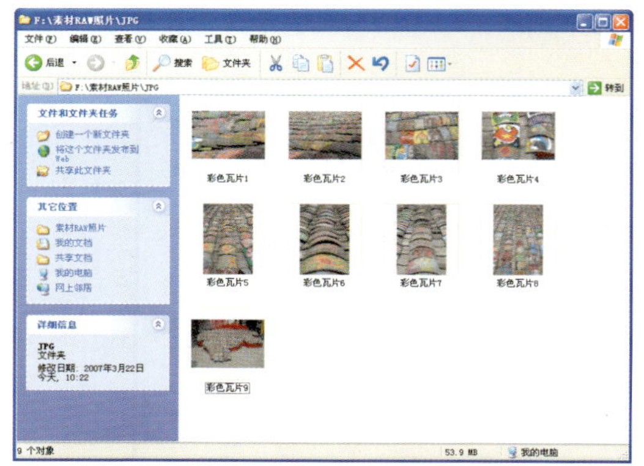

17.2 RAW格式照片的处理艺术

对于RAW格式的照片，使用Camera Raw程序可以对照片进行多种编辑，可以帮助用户对数码照片进行裁剪、优化图像效果、调整白平衡、调整图像的色调和清晰度、控制更明艳的色彩效果等，下面将通过多个实例分别进行介绍。

校正水平线歪斜的照片

在基本的照片处理中，校正倾斜的照片并适当地对照片进行裁剪是照片处理的基础操作之一，本实例将通过在Camera Raw中对倾斜的照片进行校正，旋转照片并适当地进行裁剪，并对照片中的污渍进行修复，快速设置迷人的彩虹照片效果。

step 01 从Adobe Bridge CS4中打开“随书光盘\实例文件\素材\第17章\01.NEF”素材照片，在Camera Raw应用程序中打开，单击对话框上方的“拉直工具”按钮，将该工具进行选中，在画面中沿地平线位置绘制一条直线，如下左图所示。

step 02 释放鼠标左键后，在画面中将自动创建一个倾斜的矩形裁剪框，如下右图所示。

step 03 按键盘上的Enter键可以确定对照片的裁剪，裁剪后的画面效果如下左图所示，将倾斜的照片设置水平。

step 04 单击面板上方的“专色去除”按钮，选中“专色去除”工具，在画面中使用该工具将天空中的灰点选中，如下右图所示。

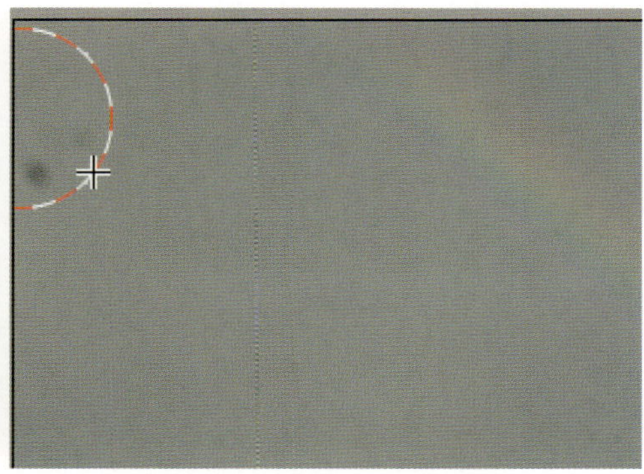

step 05 释放鼠标左键后，移动鼠标至天空中的其他位置，将天空中的灰点图像进行去除，如下左图所示。

step 06 多次使用“专色去除”工具将天空中的灰点图像去除，去除后的效果如下右图所示。

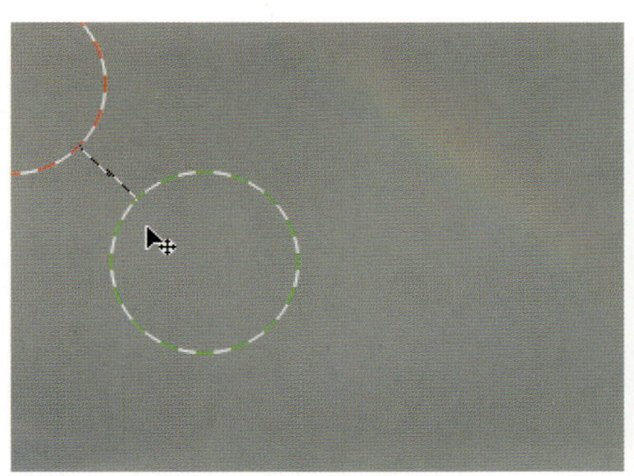

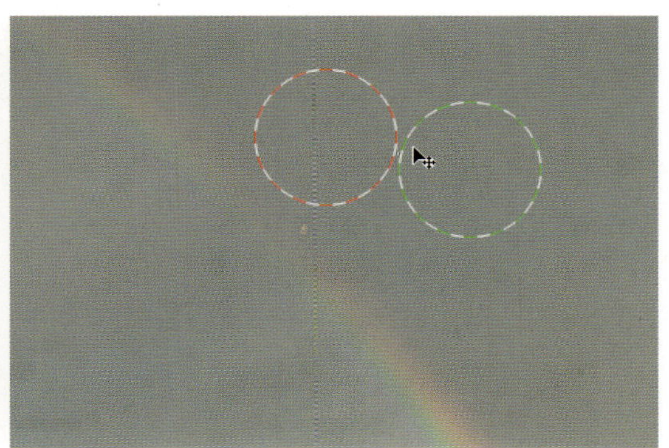

step 07 单击面板上方的“抓手工具”，可以退出“专色去除”操作，在“基本”选项栏中，根据如下左图所示设置基础选项。

step 08 查看设置基本参数选项后的图像效果，如下右图所示。

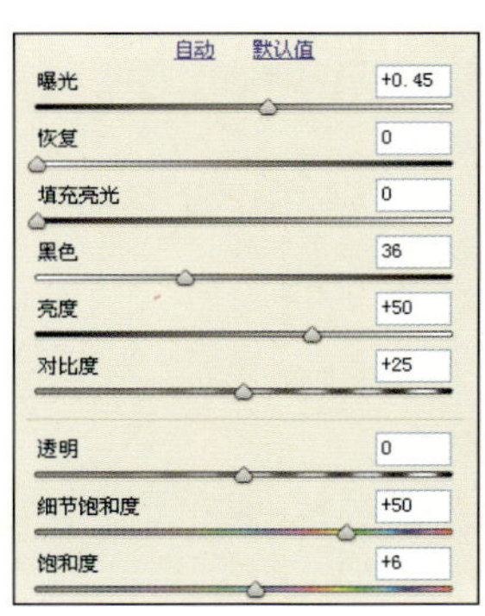

锐化照片

在Camera Raw中对照片的清晰度可以通过锐化功能来实现，能够实现模糊图像的清晰显示，还可以对微观拍摄的照片进行锐化处理，打造更为清晰的照片效果，具体的操作步骤如下。

step 01 打开“随书光盘\实例文件\素材\第17章\02.NEF”素材照片，如下左图所示。

step 02 在右侧控件中单击“色调曲线”控件按钮，打开色调曲线控件选项，设置参数值如下右图所示。

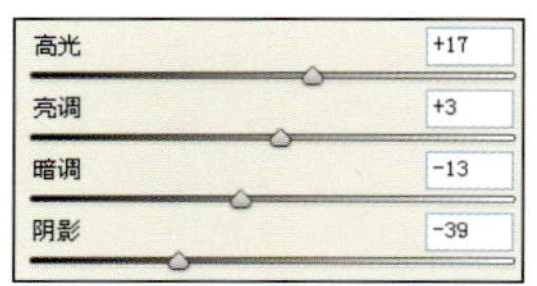

step 03 根据上一步对色调曲线进行调整后，画面效果如下左图所示，提升了高光部分的亮度，增强了暗部效果。

step 04 在“基本”控件选项中，适当提升曝光值，控制画面中的暗部效果，具体的参数设置如下右图所示。

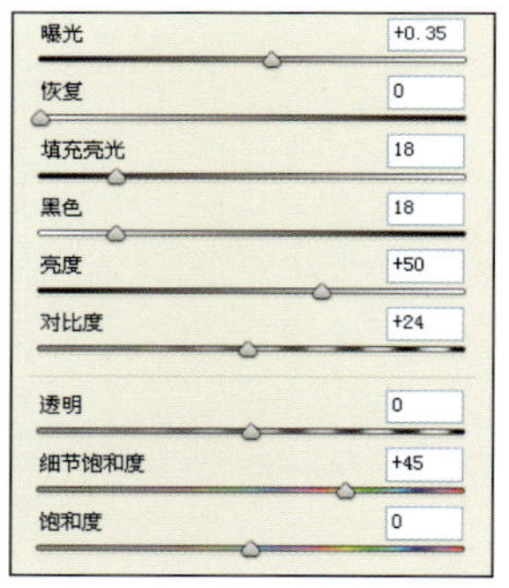

step 05 根据上一步对照片的基本参数进行设置后，画面效果更为清晰亮丽，如下左图所示。

step 06 在对话框上方选中“缩放工具”，在画面中绘制一个合适大小的放大区域，如下右图所示。

step 07 多次绘制放大区域后，设置图像的显示比例为100%，打开“细节”控件选项，设置该控件下的“锐化”选项值，具体的参数设置如下左图所示。

step 08 对图像进行锐化后，照片的清晰度得到了增加，查看图像效果如下右图所示。

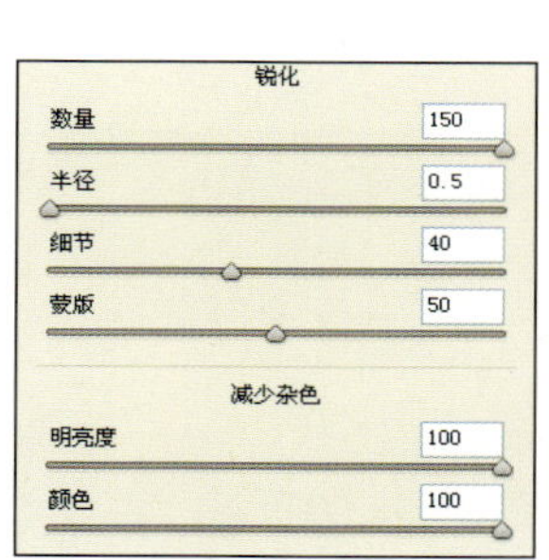

step 09 在图像窗口中，在“选择缩放比例”下拉列表中，选中“符合视图大小”菜单命令，如下左图所示。

step 10 查看以适合窗口大小显示图像视图效果，如下右图所示。

step 11 选择“基本”控件选项，再次对照片的曝光度值进行设置，设置参数值如下左图所示。

step 12 查看再次提升照片整体亮度后的效果，如下右图所示，画面清晰度进一步得到提升。

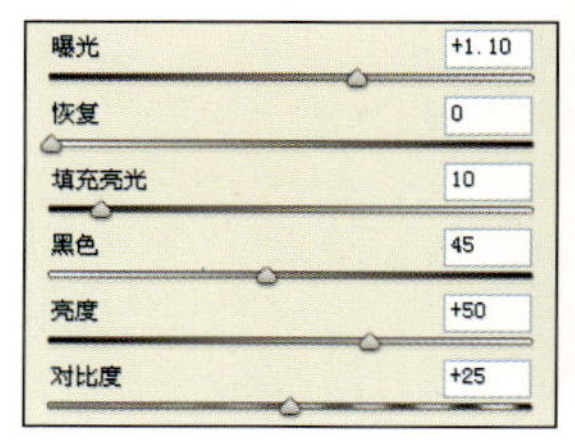

一键白平衡校正偏色

对于白平衡设置不正确的照片，在Camera Raw中可以通过“白平衡工具”快速对白平衡进行校正，具体的操作步骤如下。

step 01 在Camera Raw中打开“随书光盘\实例文件\素材\第17章\03.NEF”素材照片，如下左图所示。

step 02 在Camera Raw对话框中，单击“白平衡工具”按钮，将“白平衡工具”选中，移动该工具至画面中的合适位置，如下右图所示。

step 03 在“基本”控件选项中，查看上一步使用“白平衡工具”吸取作为白场后自动调整色温和色调后的效果，如下左图所示。

step 04 查看自动调整白平衡后的画面效果，如下右图所示。

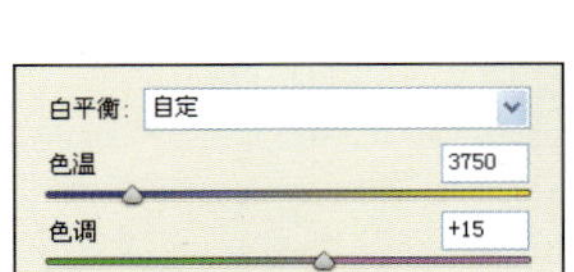

step 05 在“基本”控件选项中对照片的曝光度等参数进行适当的设置，如下左图所示。

step 06 对照片的基本参数进行设置后的效果如下右图所示。

step 07 打开“色调曲线”控件选项，在该选项下分别对曲线的高光、亮调、暗调和阴影的参数进行设置，如下左图所示。

step 08 设置后的照片效果如下右图所示，整体色调更自然清新。

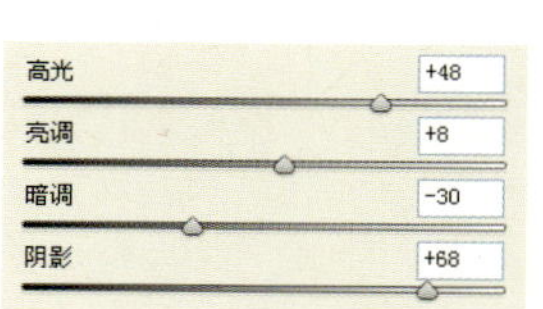

展现更多的明暗层次

在处理逆光拍摄的照片时，需要注意画面中明暗层次的体现。在Camera Raw中对照片层次的提升可以运用色调曲线来表现，通过提升暗部的亮度来突出暗部的细节效果，具体的操作步骤如下。

step 01 在Camera Raw中打开“随书光盘\实例文件\素材\第17章\04.NEF”素材照片，如下左图所示。由于是逆光拍摄效果，暗部的细节基本无法体现。

step 02 在“基本”控件选项中，选择“白平衡”下拉列表中的“自动”选项，如下右图所示，对照片中的白平衡进行自动修复。

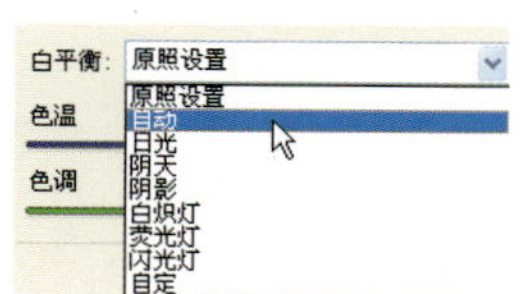

step 03 查看调整照片白平衡后的效果，如下左图所示。

step 04 打开“色调曲线”控件选项，调整最右侧的高光选项至82，如下右图所示。

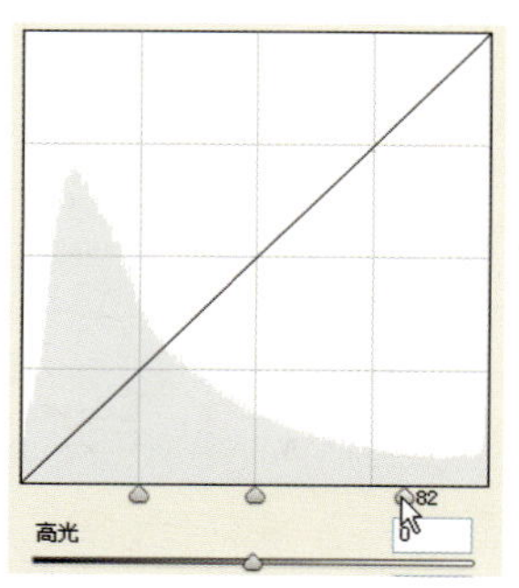

step 05 进一步设置“色调曲线”的参数值，设置参数分别为-100、0、+35、+14，如下左图所示。

step 06 设置后的画面效果如下右图所示，适当提升暗部的亮度，用于体现细节。

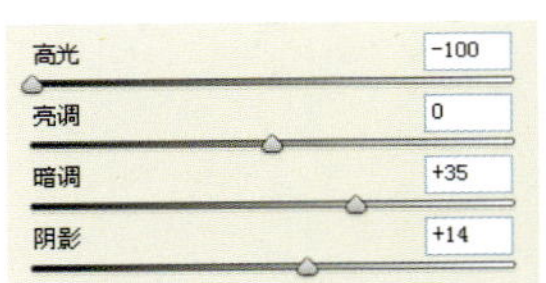

step 07 在“基本”控件选项下，再次调整色温和色调参数值，分别设置为6050和-13，如下左图所示。

step 08 继续调整“基本”控件选项下的参数值，分别设置各参数值为+0.75、0、0、16、+50、+66，如下右图所示。

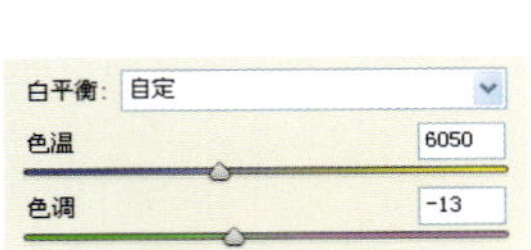

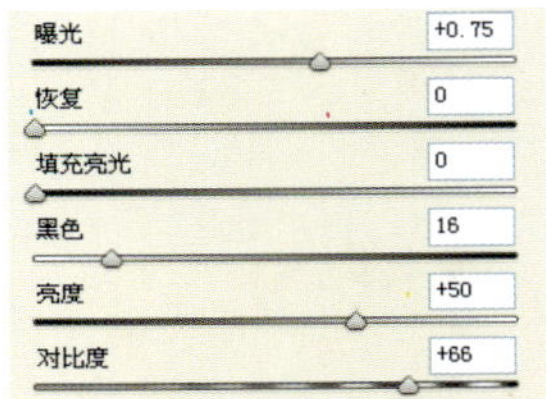

step 09 继续调整图像的透明度为+28，如下左图所示。

step 10 查看之前步骤设置的图像效果，如下右图所示，画面的暗部细节得到了体现。

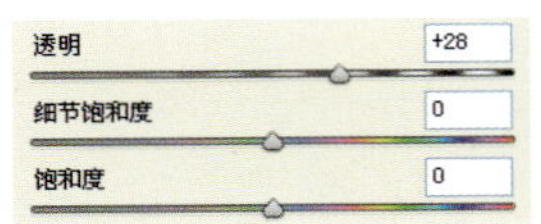

对色差照片的艺术处理

在对人像照片进行处理时，使用Camera Raw中的“镜头校正”控件和“色调分离”控件可以实现艺术化照片的制作，将一张普通的外景人像照片处理成带有Lomo风格的人物照片，具体的操作步骤如下。

step 01 打开“随书光盘\实例文件\素材\第17章\05.NEF”素材照片，如下左图所示。

step 02 在“基本”控件选项中，调整照片的“色温”值为4100，调整“色调”值为-16，如下右图所示。

白平衡：自定
色温 4100
色调 -16

step 03 继续设置“基本”控件选项，设置照片的“曝光”为+1.15，提升“黑色”值为5，设置“亮度”为+50，“对比度”为+25，如下左图所示。

step 04 设置完成后查看照片效果，如下右图所示。

自动 默认值
曝光 +1.15
恢复 0
填充亮光 0
黑色 5
亮度 +50
对比度 +25

step 05 打开“色调曲线”控件选项，设置“高光”值为-33，“亮度”值为+16，“暗调”值为-23，“阴影”值为-57，如下左图所示。

step 06 查看设置后的照片效果，如下右图所示。

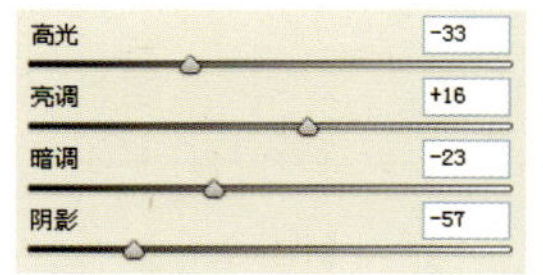

step 07 打开“细节”控件选项，分别设置锐化值为139、1.0、25、0，如下左图所示。

step 08 打开“色调分离”控件选项，设置图像高光的参数值为192、35、-75，设置阴影值为33、41，如下右图所示。

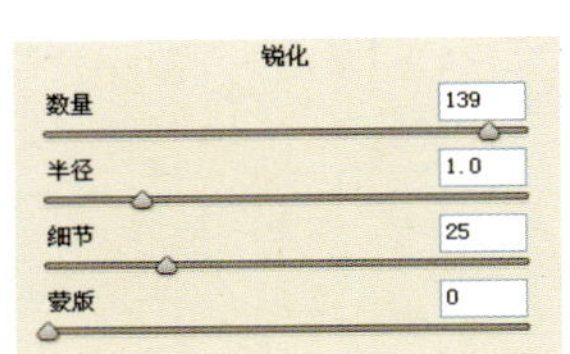

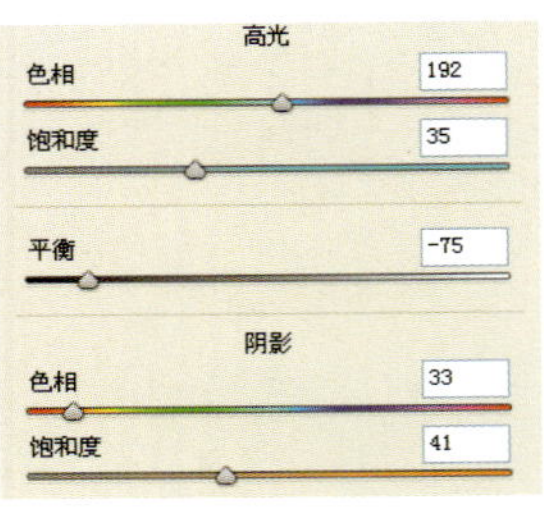

step 09 最后打开“镜头校正”控件选项，分别设置镜头晕影参数值为-86、11，设置“裁剪后晕影”参数值为-43、83、+100、60，如下左图所示。

step 10 设置完成后在图像窗口中查看照片效果，如下右图所示。

镜头晕影
数量 -86
中点 11
裁剪后晕影
数量 -43
中点 83
圆度 +100
羽化 60

step 11 在Camera Raw对话框中单击“打开图像”按钮，将该图像在Photoshop中打开，为图像添加合适的边框，如下左图所示。

step 12 选择工具箱中的“横排文字工具”，在画面中添加合适的文字，如下中图所示，复制文字图层并合并图层，调低图层的不透明度，设置后的文字效果如下右图所示。

17.3 DNG格式文件的输出

在Camera Raw中默认的存储格式为DNG，DNG格式采用无损压缩，这表明在减小文件大小的同时不会丢失任何信息。以DNG格式进行输出时转换为线性图像以插值（去马赛克）格式存储图像数据，生成的插值图像可以由其他软件进行解释（即使该软件没有捕捉图像的数码相机的配置文件）。

Chapter 18 照片的上传与冲印

学习重点

- 在网络中上传照片
- 照片的冲印

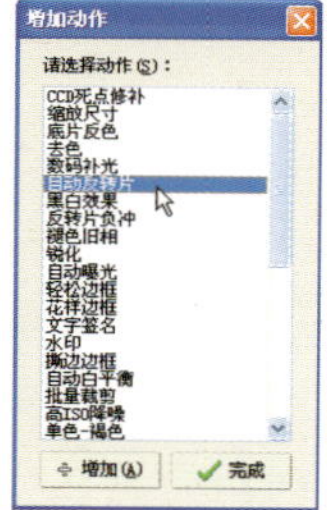

18.1 在网络中上传照片

随着网络的发展，我们可以利用网络及时与好友一起分享拍摄出来的照片。但是在通过网络发表自己的照片前，我们要先拥有属于自己的博客相册，才能将照片上传到网络相册中与好友分享，本节就向大家介绍将照片上传到网络相册中的方法。

申请博客相册

在网络的海洋中有各种各样的博客，在这里就推荐一个人气很高的poco摄影网站，详细的介绍一下在该网站上申请博客相册的方法。

step 01 首先打开IE浏览器，在地址栏中输入网址www.poco.cn，按下Enter键打开poco主页。

step 02 打开poco主页后，单击网页右侧的“用户登录”框，单击“立即注册”文字链接。

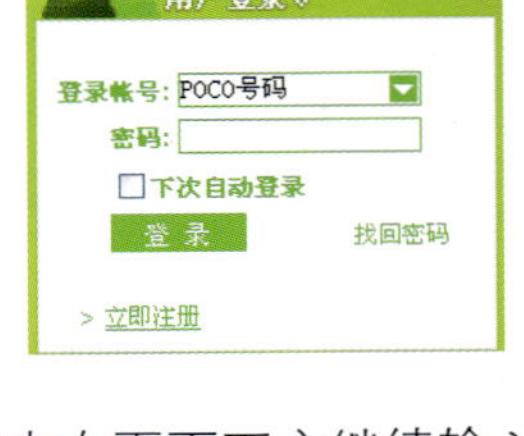

step 03 在“新用户注册”页面中输入新用户的用户名、用户昵称、密码等必要信息。

step 04 接下来在页面下方继续输入电子邮件、QQ号码、验证码等信息，然后勾选“我已阅读并同意注册协议”复选框，再单击“立即注册”按钮。

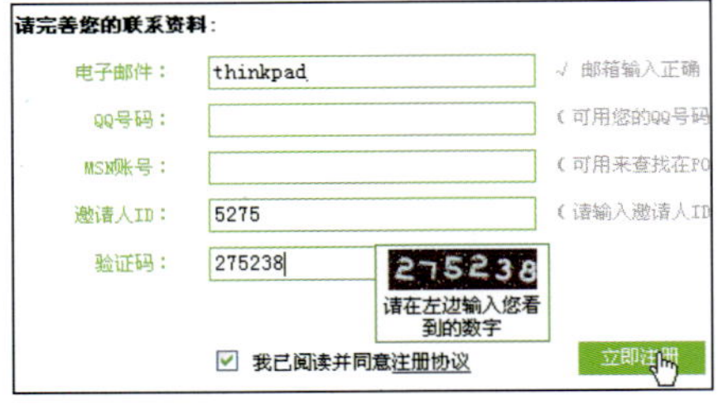

step 05 单击“立即注册”按钮后，这时网页也会跳转，并显示“注册成功”，单击“进入空间”按钮，即可进入到自己的poco摄影空间。

创建博客相册

申请了博客相册之后，下面就要新建相册，便于日后将不同类型的作品或者是每一次参加活动所拍摄的照片分类进行上传。

step 01 单击“我的应用”框中的“相册管理”文字链接，打开相册管理页。

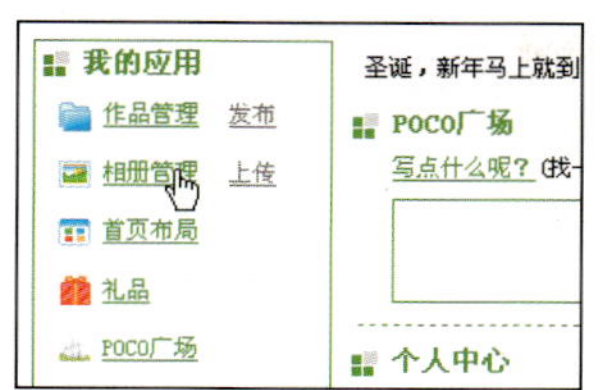

step 02 在跳转网页之后单击“新建相册”文字链接，跳转至“新建相册”页面。

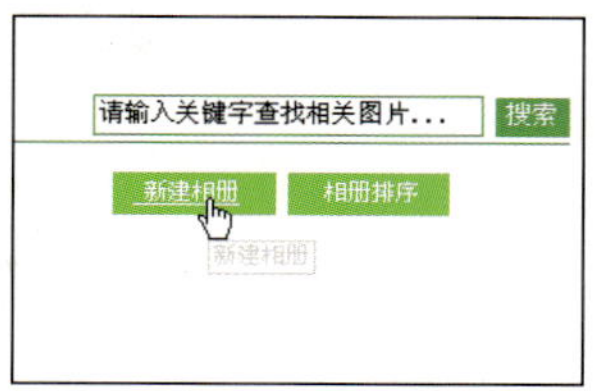

step 03 在“新建相册”页面中的“相册标题”文本框中输入相册名，单击选中“完全公开”单选按钮设置访问权限，再单击“确定”按钮。

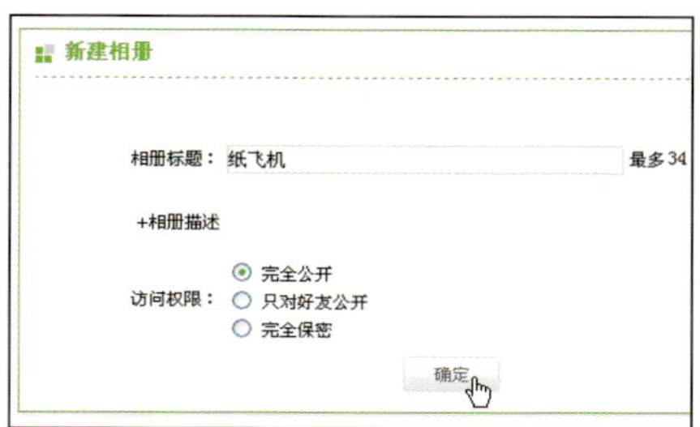

step 04 单击“确定”按钮后，这时页面上会弹出“信息”对话框，提示操作成功，单击“确定”按钮完成新建相册。

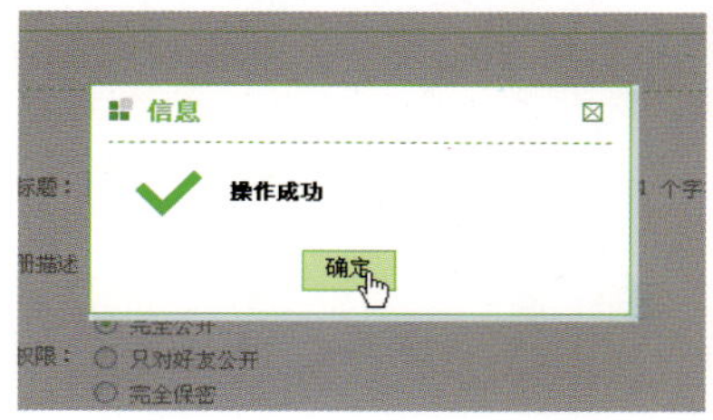

往相册中上传照片

新建相册后，就可以上传照片了。

step 01 继上面的操作，当页面跳到“管理/发布主题相册”界面后，单击“上传照片”文字链接。

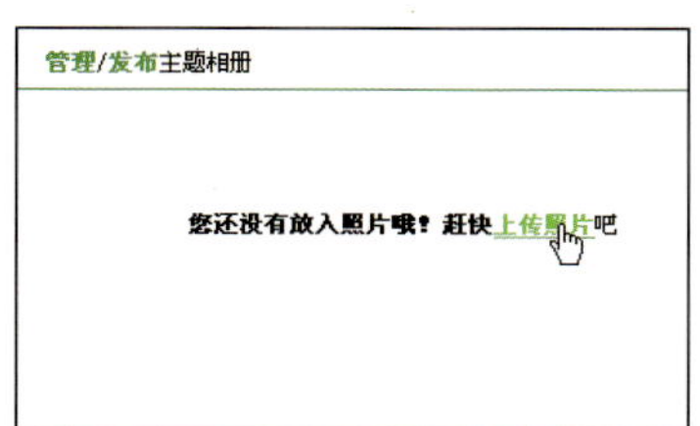

step 02 如果是第一次上传照片，那么网页中会提示安装批量传图插件，单击“点击此处免费下载（仅30秒下载）”文字链接。

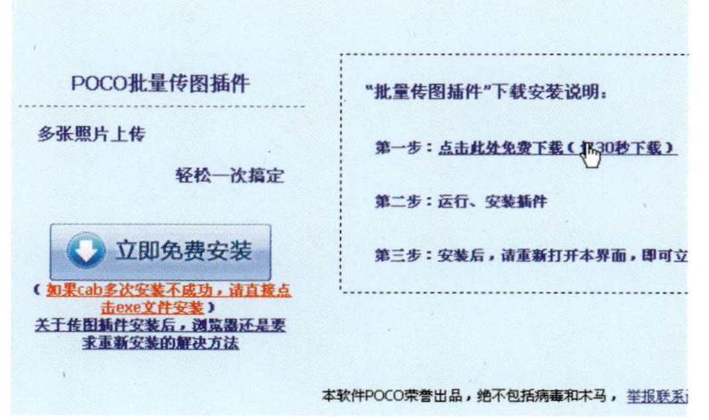

step 03 这时会弹出“文件下载-安全警告”对话框，单击“运行”按钮。

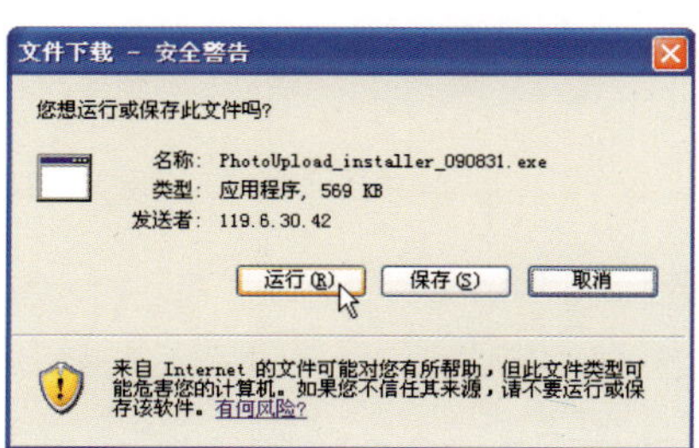

step 04 开始下载传图插件，并显示出下载进度和剩余时间。

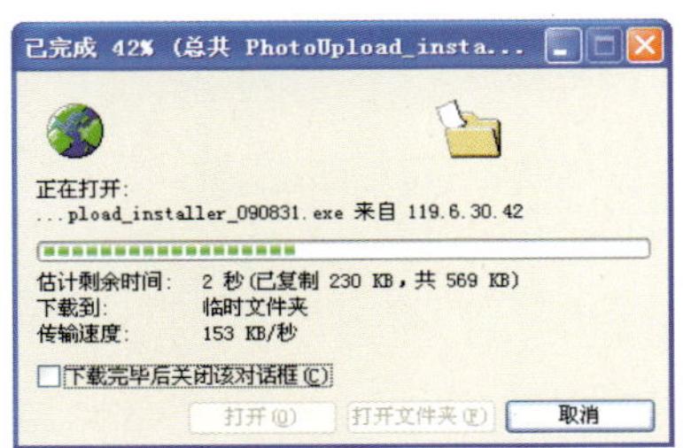

step 05 下载完毕后，系统会自动提示安装下载的软件，单击“运行”按钮打开安装向导。

step 06 在弹出的安装向导对话框中，单击“下一步”按钮。

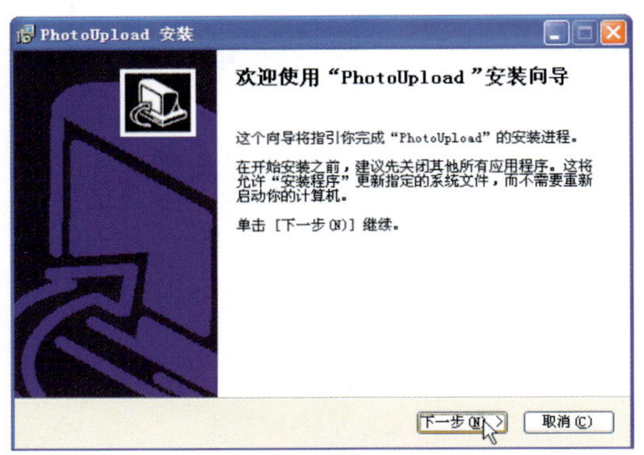

step 07 在进入到“许可证协议”后，单击“我接受”按钮。

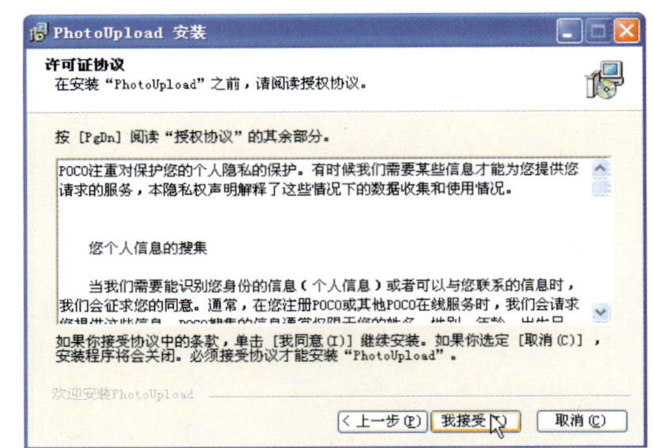

step 08 进入到“选择安装位置”界面后，如果需要更改安装路径，那么单击“浏览”按钮重新设置文件安装路径；如果不需要修改，直接单击“安装”按钮。

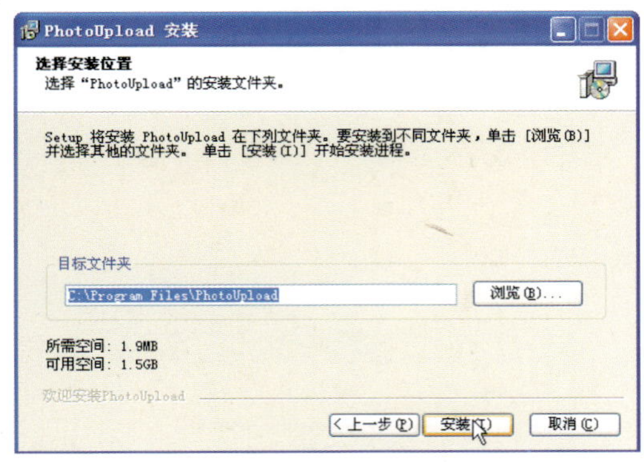

step 09 单击“安装”按钮后，开始安装插件，当安装完成后，单击“完成”按钮即可。

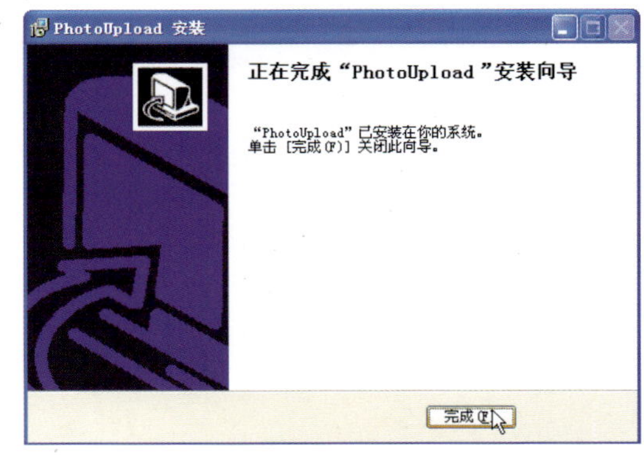

step 10 单击“完成”按钮后，系统会提示安装已成功完成，然后单击“完成”按钮即可。

step 11 完成安装后，会弹出提示框，提示“安装完成，请重新打开‘批量上传’窗口”，单击“确定”按钮。

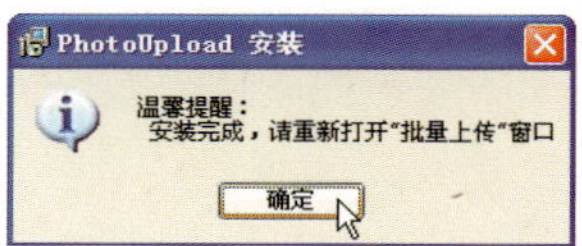

step 12 重新打开“批量上传”窗口后，在左侧“本机文件”列表中选择需要上传的照片的文件夹，然后在右侧的照片中勾选上需要上传的照片。

step 13 选择完需要上传的照片，单击窗口右下侧的“上传”按钮。

step 14 单击“上传”按钮后，会弹出“添加标题”对话框，然后单击“选择上传到”右侧的下三角按钮选择上传到的文件夹。

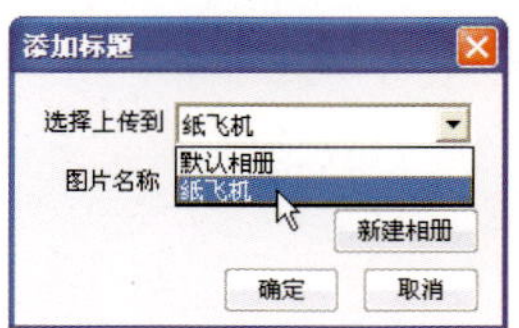

step 15 在“图片名称”文本框中输入照片的名称，然后单击“确定”按钮即可。

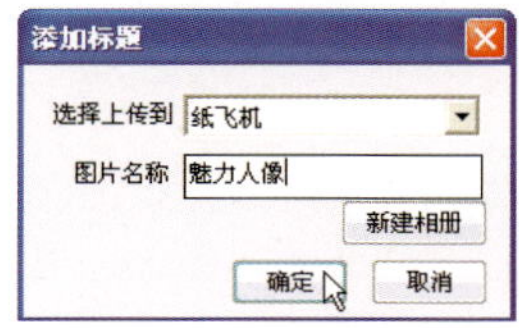

step 16 单击“确定”按钮后，返回到页面上，单击“保存”按钮，就可以完成照片的上传操作。

step 17 上传照片后，网页会自动返回到相册，这时就可以查看所上传的照片了。

与QQ好友分享照片

在网络上传输和分享照片最常用的办法其实就是使用腾讯QQ来传输文件，在发送照片时可以有两种方式：第一种方式为以图片形式发送给对方，第二种方式为以单个文件形式发送给对方。下面就来看看如何使用QQ发送照片。

以图片形式发送给对方

以图片形式发送给对方，是利用QQ中的截图功能，将照片截取下来之后发送给好友，在聊天的过程中就会看见。

step 01 首先打开QQ，并找到要传送照片的QQ好友，双击其头像，打开聊天框。

step 02 使用光影魔术看看打开需要进行发送的照片，并单击缩放按钮缩小图片。

step 03 移动QQ聊天窗口，让光影看看中的照片显示出来，然后单击QQ聊天窗口上的截图按钮。

step 04 移动鼠标指针至光影看看中照片画面的左上角，按住鼠标左键不放，向图片的右下角拖动鼠标，然后双击选中的图片区域，即可实现截图。

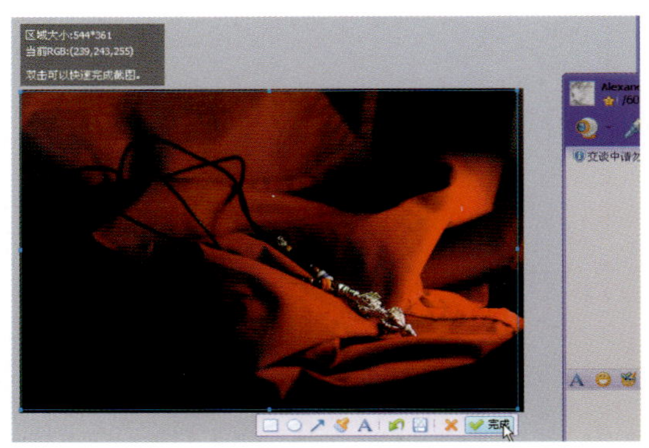

step 05 当图片截下来之后，单击QQ聊天框中的“发送”按钮即可将图片发送给对方。

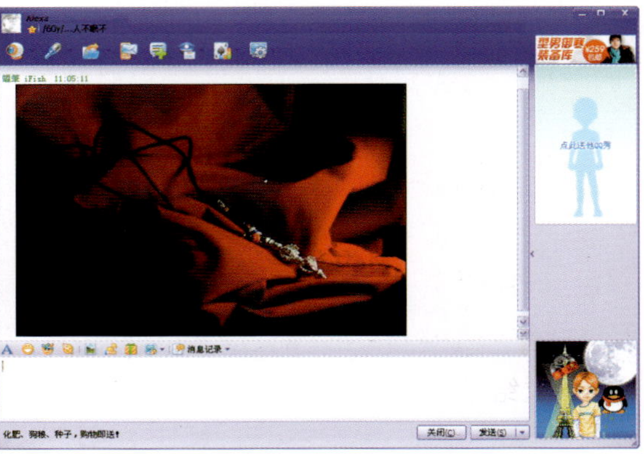

提示要诀：

如果想要快速地使用QQ截图，可以按键盘上的Ctrl+Alt+A组合键，启动QQ截图程序。

以文件形式发送给对方

如果想要将原片发送给好友，那么就需要采用这种方式来传输，下面就来看看以文件形式发送给对方的操作方法。

step 01 首先打开QQ聊天窗口，然后选中桌面上或者是文件夹中要传送给好友的照片，按住鼠标左键不放将照片拖动至聊天窗口中。

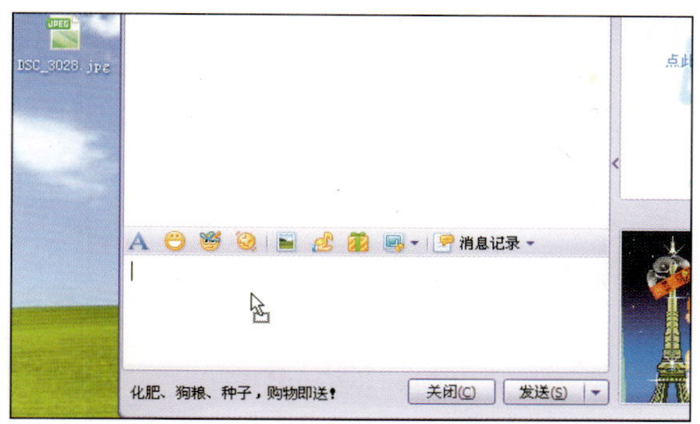

step 02 这时在QQ聊天窗口的右侧就会显示出当前正在传送的照片文件，然后等待好友接收该文件。

step 03 当好友确认接收传送的照片之后，这时在QQ聊天窗口右侧会显示出传输的进度和速度。

提示要诀：

如果将很多照片以文件形式发送给好友，那么可以先将照片压缩成压缩包，然后再使用这种方法将压缩成包的照片传送给好友。

问：如何接收好友通过QQ发送过来的照片？

如果好友将给自己发送照片，那么可以单击“接收”或者是“另存为”文字链接，如下图所示，然后选择文件保存路径单击“确定”按钮即可开始接收文件。

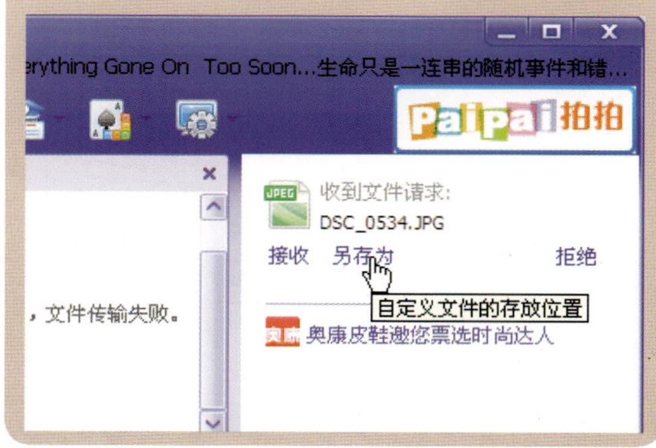

将照片以邮件形式发送

如果想将一次外拍活动中所拍摄的多张照片一起发送给好友，那么采用邮件形式发送比较合适，接下来就来看看将照片打包通过邮件发送给好友的方法。

step 01 首先使用WinRar软件将需要通过邮件发送给好友的照片压缩打包。

step 02 登录个人邮箱，以QQ邮箱为例，在“登录您的QQ邮箱”界面中输入邮箱账号和密码，单击“登录”按钮进入邮箱。

step 03 进入邮箱后，单击左侧窗口中的“写信”文字链接。

step 04 在“写信”页面中的“收件人”文本框中输入收件人的邮箱地址，在“主题”文本框中输入邮件主题，再单击“添加附件”文字链接。

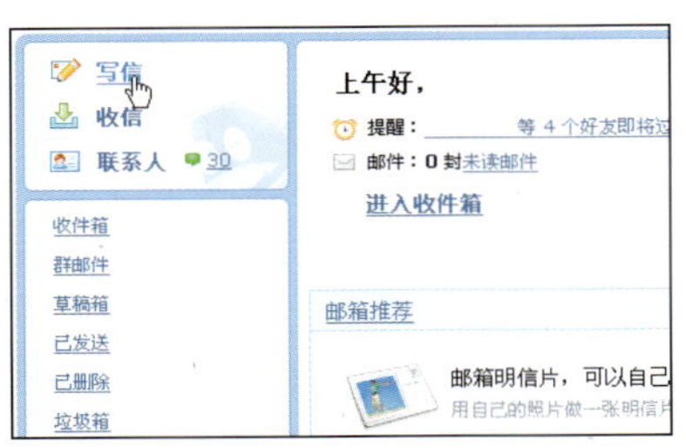

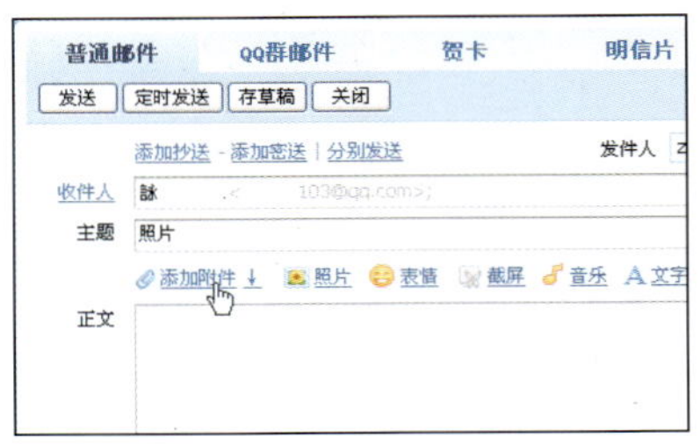

step 05 在弹出的“选择要上载的文件”对话框中选择步骤1中的压缩包，然后单击“打开”按钮。

step 06 如果需要单独以照片形式发送给好友，那么单击“照片”文字链接。

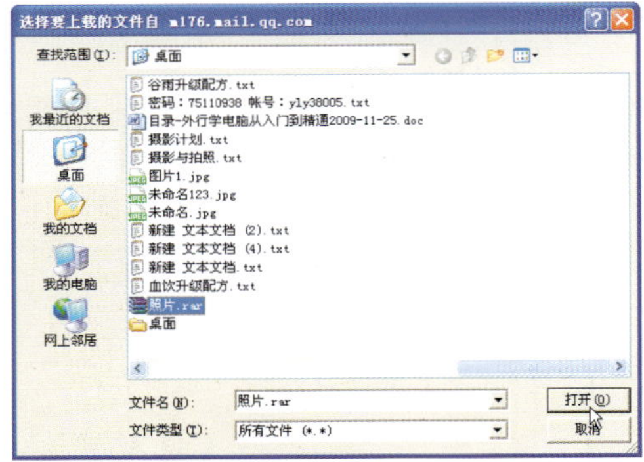

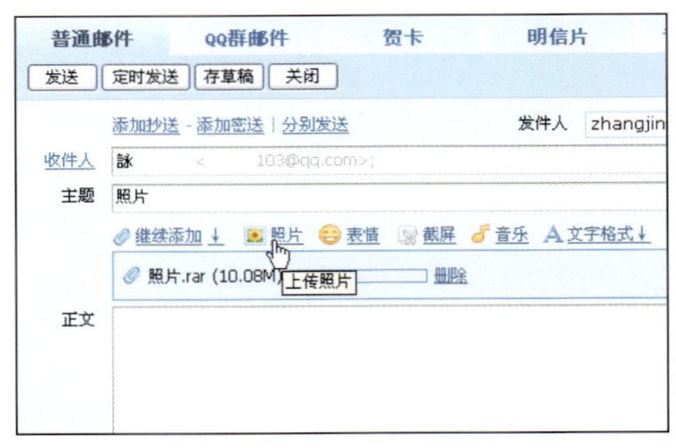

step 07 在弹出的下拉列表中单击“浏览”按钮，打开“浏览”对话框，并选择需要发送的照片。

step 08 选择照片之后，单击“立即上传”按钮完成照片上传操作。

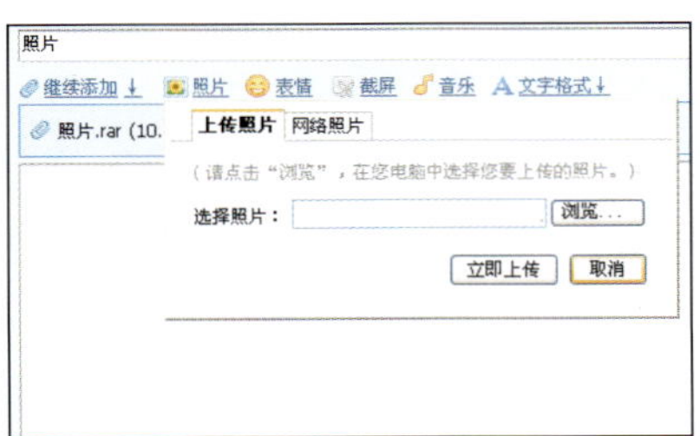

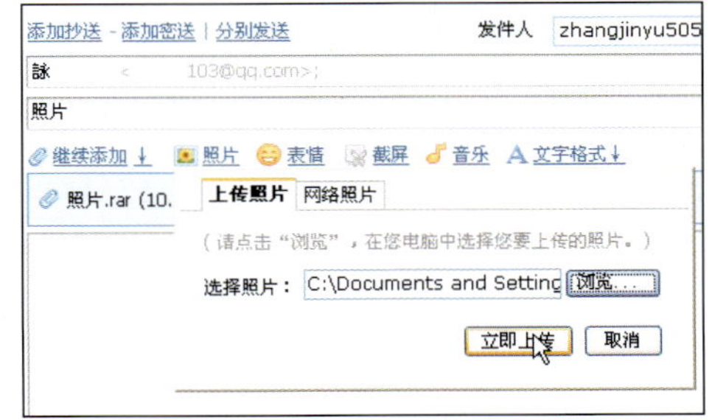

step 09 当将需要发送的照片都已经整理完毕后，单击“发送”按钮即可。

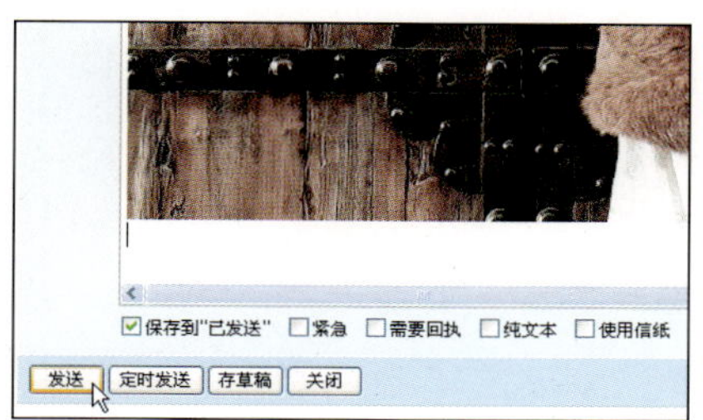

提示要诀：

如果发送的压缩包较大，那么可以使用QQ邮箱中的发送超大附件功能将容量大的压缩包发送给好友。

step 10 由于有附件存在，所以在发送邮件的时候会很慢，稍等片刻，当发送完毕后，窗口中会提示“您的邮件已发送”，之后关闭网页即可。

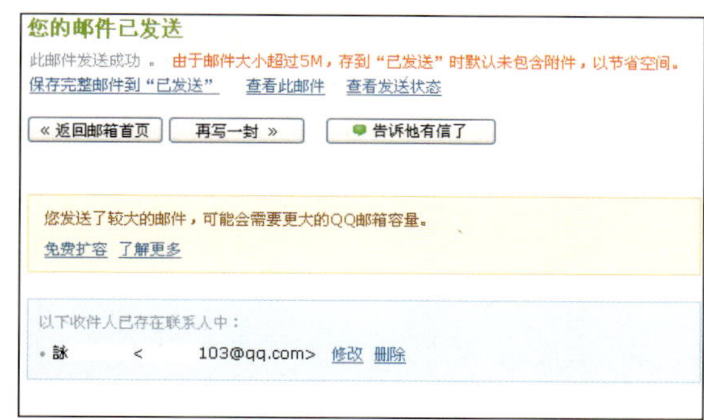

18.2 照片的冲印

对于一些漂亮的风景照，或是人像、家庭聚会等照片，为了更好地保存或用于其他方面，可以先将这些照片打印出来，以纸张的形式保存下来。在打印之前，如果还需要对照片进行处理，且照片很多，那么可以采用批量处理的方法来处理照片。下面就来学习关于照片的批量处理方法和冲印的方法。

批量处理需要打印或冲印的照片

在批量处理照片时，首先将需要处理的照片都整理到一个文件夹中，再使用光影魔术手，即可快速地对这些照片进行批量处理，批量处理照片的方法如下。

step 01 将照片置于一个文件夹下，双击桌面上的“光影魔术手”图标，运行“光影魔术手”。

step 02 运行“光影魔术手”后，单击工具栏上的“浏览”按钮。

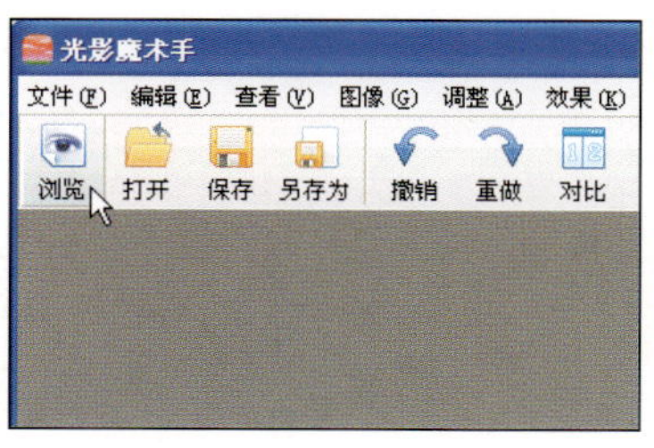

step 03 在“浏览”窗口中，用户在左侧“文件夹”任务窗格中选择需要进行批处理的照片的文件夹。

step 04 选择文件夹后，单击工具栏上的“批处理”按钮。

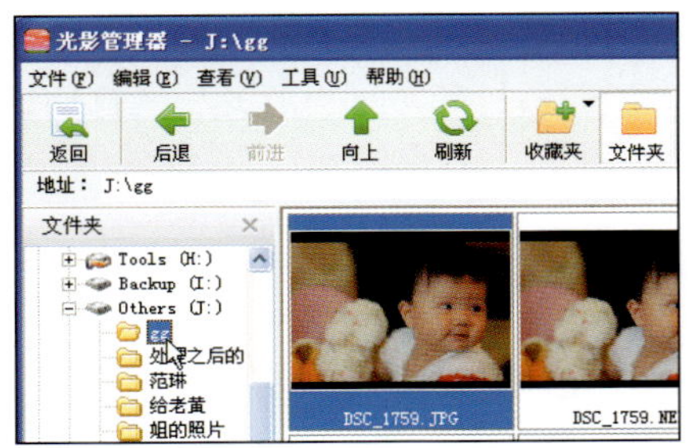

step 05 在弹出的“批量自动处理”对话框中，单击 ✥ 按钮。

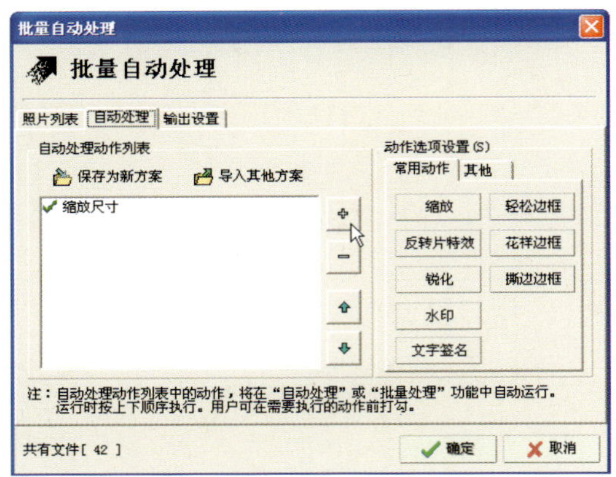

step 06 在弹出的“增加动作”对话框中，选择需要添加的批处理动作，然后单击“增加”按钮，再单击“完成”按钮。

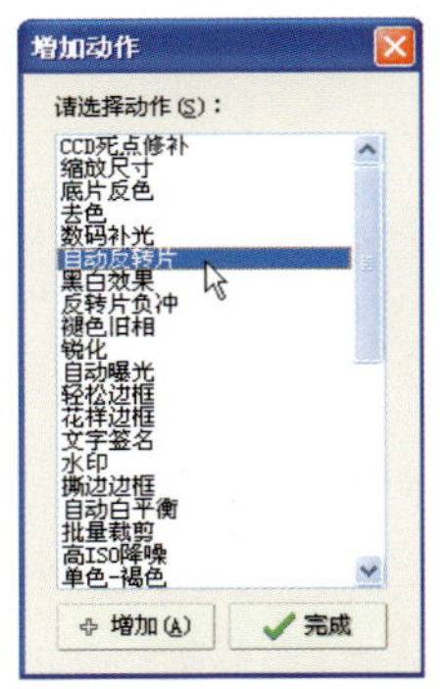

step 07 返回到“批量自动处理”对话框，切换至“输出设置”选项卡下，然后单击选中“指定路径”单选按钮，并设置照片输出的路径，设置完毕后，单击“确定”按钮。

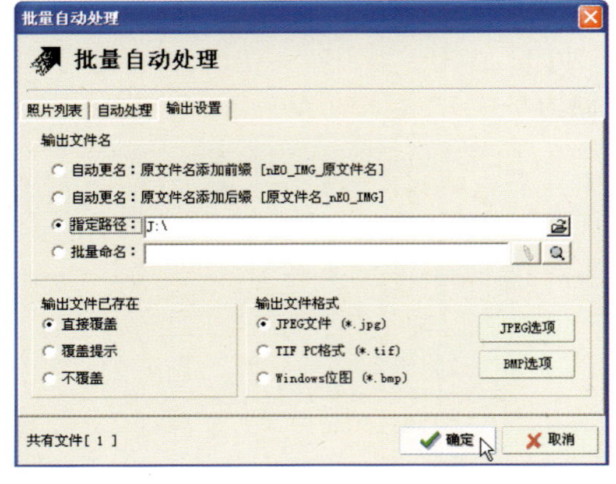

step 08 单击“确定”按钮后，光影魔术手就会开始进行照片批处理操作，如果用户需要中断操作，那么单击“中断”按钮即可。

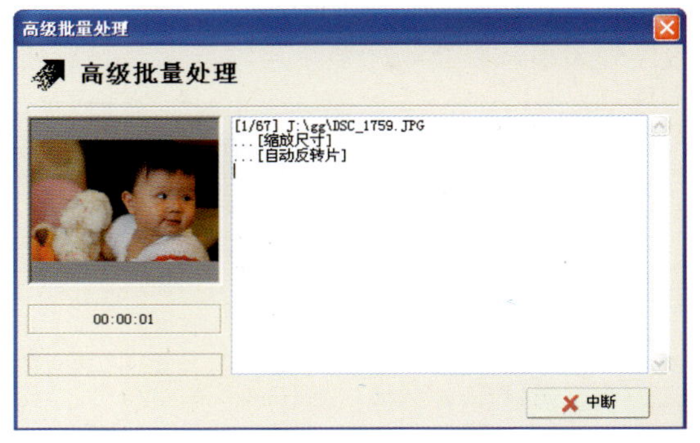

在家中打印拍摄的照片

在完成数码照片的拍摄后，如果想快速得到纸质照片，可以通过打印的方式获取。如果要求不高，我们可以使用目前家庭中常用的彩色喷墨打印机，常见品牌有惠普、爱普生、佳能、联想等，如左下图所示为惠普的彩色喷墨打印机。如果想打印高质量的照片可以选用专门的照片打印机，如右下图所示。专门的照片打印机的打印质量要远高于普通打印机，当然这样的打印机价格也不便宜而且用途有限。

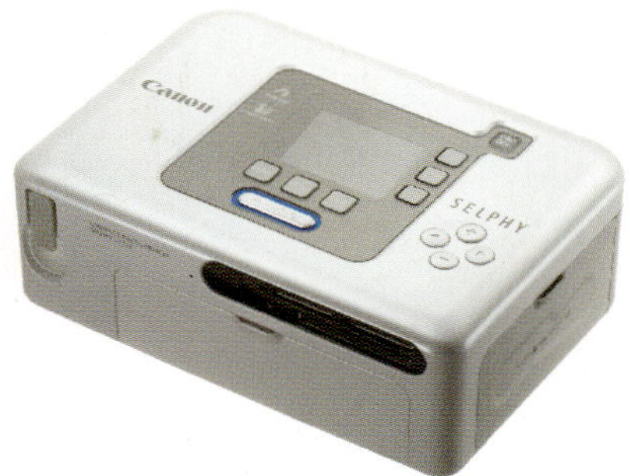

不论使用什么打印机都推荐使用专门的照片打印纸，而不要采用普通的打印纸打印。照片打印纸在一般的数码冲洗店和电脑城都有卖而且不贵。

通常我们可以将数码照片导入到电脑中进行后期处理后才打印，这样的打印方式就和一般文档的打印没有区别。如果不需要后期处理就可以直接将相机与打印机用数据线连接上，通过相机设置就可以完成照片的打印了。不同相机的打印设置不一样，在此我们就不详述了。

提示要诀：

在选择打印机的时候，价格、打印质量等明显的参数需要关注外，还有一个很关键的参数就是耗材，主要是墨盒。由于打印照片会大量消耗墨盒中的墨水，而墨盒的价格通常都比较贵，有时候一个墨盒的价格甚至比一台新打印机的价格还高，所以我们选择打印机的时候一定要看该打印机能否支持副厂墨盒，能不能自己灌装墨水。如果能自己灌装墨水就可以节约大量的墨盒钱。

在专业数码店冲印照片

如果在家中自己打印照片，其效果当然不如专业数码店冲印的效果。那么，对于一些画质要求较高的照片来说，我们可以前往专业的数码店进行冲印。首先需要了解冲印照片的规格与实际的尺寸大小，以及不同照片尺寸所要求的最佳图像分辨率与最低图像分辨率，如下表所示。

照片规格（寸）	实际尺寸	照片尺寸	最佳分辨率	最低分辨率
5	5×3.5	12.7×8.9	1500×1050	1200×840
6	6×4	15.2×10.2	1800×1200	1440×960
7	7×5	17.8×12.8	2100×1500	1680×1200
8	8×6	20.3×15.2	2400×1800	1920×1440
10	10×8	25.4×20.3	3000×2400	2400×1920
12	12×10	30.5×25.4	3600×3000	2500×2000
14	14×10	35.6×25.4	4200×3000	2800×3000

在专业数码店冲印相对于在家自己打印来说，照片的画面效果更佳，但也存在一些不足与缺点。下面来对比两者之间的区别，方便拍摄者选择最适合自己的方式。

- 方便性。数码店冲印的照片由于需要将存储卡送到冲印店，并等待照片冲印之后才能拿到照片，因此较为花费时间和精力。而在家中打印照片，则更为方便快捷。
- 隐私性。冲印照片由于是送到冲洗店，因此照片内容会被他人看到。而在家中打印则可以避开一切无关人士，更利于保护隐私。
- 价格性。打印照片需要自行购买数码打印机，并且花费墨盒、相纸等耗材，因此投入更高，而去数码店冲印则会实惠很多，同时照片的打印尺寸可以自行选择。
- 后期性。打印的照片可以在家自行处理，洗印的照片如果是拿到洗印店让其进行后期修饰处理，还需要支付额外的费用，当然你也可以将处理完成的照片拿去直接冲洗。

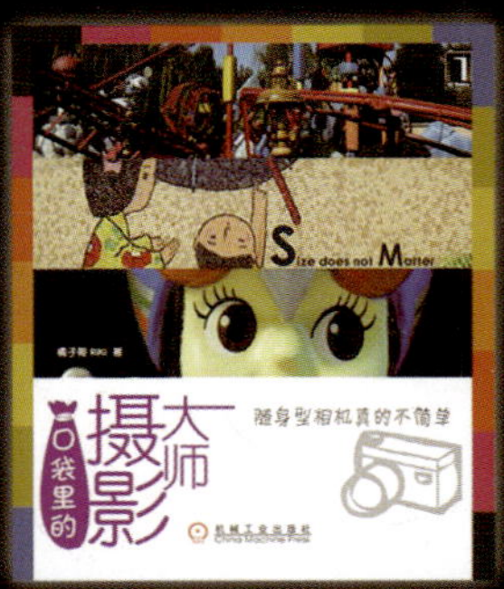

www.hzbook.com

填写读者调查表　加入华章书友会
获赠精彩技术书　参与活动和抽奖

尊敬的读者：

感谢您选择华章图书。为了聆听您的意见，以便我们能够为您提供更优秀的图书产品，敬请您抽出宝贵的时间填写本表，并按底部的地址邮寄给我们（您也可通过www.hzbook.com填写本表）。您将加入我们的"华章书友会"，及时获得新书资讯，免费参加书友会活动。我们将定期选出若干名热心读者，免费赠送我们出版的图书。请一定填写书名书号并留全您的联系信息，以便我们联络您，谢谢！

书名：　　　　　　　　　　　　书号：7-111-(　　　　　　　)

姓名：	性别：□男　□女	年龄：	职业：
通信地址：		E-mail：	
电话：	手机：	邮编：	

1. 您是如何获知本书的：

□朋友推荐　□书店　□图书目录　□杂志、报纸、网络等　□其他

2. 您从哪里购买本书：

□新华书店　□计算机专业书店　□网上书店　□其他

3. 您对本书的评价是：

技术内容	□很好	□一般	□较差	□理由＿＿＿＿
文字质量	□很好	□一般	□较差	□理由＿＿＿＿
版式封面	□很好	□一般	□较差	□理由＿＿＿＿
印装质量	□很好	□一般	□较差	□理由＿＿＿＿
图书定价	□太高	□合适	□较低	□理由＿＿＿＿

4. 您希望我们的图书在哪些方面进行改进？

5. 您最希望我们出版哪方面的图书？如果有英文版请写出书名。

6. 您有没有写作或翻译技术图书的想法？

□是，我的计划是＿＿＿＿＿＿＿＿＿＿　□否

7. 您希望获取图书信息的形式：

□邮件　□信函　□短信　□其他＿＿＿＿

请寄：北京市西城区百万庄南街1号　机械工业出版社　华章公司　计算机图书策划部收
邮编：100037　电话：(010) 88379512　传真：(010) 68311602　E-mail: hzjsj@hzbook.com